电磁兼容工程与应用丛书

电磁兼容机理分析方法
与应对策略

赵　阳　李世锦　窦爱玉　邱晓晖　著

科 学 出 版 社

北　京

内 容 简 介

全书分为电磁兼容机理分析和电磁兼容应对策略两篇。第一篇包括基于频域分析的传导电磁干扰和辐射电磁干扰的基本理论和基础知识，以及基于时域分析的电磁干扰噪声源定位和辐射源溯源的基本原理和基本方法。同时对常见电磁干扰抗扰度问题进行了分析。第二篇对常见电磁兼容问题，包括传导电磁干扰问题、静电放电抗扰度问题及其他电磁抗扰度问题进行案例分析并提供解决方案。

本书体系完整、可读性强且工程应用特色鲜明，可作为高校相关专业本科和研究生的学习科研用书，也可供相关研究院所、公司、培训机构等从事电磁兼容技术研究的工程技术人员参考。

图书在版编目(CIP)数据

电磁兼容机理分析方法与应对策略/赵阳等著. —北京：科学出版社，
2016
电磁兼容工程与应用丛书
ISBN 978-7-03-051367-0

Ⅰ.①电… Ⅱ.①赵… Ⅲ.①电磁兼容性 Ⅳ.① TN03

中国版本图书馆 CIP 数据核字(2016) 第 319670 号

责任编辑：惠　雪　曾佳佳／责任校对：刘亚琦
责任印制：张　倩／封面设计：许　瑞

*科学出版社*出版
北京东黄城根北街 16 号
邮政编码：100717
http://www.sciencep.com

三河市骏走印刷有限公司印刷
科学出版社发行　各地新华书店经销

*

2016 年 12 月第　一　版　开本：720 × 1000 1/16
2017 年 12 月第二次印刷　印张：19
字数：383 000
定价：**99.00** 元
(如有印装质量问题，我社负责调换)

前　　言

电磁兼容学科是一门综合性交叉学科，与很多学科相互渗透、结合，是自然科学和工程学的一个交叉学科，其理论基础宽广，工程实践综合性强，也是电力、电子和其他相关从业工程师必须掌握的基础知识和技术。

随着电气与电子技术的飞跃发展，产品的电磁兼容 (EMC) 性测试和应对方法正受到越来越多的电子、电气工程师和广大工程技术人员的关注和重视。为了保障设备的稳定性与可靠性以及符合电磁兼容性测试的要求，需要设计人员对系统进行完备的 EMC 设计与测试。

我国的电磁兼容性研究与国际上科学技术发达的国家相比，起步较晚，差距较大。目前，国产用电设备和电气、电子产品要站稳国内市场和进入国际市场，就必须通过产品的电磁兼容性强制检测，并符合检验标准，因此有必要对在校大学生和广大的电气与电子工程技术人员进行电磁兼容性的理论和技术教育。但长期以来，国内在 EMC 方面的技术参考资料还不全面，对于在校大学生和广大设计人员来说，有特色、系统性强、理论与工程实践紧密结合的 EMC 教材和参考资料尚不多见。本书正是基于这一目的而撰写的，主要作为电气与电子类专业的研究生、电气与电子工程师进行 EMC 培训和学习的教材或参考资料。

本书分为电磁兼容问题机理分析和电磁兼容问题应对策略两篇，内容包括：电磁兼容基础、传导电磁干扰机理分析方法与应对策略、基于频域分析的辐射电磁干扰问题机理分析、辐射电磁干扰机理分析方法与应对策略、基于时域的电磁干扰辐射源溯源分析、电磁抗扰度问题机理分析、传导电磁干扰问题应对策略、辐射电磁干扰问题应对策略、静电放电抗扰度问题应对策略，以及其他电磁抗扰度问题应对策略。

本书为多位作者结合自己的最新研究成果及电磁兼容专业理论，并从解决实际工程问题出发撰写而成的。其特色主要体现在如下方面。

(1) 应用了最新的电磁兼容机理分析方法；

(2) 以大量实际案例体现了电磁兼容机理分析方法的工程实用性与可行性；

(3) 测试方法结合了作者自己最新的研究成果，可操作性强，理论可靠，技术可行。

本书由南京师范大学赵阳教授主持编写并负责全书的统稿。赵阳教授编写了第 1、3、5 章；南京师范大学李世锦老师编写了第 7、8 章；南京师范大学泰州学院窦爱玉老师编写了第 2、4、6、9 章；南京邮电大学邱晓晖教授编写了第 10 章。在本书编写过程中，张杨、夏欢、邱忠梅、童瑞婷和丁锦辉等研究生做了大量的文字输入和校对工作，在此表示感谢；另外对为本书编辑工作付出大量心血的科学出版社编辑表示感谢。

在本书完稿之际，对书中参考文献的作者一并表示感谢。

由于时间仓促，作者水平有限，书中难免有不当或疏漏之处，敬请广大读者批评指正。

作 者

2016 年 9 月

目　录

第二篇　电磁兼容应对策略

第一篇

电磁兼容机理分析

第1章 电磁兼容基础

1.1 电磁兼容发展历史与现状

第二次世界大战期间，电子设备尤其是无线电收发设备、导航设备以及雷达的使用，使得飞行器上的无线电收发设备和导航设备之间的干扰开始增多。当时电子器件的密度 (主要是电子真空管) 远小于今天的，通过在并不拥挤的频谱上对发射频率进行重新分配，或将电缆远离噪声发射源以避免电缆接收那些发射，通常就可以很容易地解决干扰问题。因此，为了解决电磁干扰 (EMI) 问题，在逐个排查的基础上很容易实现干扰的修正。但是，随着高密度电子元器件的发明，如 20 世纪 50年代发明的场效应晶体管，60 年代发明的集成电路 (IC) 和 70 年代发明的微处理器芯片，干扰问题极其显著地增加。由于语音和数据传输需要的增加，频谱也变得越来越拥挤。这就要求对频谱的利用进行合理规划，直到今天也是如此。

由于干扰有线和无线通信的数字系统日益增多，1979 年美国联邦通信委员会(FCC) 颁布了一个规定，要求所有的 "数字设备" 的电磁发射必须低于某个限定值。这一规定的目的是要限制对环境的 "电磁污染"，以减少 EMI 问题。因为除非"数字设备" 的电磁发射满足 FCC 强制的限定值，否则不能在美国销售，所以激起了从数字计算机到电子打字机的民用电子产品生产商们对电磁兼容 (EMC) 学科的浓厚兴趣。

许多欧洲国家在 FCC 颁布其规范之前就已经很好地对数字设备强制实施了类似的要求。1933 年国际电工委员会 (IEC) 在巴黎的一次会议上建议成立国际无线电干扰特别委员会 (CISPR) 来处理不断出现的 EMI 问题。该委员会发布了一份文件，详细说明用于确定潜在的 EMI 发射的测量设备。CISPR 在第二次世界大战结束后于 1946 年在伦敦重新召开会议。随后的多次会议出版了各种技术出版物，讨论测量技术，建议发射限定值。

这些规范使得 EMC[1,2] 成为电子产品市场准入的一个关键因素。如果在特定国家，产品不符合其规范，它就不得在该国销售。也就是说功能上完全得以实现的产品，只要不符合规范要求，用户也无法购买。

我国电磁兼容工作起步较晚，20 世纪 70 年代才逐渐发展起来，并陆续颁布了一些 EMC 设计要求、测试方法等国家标准和国家军用标准 [3,4]，但具体的设计规范仍很缺乏。电磁兼容工作渗透到每一个电气电子系统及设备中，只有通过总体设计部门管理协调，才能解决电磁兼容性问题。

1.2   电磁兼容专业术语

电磁兼容(electromagnetic compatibility, EMC) 是指设备或系统在其电磁环境中按照要求工作，并且不对周围的其他设备或系统产生具有破坏性的电磁噪声的能力。由此可得，EMC 涵括了两方面的内容：一方面，是指设备在执行其职能时，对周围任何其他设备或机器的电磁干扰须保持在一定的限值之下，不能超过该限值；另一方面，是指设备具有一定抗扰度 (电磁敏感性)，即能在一定程度上抵抗周围其他任何电子设备对其产生的电磁干扰。

如图 1-1 所示，电磁兼容 (EMC) 包括电磁干扰 (electromagnetic interference, EMI) 及电磁敏感度 (electromagnetic susceptibility, EMS) 两部分：EMI，指设备或系统在正常运行的过程中所产生影响其他设备或系统的电磁噪声；EMS，指设备或系统在正常运行的过程中不受周围电磁环境中电磁噪声影响的能力。

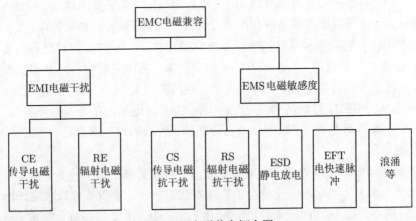

图 1-1   电磁兼容概念图

根据电磁干扰传播路径的不同，电磁干扰可分为：传导电磁干扰 (conducted EMI)，又称传导电磁发射；辐射电磁干扰 (radiated EMI)，又称辐射电磁发射。进一步，传导 EMI 噪声还可以分为共模干扰噪声 (common mode noise，存在于相线与地线、中线与地线间) 以及差模干扰噪声 (differential mode noise，存在于相线与中线间)。辐射 EMI 噪声在空间中以电磁波的形式传播，同样大致可以分为共模辐射噪声以及差模辐射噪声。与此同时，电磁兼容三要素是指干扰源、耦合路径 (或传输路径) 以及敏感设备 (图 1-2)。干扰源是指发射电磁干扰噪声的元件、设备等；耦合路径 (传输路径) 是指将电磁干扰能量耦合到敏感设备的媒介，包括线缆、空间等；敏感设备是指在电磁环境中被电磁干扰，影响正常工作的设备。电磁兼容三要素是所有电磁干扰产生都必须同时具备的三个条件。

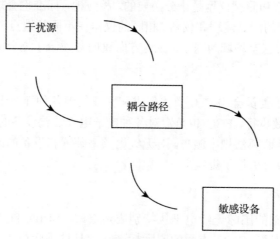

图 1-2　电磁兼容三要素

根据试验方法不同，电磁敏感性分为射频场感应的传导干扰抗扰度试验 (immunity to conducted disturbances, induced by radio-frequency fields test)、射频电磁场辐射抗扰度试验 (radiated radio-frequency electromagnetic field immunity test)、静电放电抗扰度试验 (electrostatic discharge immunity test)、电快速瞬变脉冲群抗扰度试验 (electrical fast transient/burst immunity test)、浪涌 (冲击) 抗扰度试验 (surge immunity test) 等。

1.3　电磁兼容标准

大多数的电子电气设备、电路和系统都会有意或者无意地发射电磁能量，这种发射能构成电磁干扰。同时，许多现代电子装置、电路和设备能够响应这种电磁干扰或者受其影响。我们所面临的情形中，各种设备既是"罪犯"又是"受害者"。这个问题在现代半导体器件和超大规模集成电路 (VLSI) 中变得更加严重，在电磁干扰下，它们容易发生故障甚至完全损坏，因为这些设备对于电磁干扰的抗扰度阈值相对较低。与电磁发射 (构成电磁干扰) 以及设备、子系统和器件抗电磁干扰 (电磁兼容) 有关的问题在无线广播、通信、控制、信息技术产品、仪器、计算机、电能的生产和传输中经常出现。

作为确保电磁兼容性的实际度量措施，各种设备的设计和性能标准不断地演化，不同的机构也在不断发布各种相关标准。这些标准的目的是对不同的设备制定合理的电磁发射电平的限值以及抗扰度限值。电磁干扰或者电磁兼容常常涉及弱的信号或者干扰电平，测试流程要求在极低功率时的精确测量。另外，不同的测试流程或者不同的测试仪器会带来不同的测试结果，尽管差异性可能较小。因此，谨慎定义测试流程和测试仪器是十分必要的。相应地，标准也会规定测量电磁 (干扰) 发射和抗扰度的测试流程和仪器。相同的仪器在不同的地点测试会显现出显著的差异，为了解决这一领域的困难，在这方面我们必须给予充分的关注。

1. FCC 标准

美国联邦通信委员会 (FCC) 负责促进和保证美国各种涉及无线电广播和传播设施的法规能有效执行，FCC 也负责对各种电子电气装置设备的电磁发射控制的规范化，这在电信联邦法规中颁布。对无线电频率装置和设备的电磁发射 (无意和有意的辐射) 的限值进行了规定。

2. CISPR 标准

以欧洲为基础的国际无线电干扰特别委员会 (CISPR) 自 20 世纪 30 年代就积极地从事于发展 EMC 方面的国际标准，并且被国际电工委员会 (IEC) 公布。IEC/CISPR 的成就是国际性的，不仅涉及欧盟国家，也包括其他的非欧盟国家，例如澳大利亚、加拿大、印度、日本、韩国和美国。表 1-1 中给出了 CISPR 关于 EMC 的文件。

表 1-1   关于 EMC 的 CISPR 的标准

主题	标准
通用	CISPR7B, CISPR8B, CISPR10
测量流程和	CISPR16, CISPR17, CISPR19, CISPR20, CISPR8B, 8C, CISPR11,
仪器使用	CISPR12, CISPR13, CISPR14, CISPR15, CISPR18-1, 2, 3, CISPR20
性能限制	CISPR9, CISPR11, CISPR12, CISPR13, CISPR14, CISPR15,
	CISPR18-3, CISPR21, CISPR22

3. GB 标准

我国对电磁干扰防护及兼容标准的制定和建立也十分重视，因为标准化是科学管理的重要组成部分，也是组织现代化生产，促进技术进步，与发达国家进行技术交流的技术依据。

我国首份 EMC 标准是由原第一机械工业部于 1966 年颁发的机械工业部标准 JB 854—1966《船用电气设备工业无线电干扰端子电压测量方法与允许值》。20 世纪 70 年代后期，由原国家标准局主持成立了无线电干扰标准化工作组。1983 年 10 月 31 日颁布了首份 EMC 国家标准 GB/T 3907—1983《工业无线电干扰基本测量方法》。之后又相继颁布了 GB 4343—1984《电动工具、家用电器和类似器具无线电干扰特性的测量方法和允许值》、GB 4365—1984《无线电干扰名词术语》、

GB 4859—1984《电气设备抗干扰特性的基本测量方法》等 30 余项国家标准，这些标准基本是依据 IEC/CISPR 标准、IEC/TC77 或 IEC/TC65 制定的有关标准。1986 年正式成立由国家技术监督局领导的全国无线电干扰标准化技术委员会，挂靠在上海电器科学研究所，由该所负责 EMC 标准的宣传贯彻工作。

后来，根据国内工作需要，又先后成立了与 IEC/CISPR/A.B.C.D.E.F.G. 分会相对应的分技术委员会，还专门成立了 S 分会，目前共有 8 个分会。

参 考 文 献

[1] 高攸纲. 电磁兼容总论. 北京：北京邮电大学出版社, 2001.

[2] 白同云, 吕晓德. 电磁兼容设计. 北京：北京邮电大学出版社, 2001.

[3] 赖祖武. 电磁干扰防护与电磁兼容. 北京：中国原子能出版社, 1993.

[4] 邱焱, 肖雳. 电磁兼容标准与认证. 北京：北京邮电大学出版社, 2001.

第2章　传导电磁干扰机理分析方法与应对策略

2.1　传导电磁干扰机理诊断

2.1.1　传导电磁干扰噪声定义

传导电磁干扰噪声根据其产生机理不同可以分为共模噪声 (common mode noise，CM) 和差模噪声 (differential mode noise，DM)。共模噪声即为相线 (L) 与地线 (G) 及中线 (N) 与地线 (G) 之间传播的噪声，而差模噪声指相线、中线之间传播的噪声。传导电磁干扰噪声的测量采用人工电源网络 (artificial main network，AMN)，又被称为线路阻抗稳定网络[1](line impedance stabilization network，LISN)。人工电源网络可以分别实现对相线与地线之间的总噪声和中线与地线之间的总噪声的测量。通过对传导电磁干扰噪声的测量，可以判断被测产品的传导电磁干扰是否超标，如果超标，对其进行抑制也尤为重要。EMI 滤波器可以较好地抑制传导电磁干扰噪声，降低产品对外产生的干扰噪声，提高设备的电磁兼容性能。然而高性能 EMI 滤波器的设计需要根据噪声产生的机理进行分析，从而确定传导干扰噪声中的主导噪声是共模噪声还是差模噪声，如果是共模噪声，则需要设计以抑制共模噪声为主的共模滤波器进行噪声抑制；如果其中主导噪声是差模噪声，则需要设计相应差模滤波器以抑制干扰中的差模噪声成分；如果差模噪声和共模噪声所占的比例相当，则需要设计既能抑制共模噪声，又可以同时抑制差模噪声的双功能滤波器。

2.1.2　线路阻抗稳定网络特性与校准

1. 线路阻抗稳定网络结构

线路阻抗稳定网络又称人工电源网络，是传导电磁兼容测试所必需的设备，用于测量电源线与参考地之间以传导方式对外发射的干扰电压，这类电压被称为非对称电压。以目前测试中最常用的 $50\Omega/50\mu HV$ 型线路阻抗稳定网络为例，其结构如图 2-1 所示，元件值见表 2-1。对于每根电源线而言，人工电源网络都配有三个端：连接供电电源的电源端、连接受试设备的受试设备端和连接干扰测量设备的干扰输出端。

该电路中，电感 L_1 对于电源信号而言是通路，不影响电源给受试设备供电；对于高频信号而言，则可视为断路，将电网和受试设备进行高频隔离，也防止电网传来的高频信号干扰接收机。电容 C_2 将电源信号和接收机之间断路, 对受试设备发出的高频干扰而言是通路。L_1, C_2, R_2 的作用是防止电网未知阻抗对受试端阻抗的影响。R_4 的作用是在测量某条线路时, 为另一条线路提供正确的终端负载。

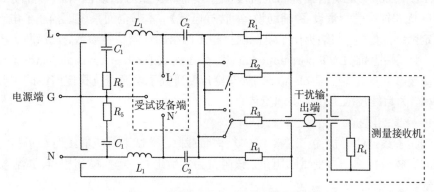

图 2-1 线路阻抗稳定网络拓扑结构图

表 2-1 50Ω/50μHV 型线路阻抗稳定网络的元件值

元件	数值
R_1	5Ω
R_2	10Ω
R_3	1000Ω
R_4	50Ω
R_5	50Ω(接收机输入阻抗)
C_1	8μF
C_2	4μF
L_1	50μH

针对高频信号流向, 图 2-1 可以抽象成如图 2-2 所示的三端口网络。

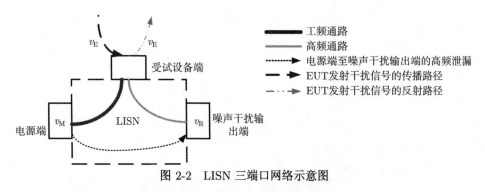

图 2-2 LISN 三端口网络示意图

EUT: equipment under test (被测设备或受试设备)

2. 线路阻抗稳定网络计量特性参数

针对国内没有电源阻抗稳定网络校准规范的现状，结合国家标准 GB/T 6113.102—2008《无线电骚扰和抗扰度测量设备和测量方法规范 第 1-2 部分：无线电骚扰和抗扰度测量设备 辅助设备 传导骚扰》，本书全面系统地描述了电源阻抗稳定网络的性能，归纳提出了电源阻抗稳定网络的计量特性参数，包括两个核心参数：受试端阻抗 (EUT port impedance)、分压系数 (voltage division factor)，以及一个重要参数：隔离度 (isolation)。从理论角度研究了电源阻抗稳定网络的主要性能指标，为后续校准工作提供理论依据。

1) 受试端阻抗

当某条线路的干扰输出端接 50Ω 精密负载时，受试端对应的线路端子相对参考地的高频阻抗称之为受试端阻抗。该阻抗为复数形式，包括模和相角，或者实部和虚部。

通过对模和相角的值予以规范，从而对阻抗值予以规范。在国家标准中，对于阻抗的模值和相角有了明确的允值要求，模值的允值范围是 ±20%(相对)，相角的允值范围是 ±11.5°。需要说明的是，阻抗的模值在旧版标准 GB/T 6113—1995 中就有了要求，但是相角是新版标准 GB/T 6113.102—2008 中提出来的。

2) 分压系数

分压系数指高频信号从受试设备端馈入，经人工电源网络内部传输至干扰输出端 (内置衰减器在计算范围内) 所经历的对数幅度损耗。如馈入的电压幅度为 U_{out}，干扰输出端测得的电压幅度为 U_m，则分压系数值为 $20\lg(U_{out}/U_m)$。

当受试设备的高频干扰从受试端沿某条线路传输至干扰输出端时，可用图 2-3 表示。在图 2-3 中，分压系数为 U_{out}/U_{in}，U_S 为外部激励源的电动势，Z_S 为源内阻抗，Z_X 为 LISN 传输路径的等效阻抗，Z_L 为干扰输出端的端接负载阻抗。由于传导电磁干扰的测量结果一般用 dBUV 表示，因此分压系数也可表示为 $20\lg(U_{out}/U_{in})$。

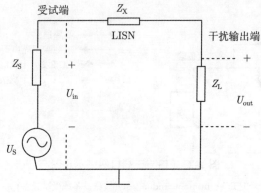

图 2-3   分压系数分析示意图

测得的分压系数值用来对修正传导干扰发射的结果给予补偿，因此分压系数没有允值范围，只是需要校准实验室给出不确定度。

3) 隔离度

根据 GB/T 6113.102—2008，为了确保在所有测试频率上电源侧的无用信号和供电电源的未知阻抗不影响测量，当 EUT 端口相关端子连接给定的终端时，每一个电源端子与接收机端口之间应满足基本隔离 (去耦因子) 要求。此要求仅适用于线路阻抗稳定网络本身，不包括额外的外部电缆和滤波器。

隔离度指高频信号从电源端馈入，经人工电源网络内部传输至干扰输出端 (内置衰减器不在计算范围内) 所经历的对数幅度损耗。如馈入的电压幅度为 U_p，干扰输出端测得的电压幅度为 U_m，则分压系数值为 $20\lg(U_p/U_m)$。传输路径包含内置衰减器。

当高频信号试图从 LISN 的电源端沿某条线路传输至干扰输出端时，由于 RLC 隔离电路的存在，传输路径呈现较大的串联高频阻抗 Z'_X，如图 2-4 所示，图中 U_S 为外部激励源的电动势，Z_S 为源内阻抗，Z_L 为干扰输出端的端接负载阻抗。而 Z'_X 是远大于 Z_L(接收机输入阻抗) 的，因此 Z_L 上分得的电压值很小，等同于被电感器隔离；另一方面，从受试设备端看进去，Z'_X 与受试设备端阻抗 Z_{EUT} 是并联的，且 Z'_X 几乎不影响受试设备端阻抗 Z_{EUT} 的值，当 LISN 的电源端与电网连接后，电网的未知阻抗与 Z'_X 串联后同样不影响受试设备端阻抗 Z_{EUT} 的值，从而确保了电网的未知阻抗不会对受试端阻抗构成影响。隔离既是电压隔离也是阻抗隔离。

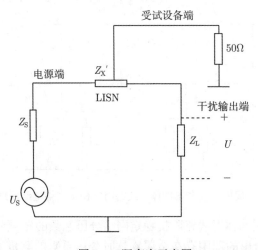

图 2-4　隔离度示意图

根据 GB/T 6113.102—2008，50Ω/50μHV 型线路阻抗稳定网络在 0.15~30MHz

范围内最小隔离度为 40dB。

4) 耦合抑制比

除了上述三项指标外，在测量某条线路时，考虑到影响干扰输出端结果的不仅有来自于电网的干扰信号，还有其他线路干扰信号，因此，建议线路阻抗稳定网络的线与线之间应避免较大的耦合。

接收机端口信号受到非相关受试设备端子信号影响的程度为耦合抑制比 (coupling rejection ratio)。

参考隔离度的要求，耦合抑制比应小于 −40dB。

3. 周围存在金属物体对线路阻抗稳定网络校准的影响

1) 线路阻抗稳定网络周围存在金属物体对校准影响原理分析

针对国内没有线路阻抗稳定网络校准规范的现状，结合国家标准 GB/T 6113.102—2008《无线电骚扰和抗扰度测量设备和测量方法规范 第 1-2 部分：无线电骚扰和抗扰度测量设备 辅助设备 传导骚扰》，本书全面系统地描述了线路阻抗稳定网络的性能，归纳提出了线路阻抗稳定网络的四个计量特性参数，即隔离度、分压系数、耦合抑制比以及受试端阻抗，从理论角度研究了线路阻抗稳定网络的主要性能指标，为后续校准工作提供理论依据。但是 GB/T 6113.102—2008 标准尚未明确网络校准时周围存在金属物体对校准的影响。为了研究上述问题，根据网络拓扑结构建立了线路阻抗稳定网络周围存在金属物体时的电路模型及其原理图，如图 2-5 所示。其中，$R_1=1000\Omega$，$R_2=50\Omega$，$R_4=50\Omega$，$C_1=1\mu F$，$C_2=0.1\mu F$，$L_1=50\mu H$。

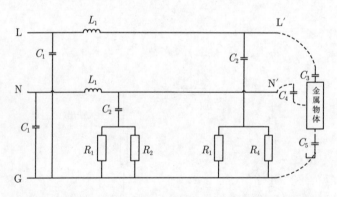

图 2-5　周围存在金属物体时线路阻抗稳定网络电路原理图

2) 周围存在金属物体对线路阻抗稳定网络分压系数的影响分析

根据图 2-6 所给出的周围存在金属物体时分压系数的测量原理图，结合网络的分压系数定义进行 MATLAB 仿真，得到的仿真图如图 2-7 所示。由图 2-7 可以看出：线路阻抗稳定网络周围存在金属物体时通过电路仿真得到的分压系数图与不存在金属物体时仿真得到的分压系数图完全一致。说明线路阻抗稳定网络周围存在金属导体时对网络的分压系数没有影响。

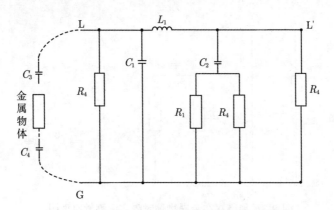

图 2-6 周围存在金属物体时分压系数测量原理图

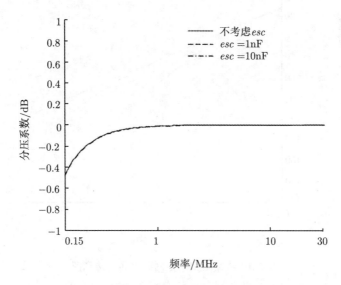

图 2-7 线路阻抗稳定网络分压系数仿真图

3) 周围存在金属物体对线路阻抗稳定网络隔离度的影响分析

根据图 2-8 所给出的周围存在金属物体时隔离度的测量原理图，结合网络隔离度定义进行 MATLAB 仿真，得到的仿真图如图 2-9 所示。由图 2-9 可以看出：线路阻抗稳定网络周围存在金属物体时通过电路仿真得到的隔离度图与不存在金属物体时仿真得到的隔离度图在较低的频率段两者隔离效果基本一致，但是在较

高的频率段两者相差较大，且考虑寄生电容越大，周围存在金属物体时的隔离效果
更好。

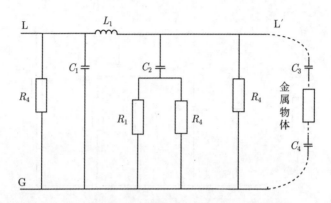

图 2-8   周围存在金属物体时隔离度测量原理图

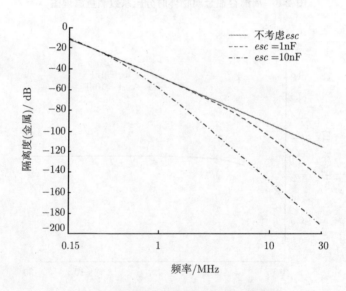

图 2-9   线路阻抗稳定网络隔离度仿真图

4) 周围存在金属物体对线路阻抗稳定网络耦合抑制比的影响分析

根据图 2-10 所给出的周围存在金属物体时的耦合抑制比 (串扰) 测量原理图，
结合网络耦合抑制比定义进行 MATLAB 仿真，得到的仿真图如图 2-11 所示。由
图 2-11 可以看出：线路阻抗稳定网络周围存在金属物体时通过电路仿真得到的耦
合抑制比图与不存在金属物体时仿真得到的耦合抑制比图在较低的频率段两者效
果基本一致，但是在较高的频率段两者相差较大，周围存在金属物体时的耦合抑制

比效果变差。

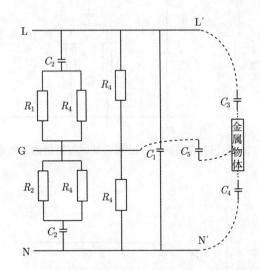

图 2-10　周围存在金属物体时耦合抑制比测量原理图

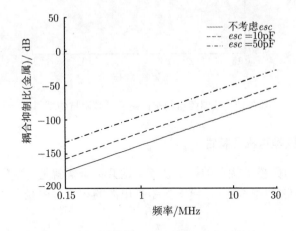

图 2-11　线路阻抗稳定网络耦合抑制比仿真图

5) 周围存在金属物体对线路阻抗稳定网络受试端阻抗的影响分析

根据图 2-12 所给出的周围存在金属物体时的受试端阻抗测量原理图，结合网络受试端阻抗定义进行 MATLAB 仿真，得到的仿真图如图 2-13 所示。由图 2-13 可以看出：不存在金属物体时，低频段时阻抗模随频率增加而增大，随着频率继续增大，阻抗模基本维持不变。考虑金属引入寄生电容后，相当于 C_1 值变大，由于寄生电容值较小，阻抗模值基本没有变化。

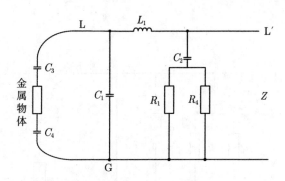

图 2-12   周围存在金属物体时网络受试端阻抗测量原理图

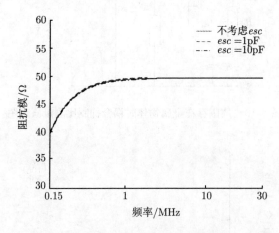

图 2-13   线路阻抗稳定网络受试端阻抗仿真图

2.1.3   共模/差模噪声机理特性

传导干扰分为共模干扰和差模干扰。所谓共模干扰就是由电源的相线或中线与地线所构成回路中的干扰。差模干扰是指电源的相线与中线之间所构成回路中的干扰。

开关电路产生的电磁干扰是开关电源的主要干扰源之一。开关电路是开关电源的核心,它产生的 du/dt 具有较大幅度的脉冲,频带较宽且谐波丰富。这种脉冲干扰产生的主要原因有以下几点。

1) 开关管

开关管及其散热片与外壳和电源内部的引线间存在分布电容。当开关管流过大的脉冲电流时,一般会形成矩形波。该波形含有许多高频成分。由于元器件本身的原因,如开关管的存储时间、输出极的大电流、开关整流二极管的反向恢复时间等,会造成回路瞬间短路,产生很大的短路电流。所有短路电流的导线及这种脉冲电流流经的变压器和电感产生的电磁场都可形成噪声源，严重时可以击穿开关管。

2) 整流二极管

在输出整流二极管截止时有一个反向电流，它恢复到零点的时间与结电容等因素有关。其中能将反向电流恢复到零点的二极管称为硬恢复二极管。它会在变压器漏感和其他分布参数的影响下产生较强的高频干扰，其频率可达几十兆赫兹。PN型硅二极管用作高频整流时，正向电流蓄积的电荷在加反向电压时不能立即消除，只要这个反向电流恢复时的电流斜率过大，流过线圈的电感就产生尖峰电压。

3) 整流电路

高频整流电路中的整流二极管正向导通时有较大的正向电流流过，在其受反偏电压而反向截止时，由于 PN 结中有较多的载流子积累，因而在载流子消失之前的一段时间里，电流会反向流动，导致载流子消失的反向恢复电流急剧减小而发生很大的电流变化 $(\mathrm{d}i/\mathrm{d}t)$。下面以 BOOST 开关电源为例，分析其传导 EMI 的噪声源。图 2-14 中绘出了其共模、差模传导 EMI 的传播路径。

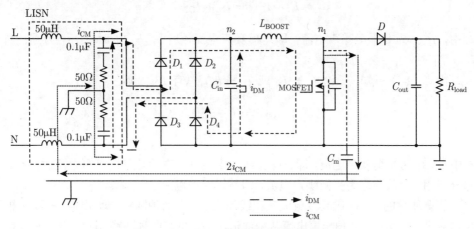

图 2-14 BOOST 电路中差模、共模电流

由图 2-14 可以看出，共模电流分别流过中线和相线，与公共安全地组成回路。共模传导电流的产生是由于功率 MOSFET 漏极与散热片之间电容 C_m 的存在。共模传导电流的大小为 $i = C_\mathrm{m}\dfrac{\mathrm{d}v_\mathrm{DS}}{\mathrm{d}t}$，当 MOSFET 关断时，$C_\mathrm{m}$ 充电，MOSFET 导通时，C_m 放电。从共模传导 EMI 电流的公式可以看出，电流的大小与电容 C_m 和电压变化率 $\dfrac{\mathrm{d}v_\mathrm{DS}}{\mathrm{d}t}$ 成正比。在开关管开关时有很大的电压变化率，除此之外，由于开关管本身的寄生参数，形成电流环路，造成开关过程中出现阻尼振荡，使 MOSFET 管漏极电压叠加了高频畸变，在线路板之间的杂散电容充放电的过程中，在电源线

与地之间形成了共模传导干扰。对于散热器接地的系统，功率管漏极与散热器间的寄生电容 C_{m} 以及 LISN 构成了共模干扰电流的通道。可见开关管漏极和散热器之间的寄生电容是影响共模干扰的主要因素。

差模传导 EMI 是在相线和中线之间形成回路，主要是由高速变化的变换器的电流引起的。对于连续导电模式和临界断续模式的 BOOST 电路 (图 2-14)，某一时刻整流桥中总有一对二极管是导通的，如 D_1 和 D_4，或者 D_2 和 D_3 同时导通，则可得 D_1 和 D_4，或者 D_2 和 D_3 分别同时导通时差模干扰电流传播途径。就差模干扰而言，电压增益越低，则说明网络对噪声源的抑制作用越大，LISN 接收到的干扰信号也越小。由此可见，L_{BOOST} 和 C_{in} 是影响差模干扰的主要因素。

1. 共模传导 EMI 噪声模型

经过测试受试设备的传导电磁干扰噪声时会得到两种结果，即 $U_{\text{L}} = U_{\text{N}}$ 和 $U_{\text{L}} \neq U_{\text{N}}$。由于噪声电压与噪声电流之比为 50Ω，因此上述两种结果可表示为 $I_{\text{L}} = I_{\text{N}}$ 和 $I_{\text{L}} \neq I_{\text{N}}$。值得注意的是，无论 $I_{\text{L}} = I_{\text{N}}$ 或 $I_{\text{L}} \neq I_{\text{N}}$ 时，总有 I_{DM} 满足

$$I_{\text{L}} - I_{\text{DM}} = I_{\text{N}} + I_{\text{DM}} \tag{2-1}$$

式中，I_{DM} 为非平衡噪声电流，即差模噪声电流，当 $I_{\text{L}} = I_{\text{N}}$ 时，I_{DM} 为零；当 $I_{\text{L}} \neq I_{\text{N}}$ 时，I_{DM} 不为零。

由式 (2-1) 可知，无论 $I_{\text{L}} = I_{\text{N}}$ 或 $I_{\text{L}} \neq I_{\text{N}}$，总有 I_{CM} 满足

$$\begin{cases} I_{\text{CM}} = I_{\text{L}} - I_{\text{DM}} \\ I_{\text{CM}} = I_{\text{N}} + I_{\text{DM}} \end{cases} \tag{2-2}$$

式中，I_{CM} 为平衡噪声电流，即去除相线和中线噪声中的非平衡噪声电流后，剩余部分应相等，故称之为平衡噪声电流，即共模噪声电流。

值得注意的是，高频噪声电流从相线流出后，有两种回路，即相线—地线和相线—中线；同样地，高频噪声电流从中线流出后，也有两种回路，即中线—地线和中线—相线。

不失一般性，设

$$\begin{cases} I_{\text{L}} = I_{\text{LG}} + I_{\text{LN}} \\ I_{\text{N}} = I_{\text{NG}} + I_{\text{NL}} \end{cases} \tag{2-3}$$

式中，I_{LG}、I_{NG}、I_{LN} 和 I_{NL} 分别表示相线—地线、中线—地线、相线—中线和中线—相线间的高频噪声电流。

值得注意的是，相线—中线和中线—相线间的高频噪声电流 I_{LN} 和 I_{NL} 大小相等，方向相反，即

$$I_{\text{NL}} = -I_{\text{LN}} \tag{2-4}$$

将式 (2-4) 代入式 (2-3) 可得

$$\begin{cases} I_L = I_{LG} + I_{LN} \\ I_N = I_{NG} - I_{LN} \end{cases} \tag{2-5}$$

由式 (2-5) 可得

$$\begin{cases} I_{LG} = I_L - I_{LN} \\ I_{NG} = I_N + I_{LN} \end{cases} \tag{2-6}$$

若令 $I_{LN} = I_{DM}$,则由式 (2-2) 和式 (2-6) 可得

$$\begin{cases} I_{CM} = I_L - I_{DM} = I_L - I_{LN} = I_{LG} \\ I_{CM} = I_N + I_{DM} = I_N + I_{LN} = I_{NG} \end{cases} \tag{2-7}$$

由式 (2-7) 可得

$$U_{CM} = U_{LG} = U_{NG} \tag{2-8}$$

式中,U_{CM} 为共模传导 EMI 噪声。由式 (2-8) 可知,相线—地线和中线—地线间的传导 EMI 噪声大小相等、方向相同,为共模传导 EMI 噪声,则

$$U_{CM} = \frac{U_L + U_N}{2} \tag{2-9}$$

由式 (2-9) 可知共模传导 EMI 噪声的等效电路,如图 2-15 所示,U_{CM} 为共模噪声源,25Ω 为共模 LISN 等效测试阻抗,即由两个 50Ω 的标准阻抗并联形成,Z_{CM} 为共模噪声源内阻抗,尚待进一步确定。

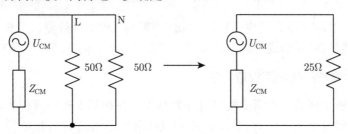

图 2-15 共模传导 EMI 噪声源内阻抗

2. 差模传导 EMI 噪声模型

由式 (2-1) 和 $I_{LN} = I_{DM}$ 可得

$$I_{DM} = \frac{I_L - I_N}{2} \tag{2-10}$$

由于噪声电压与噪声电流之比为 50 Ω,因此由式 (2-10) 可得

$$U_{DM} = \frac{U_L - U_N}{2} \tag{2-11}$$

由式 (2-11) 可知差模传导 EMI 噪声的传输路径和等效电路, 如图 2-16 和图 2-17 所示。

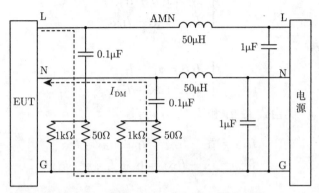

图 2-16 差模传导 EMI 噪声的传输路径

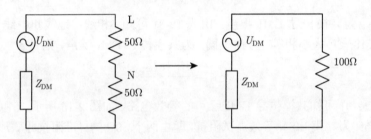

图 2-17 差模传导 EMI 噪声源内阻抗

图 2-17 中, U_{DM} 为差模噪声源, 50Ω 为差模 LISN 等效测试阻抗, 即由两个 50Ω 的标准阻抗串联形成, Z_{DM} 为差模噪声源内阻抗, 尚待进一步确定。

2.1.4 传导电磁干扰噪声提取方法

通常, 独立分量噪声测量网络可分为基于硬件和基于软件两种类型。硬件类型一般以射频变压器 (RF transformer) 或功率分配器 (power splitter)/功率合成器 (power combiner) 为核心器件来实现网络功能, 而软件类型则借助数值计算方法来提取独立分量。

1. 基于射频变压器的硬件分离方法研究

美国 Clayton R. Paul 首先提出了一种分离网络 [2], 即采用一对简单的、带中心抽头且变比为 1 : 1 的射频变压器作为分离网络的核心。如图 2-18 所示为 Paul 分离网络的拓扑结构, 但该网络只能测量单模态信号, 如 CM 信号, 此外 Paul 网络因引入机械式开关来选择 CM/DM 的模态输出信号, 从而带来网络的不平衡性并最终影响网络的高频 CM/DM 识别性能。根据 Paul 分离网络的原理结构, 建立了如图 2-19 所示的硬件电路。

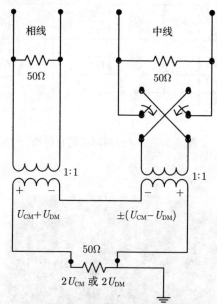

图 2-18 Paul 分离网络的拓扑结构

图 2-19 Paul 分离网络的硬件电路

此后新加坡的 Kye Yak See 又设计出另一种识别网络 [3]，既可以同时提供具有 CM/DM 抑制能力的信号分离电路，同时在电路中也避免了采用机械开关所带来的不利影响。See 分离网络如图 2-20 所示，两个宽带射频变压器相连且副边线圈带中心抽头，两个输出端与 EMI 干扰接收机输入端相连，分别满足 "相线" 和 "中线" 上的混合模态信号的矢量 "相加" "相减" 功能，于是共模和差模传导发射信号彼此分离并可以直接在 EMI 接收机上测量得到。根据 See 网络的器件原理，搭建的硬件电路如图 2-21 所示。

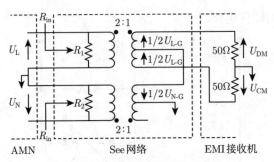

图 2-20　See 分离网络拓扑结构

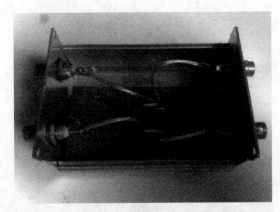

图 2-21　See 分离网络的硬件电路

更进一步, 法国 Mardiguian 给出了一种更简单的分离网络 [4], 如图 2-22 所示, 它仅仅使用一个变压器就能达到 CM/DM 同时分离输出的特性。根据 Mardiguian 分离网络的原理特点, 建立了如图 2-23 所示的硬件电路。

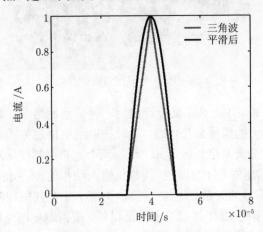

图 2-22　Mardiguian 分离网络

图 2-23   Mardiguian 分离网络的硬件电路

这些网络由于都采用变压器作为主要的分离器件, 因此在高频条件下因杂散效应会产生较明显的模态信号抑制性能衰退的现象, 一般有 10~20dB 的衰减, 有的甚至更加严重, 因此分离网络性能有待进一步提高。

2. 基于功率分配器/合成器的硬件分离方法研究

与以上射频变压器方案不同的是, 基于功率分配器/合成器的硬件分离技术采用 0°/180° 功率合成器。Guo[5] 提出了采用如图 2-24 所示的 0°/180° 功率合成器取代变压器制作传导电磁干扰噪声分离网络, 其结构如图 2-25 所示, 分别采用 0°/180° 功率合成器对共模噪声和差模噪声进行提取, 测量 CM/DM 模态的噪声信号。功率合成器 (power combiner) 在物理结构上与功率分配器 (power splitter) 相同, 只是逆向使用。0° 功率分配器的功能是将射频输入信号分解为两个幅值相同且相位相同的输出信号, 大小为输入信号的一半; 180° 功率分配器的功能是将射频输入信号分解为两个幅值相同但相位相反的输出信号。当功率分配器逆向使用时便为一个功率合成器。虽然功率合成器的制造工艺及原理上与宽带射频变压器相类似, 但是在 10~30MHz 范围内, 功率合成器能够比变压器具有更高的精度。另外, 功率分配器的使用还可以为测量过程提供适当的输入阻抗, 进而实现测量设备的阻抗匹配, 从而进一步减少反射损耗。根据 Guo 分离网络的原理结构, 建立对应的硬件电路, 如图 2-26 所示。

尽管采用功率合成器可以使干扰模态信号的分离性能得到很大改善, 尤其在高频条件下更是如此, 但其制造成本却增加不少, 功率合成器通常价格昂贵, 所以影响其推广使用。

图 2-24　0°/180° 功率合成器实物图

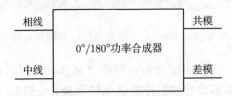

图 2-25　Guo 分离网络结构

图 2-26　Guo 分离网络的硬件电路

3. 基于软件的分离技术

与硬件分离技术相比，借助数值计算功能来实现模态信号软分离的技术也有所发展。Lon M. Schneider[6] 提出将通过单模态硬件分离网络输出的 CM 或 DM 信号再输入到计算机中，然后根据 LISN 检测到的实际线上干扰信号和前置单模分离网络得到的单模态信号，通过组合计算，最终得到另一个模态干扰信号，示意图如图 2-27 所示，该系统包含了 LISN、分离网络、频谱分析仪 (spectrum analyzer)、

计算机 (PC) 和被测设备 (EUT) 几个部分。

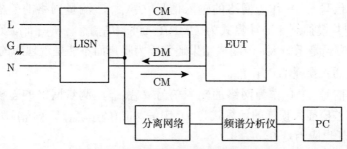

图 2-27 基于软分离的系统结构示意图

频谱分析仪可以检测到来自 LISN 的 L 和 N 线上的总噪声，通过分离网络检测到 CM 噪声，并输入到计算机，由相关计算机软件对 DM 噪声进行计算。但频谱分析仪反映的仅仅是各噪声的幅值大小，并未得到有关的相位信息，所以在式 (2-12) 和式 (2-13) 的基础上，建立了仅包含噪声幅值大小的式 (2-14)。

$$|U_{\mathrm{L}}|^2 = |U_{\mathrm{CM}}|^2 + |U_{\mathrm{DM}}|^2 + 2\,|U_{\mathrm{CM}}| \cdot |U_{\mathrm{DM}}| \cos\theta \tag{2-12}$$

$$|U_{\mathrm{N}}|^2 = |U_{\mathrm{CM}}|^2 + |U_{\mathrm{DM}}|^2 - 2\,|U_{\mathrm{CM}}| \cdot |U_{\mathrm{DM}}| \cos\theta \tag{2-13}$$

式中，θ 是 CM 和 DM 噪声在测量频率范围内对应的各频率点之间的相位角。

$$|U_{\mathrm{L}}|^2 + |U_{\mathrm{N}}|^2 = 2\left(|U_{\mathrm{CM}}|^2 + |U_{\mathrm{DM}}|^2\right) \tag{2-14}$$

由于 $|U_{\mathrm{L}}|$，$|U_{\mathrm{N}}|$ 和 $|U_{\mathrm{CM}}|$ 都可以直接测量获得，剩下的 $|U_{\mathrm{DM}}|$ 就可以从式 (2-14) 计算得到。

虽然 Schneider 实现了软分离，但事实上由于算法中需要事先知道其中一个单模信号作为输入量，因此仍需要使用单模态硬件分离网络做支撑，所以这只能称为半模态软分离技术，而并非完整的软分离方法。此外由于存在检测相位不确定因素，因此，还有一定的计算误差。但总体上 Schneider 方法已经使干扰信号分离功能得到加强，并使后续的传导性 EMI 智能化处理成为可能。

4. 噪声分离网络综合特性

本书以 Paul、See、Mardiguian 和 Guo 的四种硬件分离网络为例，分别进行网络特性的实验研究。首先对实验的一些参数进行定义。

1) 共模插入损耗 (CMIL)

将共模信号 CM 作为网络的输入信号 $U_{\mathrm{CM\text{-}in}}$，测量网络的共模输出信号 $U_{\mathrm{CM\text{-}out}}$，则共模插入损耗的计算式为 CMIL=20lg $(U_{\mathrm{CM\text{-}out}}/U_{\mathrm{CM\text{-}in}})$。理想情况下这种插入损耗应当是 0。

2) 共模抑制比 (CMRR)

将共模信号 CM 作为网络的输入信号 $U_{CM\text{-}in}$，测量网络的差模输出信号 $U_{DM\text{-}out}$，则共模抑制比的计算式为 CMRR=20lg ($U_{DM\text{-}out}/U_{CM\text{-}in}$)。理想情况下这种抑制比应当是无穷大，但测量结果通常因为噪声而不能呈现理想的结果。

3) 差模插入损耗 (DMIL)

将差模信号 DM 作为网络的输入信号 $U_{DM\text{-}in}$，测量网络的差模输出信号 $U_{DM\text{-}out}$，则差模插入损耗的计算式为 DMIL=20lg ($U_{DM\text{-}out}/U_{DM\text{-}in}$)。理想情况下这种插入损耗也应当是 0。

4) 差模抑制比 (DMRR)

将差模信号 DM 作为网络的输入信号 $U_{DM\text{-}in}$，测量网络的共模输出信号 $U_{CM\text{-}out}$，则差模抑制比的计算式为 DMRR=20lg ($U_{CM\text{-}out}/U_{DM\text{-}in}$)。理想情况下这种抑制比也应当是无穷大。

实验装置方案如图 2-28 所示，分离网络输入端通过 0°/180° 功率分配器接频谱分析仪的输出端 (10kΩ~30MΩ)，分离网络 CM/DM 输出端一端接频谱分析仪 (GSP-827)，另一端接 50Ω 匹配阻抗。

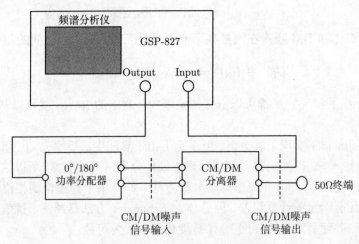

图 2-28　实验装置方案示意图

频谱分析仪通过 0° 的功率分配器产生一对模拟的共模信号，作为分离网络的输入信号，分离网络的共模和差模输出端分别输入到频谱仪进行检测，于是频谱仪测量到的则是关于分离网络自身输入、输出信号的插入损耗曲线，即要求的共模插入损耗、共模抑制比曲线。

频谱分析仪通过 180° 的功率分配器产生一对模拟的差模信号，作为分离网络的输入信号，此时频谱分析仪测量到的是要求的差模插入损耗、差模抑制比曲线。

图 2-29 是采用上述实验装置，对这四种网络的四种特性进行实验对比的情况。从图中可以看出，随着频率提高，各分离网络的特性有不同程度的退化和衰减。从 $f = 1\text{MHz}$ 时的低频到 $f = 10\text{MHz}$ 的中频，直到 $f = 30\text{MHz}$ 时的高频，插入损耗特性有小幅度下降，保持在 5dB 以内；而抑制比特性均存在大幅度下降趋势，平均下降 30~40dB。另外 Guo 网络即使在 $f = 30\text{MHz}$ 时也保持了插入损耗和抑制比的良好特性，一般就工程应用而言，只有当在最高频率时，抑制特性与插损特性之差保持在 20dB 以上时，才能将共模 (CM) 和差模 (DM) 干扰信号有效分离并达到工程精度要求。所以相比之下，基于功率合成器的硬件分离网络优于射频变压器网络，这主要是由于其较小的杂散效应影响以及较好的匹配阻抗特性，同时也与电路器件的布局密切相关。

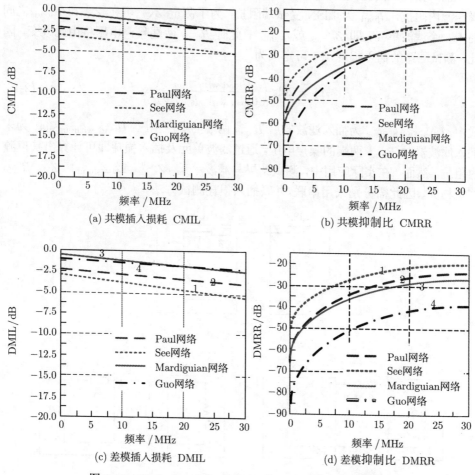

(a) 共模插入损耗 CMIL

(b) 共模抑制比 CMRR

(c) 差模插入损耗 DMIL

(d) 差模抑制比 DMRR

图 2-29 Paul、See、Mardiguian 和 Guo 网络的特性对比

2.2　噪声源内阻抗提取

如图 2-15 和图 2-17 所示,Z_{CM} 和 Z_{DM} 分别为共模和差模传导 EMI 噪声源内阻抗,为了完善共模和差模传导 EMI 噪声模型,有必要提取传导 EMI 噪声源内阻抗。现有噪声源内阻抗提取方法包括插入损耗法、双电流探头法、单电流探头法、散射参数法。在双电流探头法的基础上,本书设计了一种基于双阻抗校准和麦夸尔特法的噪声源内阻抗提取方法。

2.2.1　插入损耗法

插入损耗法的测试原理如图 2-30 所示,图中,U_{S} 为传导 EMI 噪声源,Z_{X} 为噪声源内阻抗,R_{load} 为 LISN 受试端阻抗。为了测量 Z_{X},可在 Z_{X} 和 R_{load} 之间插入一个滤波单元,即 Z_{series} 或 Z_{shunt},此时 R_{load} 两端噪声电压将由此改变。因此,测试回路的插入损耗 A_{T} 可定义为

$$A_{\mathrm{T}} = 20\lg\left(\frac{U_{\mathrm{load\ with\ filter}}}{U_{\mathrm{load\ without\ filter}}}\right) \tag{2-15}$$

式中,$U_{\mathrm{load\ with\ filter}}$ 为插入滤波器后 R_{load} 两端的噪声电压;$U_{\mathrm{load\ without\ filter}}$ 为未插入滤波器时 R_{load} 两端的噪声电压。通过滤波单元及插入损耗即可计算出噪声源内阻抗,然而,在实际应用中,测试结果与滤波单元 (Z_{series} 或 Z_{shunt})、Z_{X}、R_{load} 密切相关,因此需分别采用串联/并联插入损耗测试方法。

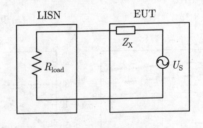

(a) 噪声测试回路

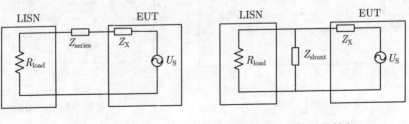

(b) 串联插入损耗法　　　　　　　　　　　(c) 并联插入损耗法

图 2-30　插入损耗法测试原理

1. 串联插入损耗法原理

如图 2-30(b) 所示，串联滤波单元 Z_{series} 以串联形式插入 LISN 和 EUT 之间，串联插入损耗由式 (2-15) 可得

$$A_{\text{Tseries}} = \frac{\dfrac{R_{\text{load}}}{R_{\text{load}} + Z_{\text{X}}} \cdot U_{\text{S}}}{\dfrac{R_{\text{load}}}{R_{\text{load}} + Z_{\text{series}} + Z_{\text{X}}} \cdot U_{\text{S}}} = 1 + \frac{Z_{\text{series}}}{R_{\text{load}} + Z_{\text{X}}} \qquad (2\text{-}16)$$

由于采用频谱分析仪进行测试，因此只能得到串联插入损耗 A_{Tseries} 的幅值，当且仅当 $Z_{\text{series}} \gg (R_{\text{load}} + Z_{\text{X}})$，$Z_{\text{X}} \gg R_{\text{load}}$ 时，由式 (2-16) 可得

$$|Z_{\text{X}}| = \frac{|Z_{\text{series}}|}{A_{\text{Tseries}}} \qquad (2\text{-}17)$$

2. 并联插入损耗法原理

如图 2-30(c) 所示，并联滤波单元 Z_{shunt} 以并联形式插入 LISN 和 EUT 之间，并联插入损耗由式 (2-15) 可得

$$A_{\text{Tshunt}} = \frac{\dfrac{R_{\text{load}}}{R_{\text{load}} + Z_{\text{X}}} \cdot U_{\text{S}}}{\dfrac{R_{\text{load}} /\!/ Z_{\text{shunt}}}{R_{\text{load}} /\!/ Z_{\text{shunt}} + Z_{\text{X}}} \cdot U_{\text{S}}} = 1 + \frac{R_{\text{load}} \cdot Z_{\text{X}}}{Z_{\text{shunt}} (R_{\text{load}} + Z_{\text{X}})} = 1 + \frac{R_{\text{load}} /\!/ Z_{\text{X}}}{Z_{\text{shunt}}}$$

$$(2\text{-}18)$$

式中，$R_{\text{load}} /\!/ Z_{\text{X}}$ 为 R_{load} 和 Z_{X} 的并联电阻。通常仅能得出并联插入损耗 A_{Tshunt} 的幅值，因此，当且仅当 $R_{\text{load}} /\!/ Z_{\text{X}} \gg Z_{\text{shunt}}$，$R_{\text{load}} \gg Z_{\text{X}}$ 时，由式 (2-18) 可得

$$|Z_{\text{X}}| = A_{\text{Tshunt}} Z_{\text{shunt}} \qquad (2\text{-}19)$$

由式 (2-19) 可得，利用上述并联插入损耗法可以得到 EUT 的噪声源内阻抗。

在实际测试中，当 $Z_{\text{X}} \gg R_{\text{load}}$ 时，可采用串联插入损耗测试方法，即在 Z_{X} 与 R_{load} 间串联一个已知阻抗 Z_{series}，且 Z_{series} 应远大于 Z_{X}；当 $Z_{\text{X}} \ll R_{\text{load}}$ 时，可采用并联插入损耗测试方法，即在 Z_{X} 与 R_{load} 间并联一个已知阻抗 Z_{shunt}，且 Z_{shunt} 应远小于 Z_{X}；当 Z_{X} 与 R_{load} 相当时，可通过人为加大或减小 R_{load} 使其满足式 (2-17) 或式 (2-19) 的条件，从而采用插入损耗测试法提取 EUT 的噪声源内阻抗。

尽管如此，插入损耗法需要在被测设备和负载之间串联或并联标准阻抗单元作为滤波单元。滤波单元加载前后，负载两端的噪声电压比值定义为测试电路插入损耗。根据滤波单元电路结构以及测试电路插入损耗能够计算被测噪声源阻抗。实际应用中，当被测阻抗远远大于负载阻抗时，应采用串联标准阻抗单元；当被测阻

抗远远小于负载阻抗时，应采用并联标准阻抗单元，但当被测阻抗与负载阻抗相当时，插入损耗法的精度较差，此外在测量差模噪声源阻抗时，易受测试电路中耦合电容影响。

2.2.2　双电流探头法

1. 测试原理

双电流探头法 [7,8] 采用两个电流探头：一个作为注入式探头，另一个作为检测式探头。通过仔细地校准和测试，可以分别得到开关电源在 EMC 规定范围的各频率点的 CM、DM 阻抗，并且具有较好的精度。如图 2-31 所示，双电流探头法测试的实验装置包括了一个注入式电流探头、一个检测式电流探头、一台信号发生器和一台频谱分析仪。要测量的未知阻抗以 bb' 端的阻抗 Z_X 来表示，两电流探头和耦合电容以及未知阻抗组成了一条回路。信号发生器输出一正弦波信号 U_w 注入到注入式电流探头，于是电路中就产生电流 I_w，频谱分析仪可以检测到 I_w 对检测式电流探头的作用结果。通过信号发生器不同频率点输出的调节，就可以在检测式电流探头端获取不同频率点的值。图 2-32 给出了在 aa' 端的注入式电流探头的等效电路图，U_{sig} 和 Z_{sig} 分别是信号发生器的输出电压和内阻抗，I_p 是注入式电流探头的输入电流，L_p 和 L_w 分别表示一次侧、二次侧的自感，M 表示一次侧和二次侧间的互感。

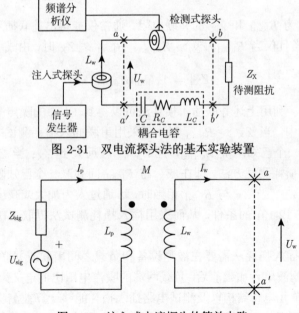

图 2-31　双电流探头法的基本实验装置

图 2-32　注入式电流探头的等效电路

若耦合回路中的电流为 I_w, 则

$$U_\mathrm{sig} = (Z_\mathrm{sig} + \mathrm{j}\omega L_\mathrm{p})I_\mathrm{p} - \mathrm{j}\omega M I_\mathrm{w} \tag{2-20}$$

$$U_\mathrm{M} = -\mathrm{j}\omega M I_\mathrm{p} + \mathrm{j}\omega L_\mathrm{w} I_\mathrm{w} \tag{2-21}$$

联立式 (2-20)、式 (2-21), 将 I_p 消去, 得

$$U_\mathrm{w} = U_\mathrm{M1} - Z_\mathrm{M1} I_\mathrm{w} \tag{2-22}$$

式中, $Z_\mathrm{M1} = -\mathrm{j}\omega L_\mathrm{w} + (\omega M)^2/(Z_\mathrm{sig} + \mathrm{j}\omega L_\mathrm{p})$, $U_\mathrm{M1} = -\mathrm{j}\omega M/(Z_\mathrm{sig} + \mathrm{j}\omega L_\mathrm{p})U_\mathrm{sig}$。式 (2-22) 表明, 在 aa' 端的注入式电流探头可以用等效的电压源 U_M1 和电压源内阻抗 Z_M1 代替, 如图 2-33 所示。Z_M2 是由于检测式电流探头而存在的互感。

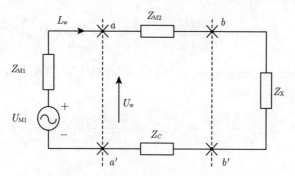

图 2-33 双电流探头法的等效电路

于是得

$$U_\mathrm{M1} = (Z_\mathrm{M1} + Z_\mathrm{M2} + Z_C + Z_\mathrm{X})I_\mathrm{w} \tag{2-23}$$

令 $Z_\mathrm{in} = Z_\mathrm{M1} + Z_\mathrm{M2} + Z_C$, 则式 (2-23) 变为

$$U_\mathrm{M1} = (Z_\mathrm{in} + Z_\mathrm{X})I_\mathrm{w} \tag{2-24}$$

通过式 (2-24), 未知阻抗 Z_X 可以用下式表示:

$$Z_\mathrm{X} = \frac{U_\mathrm{M1}}{I_\mathrm{w}} - Z_\mathrm{in} \tag{2-25}$$

检测式电流探头中通过的电流 I_w 由下式决定:

$$I_\mathrm{w} = \frac{U_\mathrm{p2}}{Z_\mathrm{T2}} \tag{2-26}$$

式中, U_p2 是检测式电流探头所测得的电压, Z_T2 是该探头校准后的转移阻抗。将 $U_\mathrm{M1} = -\mathrm{j}\omega M/(Z_\mathrm{sig} + \mathrm{j}\omega L_\mathrm{p})U_\mathrm{sig}$ 代入式 (2-25), 得

$$Z_{\rm X} = \left(\frac{-{\rm j}\omega M U_{\rm sig}}{Z_{\rm sig} + {\rm j}\omega L_{\rm p}} \right) \frac{Z_{\rm T2}}{U_{\rm p2}} - Z_{\rm in} \tag{2-27}$$

令 $K = -{\rm j}\omega M Z_{\rm T2}/(Z_{\rm sig} + {\rm j}\omega L_{\rm p})$，则有

$$Z_{\rm X} = \frac{K U_{\rm sig}}{U_{\rm p2}} - Z_{\rm in} \tag{2-28}$$

保持信号发生器输出 $U_{\rm sig}$ 不变，对于一个给定频率来说，$K U_{\rm sig}$ 是一个固定的系数。如果有一已知阻值的高精度电阻 $R_{\rm std} \gg |Z_{\rm in}|$，并用该电阻取代 $Z_{\rm X}$，则固定系数 $K U_{\rm sig}$ 为

$$K U_{\rm sig} \approx R_{\rm std} U_{\rm p2} |_{Z_{\rm X} = R_{\rm std}} \tag{2-29}$$

要测量 $Z_{\rm in}$，将 $Z_{\rm X}$ 短路，得

$$Z_{\rm in} = \frac{K U_{\rm sig}}{U_{\rm p2} |_{Z_{\rm X}=0}} = \frac{R_{\rm std} U_{\rm p2} |_{Z_{\rm X}=R_{\rm std}}}{U_{\rm p2} |_{Z_{\rm X}=0}} \tag{2-30}$$

最后将开关电源 (Switching mode power supply, SMPS) 接入电路并打开电源，则开关电源的内阻抗为

$$Z_{\rm X} = \frac{K U_{\rm sig}}{U_{\rm p2} |_{Z_{\rm X}={\rm SMPS}}} - Z_{\rm in} = \frac{R_{\rm std} U_{\rm p2} |_{Z_{\rm X}=R_{\rm std}}}{U_{\rm p2} |_{Z_{\rm X}={\rm SMPS}}} - Z_{\rm in} \tag{2-31}$$

2. 阻抗的提取

根据上述公式的推导，由式 (2-31) 虽然已得到待测阻抗的信息，但由于上述测得的 $Z_{\rm in}$ 与 $Z_{\rm X}$ 并不是纯电阻，它们既包含了阻抗的幅值信息，又包含了相位信息。所以对于 $Z_{\rm X}$，不能直接根据式 (2-31) 进行计算，必须对它的幅值和相位分别进行提取。首先必须对 $Z_{\rm in}$ 进行计算，得到它的具体电路模型，譬如是否由电阻、电感、电容串联而成；其次对电路中总的阻抗，即 $Z_{\rm in} + Z_{\rm X}$ 进行计算，得到它的具体电路模型；最后计算得到 $Z_{\rm X}$ 和它的具体电路模型。具体过程包括如下三个阶段。

1) 第一阶段：测量 $Z_{\rm in}$

假设

$$Z_1(\omega) = R_{\rm std} U_{\rm p2} |_{Z_{\rm X}=R_{\rm std}} \tag{2-32}$$

$$Z_2(\omega) = U_{\rm p2} |_{Z_{\rm X}=0} \tag{2-33}$$

$$Z_3(\omega) = U_{\rm p2} |_{Z_{\rm X}={\rm SMPS}} \tag{2-34}$$

则

$$Z_{\rm in}(\omega) = \frac{Z_1(\omega)}{Z_2(\omega)} \tag{2-35}$$

$$Z_{\mathrm{X}}(\omega) = \frac{Z_1(\omega)}{Z_3(\omega)} - \frac{Z_1(\omega)}{Z_2(\omega)} \tag{2-36}$$

那么 $|Z_{\mathrm{in}}(\omega)| = \dfrac{|Z_1(\omega)|}{|Z_2(\omega)|}$，根据测量得到的 $|Z_1(\omega)|$ 和 $|Z_2(\omega)|$ 的值，就可以得到 $|Z_{\mathrm{in}}(\omega)|$ 的值。根据 $|Z_{\mathrm{in}}(\omega)|$ 的值，作出 $|Z_{\mathrm{in}}(\omega)|$ 的不同频率点的模值曲线，并确定其具体电路模型。假定测量到的 $Z_{\mathrm{in}} = R_{\mathrm{in}} + jX_{\mathrm{in}}$，分别得到 R_{in} 和 X_{in} 的值。

2) 第二阶段

由 $Z_{\mathrm{X}}(\omega) + Z_{\mathrm{in}}(\omega) = \dfrac{Z_1(\omega)}{Z_3(\omega)}$ 得到 $|Z_{\mathrm{X}}(\omega) + Z_{\mathrm{in}}(\omega)| = \dfrac{|Z_1(\omega)|}{|Z_3(\omega)|}$，根据测量得到的 $|Z_1(\omega)|$ 和 $|Z_3(\omega)|$ 的值，就可以得到 $|Z_{\mathrm{X}}(\omega)+Z_{\mathrm{in}}(\omega)|$ 的值，并作出其曲线。

假设

$$Z_{\mathrm{X}} = R_{\mathrm{X}} + jX_{\mathrm{X}} \tag{2-37}$$

则

$$|Z_{\mathrm{X}}(\omega)+Z_{\mathrm{in}}(\omega)| = |R_{\mathrm{X}} + R_{\mathrm{in}} + j(X_{\mathrm{X}} + X_{\mathrm{in}})| = \left|\frac{Z_1(\omega)}{Z_3(\omega)}\right| \tag{2-38}$$

3) 第三阶段

根据 Z_{X} 的不同阻抗特性分以下几种情况加以讨论。

(1) 当 Z_{X} 为纯电阻时，有

$$|Z_{\mathrm{X}}(\omega)+Z_{\mathrm{in}}(\omega)| = |(R_{\mathrm{X}} + R_{\mathrm{in}}) + jX_{\mathrm{in}}| = \left|\frac{Z_1(\omega)}{Z_3(\omega)}\right| \tag{2-39}$$

(2) 当 Z_{X} 为纯电容或纯电感时，有

$$|Z_{\mathrm{X}}(\omega)+Z_{\mathrm{in}}(\omega)| = |R_{\mathrm{in}} + j(X_{\mathrm{X}} + X_{\mathrm{in}})| = \left|\frac{Z_1(\omega)}{Z_3(\omega)}\right| \tag{2-40}$$

(3) 当 Z_{X} 为电阻、电感、电容的叠加时，根据 $|Z_{\mathrm{X}}(\omega)+Z_{\mathrm{in}}(\omega)|$ 的曲线，分段加以计算。

2.2.3 单电流探头法

由于电流探头价格较高，所以考虑使用单电流探头法代替双电流探头法进行噪声源内阻抗的测定，这样可以减少使用一个电流探头，极大地节约经济成本，且方法更为简单。

1. 测试原理

如图 2-34 所示，单电流探头法测试的实验装置包括了一个检测式电流探头、一台信号发生器和一台频谱分析仪。要测量的未知阻抗以 bb' 端的阻抗 Z_{X} 来表示，两电流探头和耦合电容以及未知阻抗组成了一条回路。信号发生器输出一正弦波信号 U_{w} 直接输入电路中，于是电路中就产生 I_{w} 的电流，频谱分析仪可以检测到 I_{w} 对检测式电流探头的作用结果。通过信号发生器不同频率点输出的调节，就

可以在检测式电流探头端获取不同频率点的值。图 2-35 是单电流探头法测量的等效电路图，其中 U_M 为信号发生器输出电压；Z_1 为信号发生器内阻，Z_2 为电流探头的阻抗，Z_C 为电路耦合阻抗；Z_S 为待测噪声源阻抗；Z_{in} 为整个电路的内阻抗 ($Z_{in} = Z_1 + Z_2 + Z_C$)。

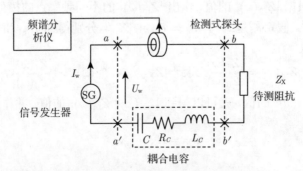

图 2-34　单电流探头法的基本实验装置

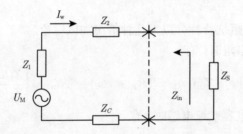

图 2-35　单电流探头法的等效电路图

由图 2-34、图 2-35 可得

$$U_M = (Z_{in} + Z_S)I_w \tag{2-41}$$

于是得

$$Z_S = \frac{U_M}{I_w} - Z_{in} = \frac{U_p}{I_w} \cdot \frac{U_M}{U_p} - Z_{in} = Z_T \cdot \frac{U_M}{U_p} - Z_{in} \tag{2-42}$$

式中，U_M 为信号源的输出电压；U_p 为电流探头两端的电压。

保持信号源输出不变，则对于给定频率来说，$Z_T U_M$ 是一个固定值。将 SMPS 用一个已知的标准电阻 R_{std} 来替代，且 $R_{std} \gg Z_{in}$，则

$$Z_T U_M = R_{std} \cdot U_p \mid_{Z_S = R_{std}} \tag{2-43}$$

短路测阻抗 Z_{in} 为

$$Z_{in} = Z_T \cdot \frac{U_M}{U_p \mid_{Z_S = 0}} = \frac{R_{std} \cdot U_p \mid_{Z_S = R_{std}}}{U_p \mid_{Z_S = 0}} \tag{2-44}$$

最后给开关电源通电，有

$$Z_{\mathrm{S}} = Z_{\mathrm{T}} \cdot \frac{U_{\mathrm{M}}}{U_{\mathrm{p}}} - Z_{\mathrm{in}} = \frac{R_{\mathrm{std}} \cdot U_{\mathrm{p}}\,|_{Z_{\mathrm{S}}=R_{\mathrm{std}}}}{U_{\mathrm{p}}\,|_{Z_{\mathrm{S}}=\mathrm{SMPS}}} - Z_{\mathrm{in}} \tag{2-45}$$

2. 阻抗的提取

阻抗的提取同双电流探头法一致，首先得到 Z_{in} 的阻抗信息，然后得到整个测试电路的阻抗信息 $Z = Z_{\mathrm{in}} + Z_{\mathrm{S}}$，最后通过 Z 和 Z_{in} 得到 $Z_{\mathrm{S}} = Z - Z_{\mathrm{in}}$。

2.2.4 散射参数法

散射参数法测试原理如图 2-36 所示。

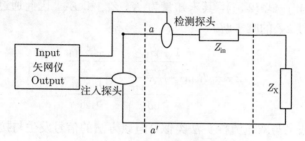

图 2-36 散射参数法测试原理

对于 N 端口网络而言，第 i 个端口的电压和电流可以表示为

$$\begin{bmatrix} U_i \\ I_i \end{bmatrix} = \begin{bmatrix} \sqrt{Z_{Ci}} & 0 \\ 0 & 1/\sqrt{Z_{Ci}} \end{bmatrix} \begin{bmatrix} 1 & 1 \\ 1 & -1 \end{bmatrix} \begin{bmatrix} a_i \\ b_i \end{bmatrix} \tag{2-46}$$

式中，U_i 为第 i 个端口的电压；I_i 为第 i 个端口的电流；Z_{ci} 为第 i 个端口的特征阻抗；a_i 为第 i 个端口的入射波；b_i 为第 i 个端口的反射波。

由式 (2-46) 可以推导二端口网络的散射参数矩阵与端口的入射、反射波之间的关系为

$$\begin{bmatrix} b_1 \\ b_2 \end{bmatrix} = \begin{bmatrix} S_{11} & S_{12} \\ S_{21} & S_{22} \end{bmatrix} \begin{bmatrix} a_1 \\ a_2 \end{bmatrix} \tag{2-47}$$

式中，a_1 和 b_1 分别为第 1 个端口的入射波和反射波；a_2 和 b_2 分别为第 2 个端口的入射波和反射波；S_{11} 为输入反射系数；S_{12} 为反向传输系数；S_{21} 为正向传输系数；S_{22} 为输出反射系数；对于无源网络而言，S_{12} 和 S_{21} 相同。

由图 2-36 和式 (2-28) 可知

$$Z_{\mathrm{X}} = \frac{KU_{\mathrm{sig}}}{U_{\mathrm{p}}} - Z_{\mathrm{in}} = K\frac{1+S_{11}}{S_{12}} - Z_{\mathrm{in}} \tag{2-48}$$

将 Z_{X} 短路，则

$$Z_{\mathrm{in}} = K\frac{1+S_{110}}{S_{120}} \tag{2-49}$$

式中，S_{110} 和 S_{120} 分别为 Z_X 短路时的输入反射系数和反向传输系数。

用标准电阻替代噪声源内阻抗，即令 Z_X 为 R_{std}，则

$$R_{std} = K\frac{1 + S_{111}}{S_{121}} - Z_{in} \tag{2-50}$$

式中，S_{111} 和 S_{121} 分别为用标准电阻替代 Z_X 时的输入反射系数和反向传输系数。

直接测量 Z_X，则

$$Z_X = K\frac{1 + S_{112}}{S_{122}} - Z_{in} \tag{2-51}$$

式中，S_{112} 和 S_{122} 分别为测量 Z_X 时的输入反射系数和反向传输系数。

对于式 (2-49)~式 (2-51)，其未知量为 K，Z_{in} 和 Z_X，因此通过求解上述三个方程式即可得到 Z_X 的唯一解。

$$Z_X = R_{std}\frac{\dfrac{1 + S_{112}}{S_{122}} - \dfrac{1 + S_{110}}{S_{120}}}{\dfrac{1 + S_{111}}{S_{121}} - \dfrac{1 + S_{110}}{S_{120}}} \tag{2-52}$$

散射参数法也与双电流探头法类似，但该方法的信号发生与接收设备为矢量网络分析仪。利用矢量网络分析仪能够分别得到每个测试状态下的信号注入、信号检测端口的传输参数和反射参数。通过计算能够得到被测设备的噪声源阻抗，包括幅值和相位。

2.2.5　双阻抗校准法和麦夸尔特法

由于上述四种方法在测试过程中存在一定的近似和约束条件，因此测试精度有待进一步提高，此外上述方法均无法确定被测噪声源阻抗的电阻、电容和电感参数，因此本书设计了一种基于双阻抗校准和麦夸尔特法的噪声源内阻抗提取方法，其测试原理如图 2-31 所示。

1. 双阻抗校准法

考虑到式 (2-28) 中物理量为复数，得

$$|Z_X + Z_{in}| = \left|\frac{KU_{sig}}{U_p}\right| = \frac{|K|\,|U_{sig}|}{|U_p|} \tag{2-53}$$

不失一般性，设 Z_X 和 Z_{in} 满足

$$Z_X = a_X + jb_X \quad Z_{in} = a_{in} + jb_{in} \tag{2-54}$$

将式 (2-54) 代入式 (2-53) 得

$$(a_X + a_{in})^2 + (b_X + b_{in})^2 = |W_X|^2 \tag{2-55}$$

式中, $W_X = K\dfrac{U_{sig}}{U_p}$。

1) Z_{in} 的提取

由于 Z_X 测试电路中存在等效阻抗 Z_{in}, 因此在确定 Z_X 前需要提取 Z_{in}。

(1) 移去 Z_X, 并采用导线 (或 0Ω 电阻) 代替标准阻抗, 打开信号源, 输出电压 U_{sig} 至注入探头, 则检测探头电压为 U_{p0}。由图 2-31 和式 (2-55) 可得

$$a_{in}^2 + b_{in}^2 = |W_0|^2 \tag{2-56}$$

式中, $W_0 = K\dfrac{U_{sig}}{U_{p0}}$。

(2) 移去 Z_X, 并采用标准电阻 $1(Z_{std1} = a_{std1}+jb_{std1}$, a_{std1} 和 b_{std1} 分别为 Z_{std1} 的实部和虚部) 作为标准阻抗, 打开信号源, 输出电压 U_{sig} 至注入探头, 则检测探头电压为 U_{p1}。由图 2-31 和式 (2-55) 可得

$$(a_{std1} + a_{in})^2 + (b_{std1} + b_{in})^2 = |W_1|^2 \tag{2-57}$$

式中, $W_1 = K\dfrac{U_{sig}}{U_{p1}}$。

(3) 移去 Z_X, 并采用标准电阻 $2(Z_{std2} = a_{std2}+jb_{std2}$, a_{std2} 和 b_{std2} 分别为 Z_{std2} 的实部和虚部) 作为标准阻抗, 打开信号源, 输出电压 U_{sig} 至注入探头, 则检测探头电压为 U_{p2}。由图 2-31 和式 (2-55) 可得

$$(a_{std2} + a_{in})^2 + (b_{std2} + b_{in})^2 = |W_2|^2 \tag{2-58}$$

式中, $W_2 = K\dfrac{U_{sig}}{U_{p2}}$。

由式 (2-56)~ 式 (2-58) 不难得出

$$a_{in} = \frac{1}{2}\frac{\begin{vmatrix} p_1 & b_{std1} \\ p_2 & b_{std2} \end{vmatrix}}{\begin{vmatrix} a_{std1} & b_{std1} \\ a_{std2} & b_{std2} \end{vmatrix}}, \quad b_{in} = \frac{1}{2}\frac{\begin{vmatrix} a_{std1} & p_1 \\ a_{std2} & p_2 \end{vmatrix}}{\begin{vmatrix} a_{std1} & b_{std1} \\ a_{std2} & b_{std2} \end{vmatrix}} \tag{2-59}$$

式中, $p_1 = |W_1|^2 - |W_0|^2 - a_{std1}^2 - b_{std1}^2$; $p_2 = |W_2|^2 - |W_0|^2 - a_{std2}^2 - b_{std2}^2$。根据式 (2-59) 可以得到测试电路等效阻抗 Z_{in}, 包括幅值和相位。

2) Z_X 的提取

与测试电路等效阻抗 Z_{in} 提取方法类似, Z_X 可按如下方法提取。

(1) 保留 Z_X，并采用导线 (或 0Ω 电阻) 代替标准阻抗，打开信号源，输出电压 U_{sig} 至注入探头，则检测探头电压为 U_{pX0}。由图 2-31 和式 (2-55) 可得

$$(a_X + a_{in})^2 + (b_X + b_{in})^2 = |W_{X0}|^2 \tag{2-60}$$

式中，$W_{X0} = K\dfrac{U_{sig}}{U_{pX0}}$。

(2) 保留 Z_X，并采用标准电阻 1(Z_{std1}) 作为标准阻抗，打开信号源，输出电压 U_{sig} 至注入探头，则检测探头电压为 U_{pX1}。由图 2-31 和式 (2-55) 可得

$$(a_X + a_{std1} + a_{in})^2 + (b_X + b_{std1} + b_{in})^2 = |W_{X1}|^2 \tag{2-61}$$

式中，$W_{X1} = K\dfrac{U_{sig}}{U_{pX1}}$。

(3) 保留 Z_X，并采用标准电阻 2(Z_{std2}) 作为标准阻抗，打开信号源，输出电压 U_{sig} 至注入探头，则检测探头电压为 U_{pX2}。由图 2-31 和式 (2-55) 可得

$$(a_X + a_{std2} + a_{in})^2 + (b_X + b_{std2} + b_{in})^2 = |W_{X2}|^2 \tag{2-62}$$

式中，$W_{X2} = K\dfrac{U_{sig}}{U_{pX2}}$。

由式 (2-60)~式 (2-62) 不难得出

$$a_X = \frac{1}{2}\frac{\begin{vmatrix} p_1 & b_{std1} \\ p_2 & b_{std2} \end{vmatrix}}{\begin{vmatrix} a_{std1} & b_{std1} \\ a_{std2} & b_{std2} \end{vmatrix}} - a_{in}, \quad b_X = \frac{1}{2}\frac{\begin{vmatrix} a_{std1} & p_1 \\ a_{std2} & p_2 \end{vmatrix}}{\begin{vmatrix} a_{std1} & b_{std1} \\ a_{std2} & b_{std2} \end{vmatrix}} - b_{in} \tag{2-63}$$

根据式 (2-59) 和式 (2-63) 不难得出 Z_X，并且测试过程中不存在近似和约束条件，因此测试精度较高。

值得注意的是，在工程应用中，9kHz~1GHz 频段内的标准阻抗较难实现，因此可预先采用阻抗分析仪标定标准阻抗。

2. 麦夸尔特法

由于信号源输出的是特定频率的信号，采用前述双阻抗校准法仅能获取某些特定频率的噪声源阻抗，因而无法得到全频段 (9kHz~1GHz)MRD 传输阻抗及其电阻、电容和电感参数。另一方面，由于 Z_X 是频率的非线性函数，因此较难通过一般的最小二乘法提取噪声源阻抗。为了解决上述问题，在上述双阻抗校准法基础上，提出了基于麦夸尔特法的噪声源内阻抗提取方法，该算法实质是非线性最小二乘的修正牛顿–高斯算法，其能够有效解决非线性问题。

如图 2-37 所示, Z_X 可简化为由等效寄生电阻 R、等效寄生电感 L 和等效寄生电容 C 构成。

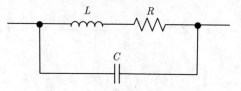

图 2-37 噪声源内阻抗等效电路图

$$Z = R + \mathrm{j}\omega L + \frac{1}{\mathrm{j}\omega C} \tag{2-64}$$

由式 (2-64) 可建立函数

$$\varphi\left(f^{-2}, f^2; R, L, C\right) = |Z|^2 = R^2 + 4\pi^2 L^2 f^2 + \frac{f^{-2}}{4\pi^2 C^2} - \frac{2L}{C} \tag{2-65}$$

令 f^{-2} 和 f^2 分别为 x_{-1} 和 x_1, 则式 (2-65) 可表示为

$$y = \varphi\left(\boldsymbol{x}^{\mathrm{T}}; R, L, C\right) = \varphi\left(x_{-1}, x_1; R, L, C\right) \tag{2-66}$$

式中, $\boldsymbol{x}^{\mathrm{T}} = [x_{-1}, x_1]$, $\boldsymbol{Z} = [R, L, C]$。采用前一节的方法对被测噪声进行 N 个频点测量, 可得 N 组数据 (x_{-1n}, x_{1n}, y_n), 其中 n 为 $1 \sim N$ 的自然数。

设 $\boldsymbol{Z}^{(0)}$ 为 $\boldsymbol{Z}$ 的一组初始值, 则

$$\boldsymbol{Z}^{(0)} = \left[R^{(0)}, L^{(0)}, C^{(0)}\right] \tag{2-67}$$

将 $\varphi(\boldsymbol{x}^{\mathrm{T}}, \boldsymbol{Z})$ 在 $\boldsymbol{Z}^{(0)}$ 处按泰勒级数展开, 并略去二次及二次以上的项, 可得

$$\varphi(\boldsymbol{x}^{\mathrm{T}}, \boldsymbol{Z}) \approx \varphi(\boldsymbol{x}^{\mathrm{T}}, \boldsymbol{Z}^{(0)}) + \sum_{m=1}^{3} \left.\frac{\partial \varphi(\boldsymbol{x}^{\mathrm{T}}, \boldsymbol{Z})}{\partial \boldsymbol{Z}_m}\right|_{\boldsymbol{Z} = \boldsymbol{Z}^{(0)}} \left(\boldsymbol{Z}_m - \boldsymbol{Z}_m^{(0)}\right) \tag{2-68}$$

式 (2-68) 是 R, L, C 的线性函数, 式中除 R, L, C 之外均为已知数, 对此使用最小二乘法, 可得

$$Q = \left[y_n - \varphi(\boldsymbol{x}^{\mathrm{T}}, \boldsymbol{Z}^{(0)}) - \sum_{m=1}^{3} \left.\frac{\partial \varphi(\boldsymbol{x}^{\mathrm{T}}, \boldsymbol{Z})}{\partial \boldsymbol{Z}_m}\right|_{\boldsymbol{Z} = \boldsymbol{Z}^{(0)}}\right.$$
$$\left. \cdot \left(\boldsymbol{Z}_m - \boldsymbol{Z}_m^{(0)}\right)\right]^2 + d \sum_{m=1}^{3} \left(\boldsymbol{Z}_m - \boldsymbol{Z}_m^{(0)}\right)^2 \tag{2-69}$$

式中，$d \geqslant 0$ 为阻尼因子。欲使 Q 值达到最小，令 Q 分别对 R, L, C 的一阶偏导数等于零，可得

$$\frac{\partial Q}{\partial Z_k} = 2\left[y_n - \varphi(\boldsymbol{x}^{\mathrm{T}}, \boldsymbol{Z}^{(0)}) - \sum_{m=1}^{3} \frac{\partial \varphi(\boldsymbol{x}^{\mathrm{T}}, \boldsymbol{Z})}{\partial \boldsymbol{Z}_m}\bigg|_{\boldsymbol{Z}=\boldsymbol{Z}^{(0)}} \left(\boldsymbol{Z}_m - \boldsymbol{Z}_m^{(0)} \right) \right]$$

$$\frac{\partial \varphi(\boldsymbol{x}^{\mathrm{T}}, \boldsymbol{Z})}{\partial \boldsymbol{Z}_k}\bigg|_{\boldsymbol{Z}=\boldsymbol{Z}^{(0)}} + 2d \sum_{m=1}^{3} \left(\boldsymbol{Z}_m - \boldsymbol{Z}_m^{(0)} \right) \tag{2-70}$$

式中，$k=1, 2, 3$；$\boldsymbol{Z}_1, \boldsymbol{Z}_2, \boldsymbol{Z}_3$ 为 R, L, C；$\boldsymbol{Z}_1^{(0)}, \boldsymbol{Z}_2^{(0)}, \boldsymbol{Z}_3^{(0)}$ 为 $R^{(0)}, L^{(0)}, C^{(0)}$。由式 (2-70) 可得

$$\begin{aligned}
(h_{11} + d)\left(R - R^{(0)}\right) + h_{12}\left(L - L^{(0)}\right) + h_{13}\left(C - C^{(0)}\right) &= h_{1y} \\
h_{21}\left(R - R^{(0)}\right) + (h_{22} + d)\left(L - L^{(0)}\right) + h_{23}\left(C - C^{(0)}\right) &= h_{2y} \\
h_{31}\left(R - R^{(0)}\right) + h_{32}\left(L - L^{(0)}\right) + (h_{33} + d)\left(C - C^{(0)}\right) &= h_{3y}
\end{aligned} \tag{2-71}$$

式中，$\begin{cases} h_{ij} = \sum\limits_{m=1}^{3} \dfrac{\partial \varphi\left(\boldsymbol{x}^{\mathrm{T}}, \boldsymbol{Z}\right)}{\partial \boldsymbol{Z}_i}\bigg|_{\boldsymbol{Z}=\boldsymbol{Z}^{(0)}} \cdot \dfrac{\partial \varphi\left(\boldsymbol{x}^{\mathrm{T}}, \boldsymbol{Z}\right)}{\partial \boldsymbol{Z}_j}\bigg|_{\boldsymbol{Z}=\boldsymbol{Z}^{(0)}} = h_{ji}, \\ h_{iy} = \sum\limits_{m=1}^{3} \left[y_n - \varphi\left(\boldsymbol{x}^{\mathrm{T}}, \boldsymbol{Z}^{(0)}\right) \right] \dfrac{\partial \varphi\left(\boldsymbol{x}^{\mathrm{T}}, \boldsymbol{Z}\right)}{\partial \boldsymbol{Z}_i}\bigg|_{\boldsymbol{Z}=\boldsymbol{Z}^{(0)}}, \end{cases}$ $i, j = 1, 2, 3$，且 $i \neq j$。

通过求解式 (2-71)，并不断重复迭代上述过程即可得全频段噪声源阻抗的电阻、电容和电感参数。

$$\begin{bmatrix} R \\ L \\ C \end{bmatrix} = \begin{bmatrix} \boldsymbol{Z}_1 \\ \boldsymbol{Z}_2 \\ \boldsymbol{Z}_3 \end{bmatrix} = \begin{bmatrix} \boldsymbol{Z}_1^{(0)} \\ \boldsymbol{Z}_2^{(0)} \\ \boldsymbol{Z}_3^{(0)} \end{bmatrix} + \begin{bmatrix} h_{11}+d & h_{12} & h_{13} \\ h_{21} & h_{22}+d & h_{23} \\ h_{31} & h_{32} & h_{33}+d \end{bmatrix}^{-1} \begin{bmatrix} h_{1y} \\ h_{2y} \\ h_{3y} \end{bmatrix} \tag{2-72}$$

2.2.6　综合特性对比分析

EMI 噪声源内阻抗测定方法包括插入损耗法、双电流探头法和单电流探头法。插入损耗法根据噪声源特性，选择合适的电阻串联/并联于源阻抗和负载阻抗之间，通过测量电阻加载前后负载阻抗上的噪声电压，得到噪声源内阻抗。双电流探头法采用两个电流探头，一个作为注入探头接信号发生器，另一个作为检测探头接频谱分析仪或 EMI 接收机，分别测量电路短路、加载标准电阻、加载噪声源时的电压，从而计算得出噪声源内阻抗。单电流探头法则直接将频谱分析仪输出端作为信号发生端接入电路，从而减少一个电流探头。然而，插入损耗法、双电流探头法和单电流探头法的测量精度较低，且存在相位缺损，只能单频点离散测量，无法全频测

试。此外,插入损耗法和双电流探头法还需使用信号发生器作为辅助器件。另一方面,为了描述分离网络和 EMI 滤波器特性,需要分别测量共模插入损耗 (CMIL)、共模抑制比 (CMRR)、差模插入损耗 (DMIL)、差模抑制比 (DMRR)。但采用频谱仪提取分离网络特性,不仅存在较大误差及相位缺损,还要采用功率分配器模拟产生共模/差模噪声源。EMI 滤波器由于没有模态输出端口,使用频谱仪方法无法直接提取其特性参数,为工程应用带来困难。

然而基于散射参数建模的传导 EMI 优化分析方法,实验结果表明本方法在测定噪声源内阻抗时,可以得到幅值和相位且无需使用信号发生器,同时也提高了测量精度,采用本书方法提取分离网络和 EMI 滤波器特性,不仅提高了测量精度,弥补了相位缺损而且无需使用信号发生器和功率分配器,此外还可以进行全频段测试。

2.3 传导电磁干扰应对策略

2.3.1 电源/接地

1. 安全接地与信号接地

1) 安全接地

安全接地又可称为保险接地,与信号接地的目的不同。它是将电气设备的外壳,利用低阻抗导体连至大地,而人员意外触及时,不易发生电击危险。图 2-38(a) 中的 Z_1 为电位 U_1 所在点与机壳之间的漏电阻, Z_2 为机壳与地间的漏电阻。机壳的电位是由 Z_1 与 Z_2 的阻值来决定的,故机壳电位为

$$U_K = \left(\frac{Z_2}{Z_1 + Z_2} \right) U_1 \qquad (2\text{-}73)$$

此时机壳电位可能相当高,且其值取决于 Z_1 与 Z_2 的大小。若 Z_1 远大于 Z_2 时,机壳的电位将接近 U_1 的值,就会有电击的危险。

若机壳做了接地的设计,即 $Z_2=0$,由式 (2-73) 可知,机壳电位 U_K 应为 0。此时人若触及已接地的机壳,因人体的阻抗远大于 0,则大部分电流将经接地线流入地端,因此不会有电击的危险。

图 2-38(b) 所示为较危险的情况,其中显示了带有保险丝的交流电力线引入封闭机壳内的情况。

如果电力线触及机壳,机壳能提供保险丝所能承受的电流至机壳外。若人员触及机壳,电力线的电流将直接经人体进入地端。如果实施了接地的措施,当发生绝缘击穿或电力线触及机壳时,会因接地而使电力线上有大量电流流动并烧掉保险丝,使机壳不再带电,而不会有电击的危险。

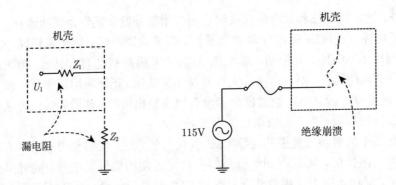

(a) 机壳电位取决于 Z_1 与 Z_2 的大小　　　　(b) 带保险丝的交流电力线引入封闭机壳内

图 2-38　为了安全，机壳应予以接地，否则可能产生绝缘击穿

2) 信号地：单点与多点接地

另一种典型的地是信号地，它允许信号电流返回信号源。虽然设计者们希望信号通过他们所设计的路径返回信号源，但是并不能保证这一定会发生。强调这一点很重要，实际上，一个信号的一些频谱分量会通过一条路径返回信号源，而同一信号的其他频谱分量可能通过另一条路径返回信号源。接地平面上的屏蔽电缆就是一个很好的例子。低于屏蔽接地电路截止频率的频谱分量将沿接地面返回，而高于截止频率的那些频谱分量将沿屏蔽层返回而不是沿接地平面返回。在信号地的情况下，考虑电流流过的路径是很重要的，再次指出，这些路径的高频阻抗主要为感性的，如果当它们 "接地" 时，在其两端会具有小的压降，那么必须使这个感性阻抗最小。

关于信号接地的方案基本上有两种：单点接地系统和多点接地系统。单点接地系统指的是子系统的地回路仅与该子系统内的单点相连。使用单点接地系统的目的就是为了防止两个不同子系统中的电流共享相同的回路返回，从而产生共阻抗耦合。如图 2-39 所示为典型的单点接地的实现原理，其中三个子系统具有相同的信号源。如图 2-39(a) 所示的方法称为 "串级链" 或串联法，这种方法很明显会在两个子系统的接地点之间产生共阻抗耦合，会将 SS#2 和 SS#3 中的信号加到 SS#1 上，就如前面所讨论的。底下划折线的部分是必须知道的电流的回路，当它们可以确定时，图 2-39(b) 所示的并行连接是理想的单点接地方法。然而，它有个很大的缺点，那就是单个的接地线的阻抗将取决于这些连线的长度。在分布系统中，如果严格服从单点接地系统的原理，那么连接线可能需要很长。这样接地线可能有很大的阻抗，从而消除了它们的正面效应。而且，这些导线上的回路电流有可能向其他接地导线进行有效辐射，并在子系统之间产生耦合，类似于串扰，因此产生了辐射发射依从性问题。而这发生的程度取决于回路信号的频谱分量：高频分量将比低频分量产生更有效的辐射和耦合。因此，单点接地原理并不是普遍适用的理想接地原理，因为它最适合低频子系统。

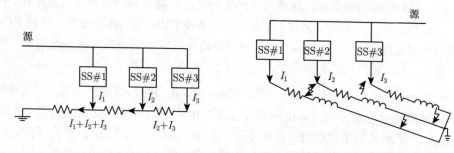

(a) 串联连接中的共阻抗耦合　　　　　(b) 地线和单点接地系统间的无意耦合

图 2-39　单点接地问题说明

另一种接地系统类型是图 2-40(a) 所示的多点接地系统。典型地，一个大导体 (通常为接地平面) 在多点接地系统中作为信号的回路。在多点接地系统中，子系统的各个地分别与接地导体在不同点相连。多点接地系统优于单点接地系统的原因是有一个较近的接地点，从而连接导线的长度可能较短。但这又是假设了接地点之间在所考虑的频点上的阻抗为零或至少非常低，而假设并不是正确的。如果图 2-40(a) 所示的接地平面被 PCB 上的一条长而窄的带状线所替代，那么若是沿该带状线上各点连接子系统的地，就可认为已经实现了多点接地。而事实上，这更类似于如图 2-39(a) 所示的串联连接的单点接地系统。

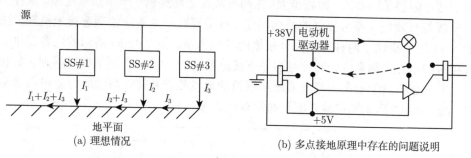

(a) 理想情况　　　　　　　　　(b) 多点接地原理中存在的问题说明

图 2-40　多点接地举例说明

多点接地系统的另一个问题可能是通过接地导体的其他电流没有被注意。例如，假定 "接地面"(其子系统为多点接地) 上有意地存在其他电流或通过它的环境电流。以图 2-40(b) 所示举例说明，与其他数字电路的 PCB 相同，其包含直流电动机驱动电路。驱动直流电动机所需要的 +38V 直流电源和激励数字电路所需要的 +5V 直流电源通过连接器供给 PCB。假设这些电路都在 PCB 上的一个公共地网上接地。作为电动机驱动开关，电动机电路的高频电流将通过该接地面，在接地网的两点之间会产生大的高频电压。如果数字逻辑电路也以多点的形式接到接地网上，那么由电动机回路电流在接地网上产生的电压可能会耦合进数字逻辑电路，在它期望的性能中产生问题。另外，假设一个信号在 PCB 上的线路经过一个在 PCB 反面的电源连接器，那么，在信号电缆中的接地导线将被嘈杂的接地系统的变化电位所激励，有可能产生辐射而导致辐射 (或传导) 发射问题。

典型地，单点接地系统应用于模拟子系统中，其中包括低电平信号。在这种情况下，毫伏甚至是微伏的接地压降都能在这些电路中造成重大的共阻抗耦合干扰问题。单点接地系统通常也用于高电平子系统中，如电动机驱动，这是为了防止这些高电平回路电流在公共接地网上产生大的压降。另一方面，数字子系统本质上具有抗外部噪声的性能，然而，它们对内部噪声相当敏感，共阻抗耦合由内部噪声所干扰，可认为是"从心脏向自己开枪"，为了使这种共阻抗耦合最小，数字系统中的接地系统趋向于多点接地，采用大的接地平面，如在 PCB 内层的地面或是诸如接地网等将大量交替的接地路径并联放置，从而降低回路的阻抗。在接地回路附近放置信号导线是很重要的，因为这也可以降低回路的阻抗。

其他类型的接地系统称为混合接地系统，就是上述两种系统在不同频段组合。作为例子，图 2-41 为可选择的实现屏蔽接地和避免低频耦合的方法。如果电缆包含有两层屏蔽层，内屏蔽层与参考导体的一端相连，而外屏蔽层与参考导体的另一端相连，那么在两层屏蔽层之间不存在低频连接，这样可以避免由于参考导线上流过的电流而产生的共阻抗耦合问题。然而，两屏蔽层之间的寄生电容 (寄生电容由于两屏蔽层是同心的，而相当大) 在两屏蔽层之间提供了一个高频连接，这样屏蔽层就能有效地与参考导体的两端相连。这是混合接地系统的频选接地机理。如图 2-42 所示描述了两种实现混合接地的其他方案。图 2-42(a) 所示的电容提供了低频时的单点接地系统和高频时的多点接地系统。图 2-42(b) 所示的电感则正好相反。当有必要出于安全而将子系统与绿色的地线相连并在较高频率时需单点接地时，图 2-42(b) 所示的接地方案是非常有用的。

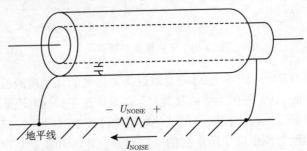

图 2-41　低频时单点接地和高频时为避免"地环路"而屏蔽层两端接地的方法

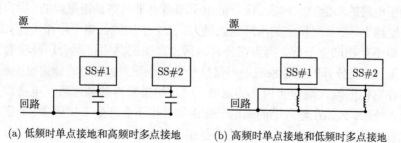

(a) 低频时单点接地和高频时多点接地   (b) 高频时单点接地和低频时多点接地

图 2-42   混合接地方案

典型的系统要求有两、三个独立的接地系统，如图 2-43(a) 所示。低电平信号 (电压、电流、功率) 子系统应该与专门的、单独的接地点相连，这指的是信号地。在这个信号地子系统中，电路采用单点接地、多点接地或者混合接地方式。第二种类型的接地系统指的是噪声接地系统。噪声接地系统代表了工作于高电平或产生噪声类的信号的电路。在一种情况下信号被认为是噪声，在另一种情况下却不是。例如，数字时钟信号的高频谱分量在干扰其他子系统时被认为是噪声，虽然它们是有用信号必要的频谱成分。另一方面，直流电动机的电刷电弧则是真正的噪声，它对于电动机的功能而言并不是必要的。如图 2-43(b) 所示为包含数字电路、模拟电路和噪声、电动机驱动电路的 PCB。噪声电路的地与 PCB 的连接器作专门的连接，以防止高电平回流电流通过模拟或数字接地系统。相同地，数字和模拟电路也有专门的接地回路与连接器相连。注意模拟接地系统中的接地 (一个信号地) 实质上是单点接地系统，而数字接地系统中的接地 (另一个信号地) 实质上是多点接地系统。

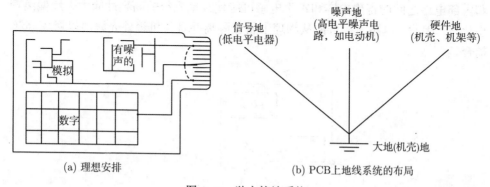

(a) 理想安排   (b) PCB上地线系统的布局

图 2-43   独立接地系统

理解为什么需要这些不同和独立接地系统的关键在于理解它们的目的是防止共阻抗耦合。如果允许高电平噪声从电动机驱动电路传输到作为数字电路回路的导体上，这些高电平电流将在提供给数字电路的公共回路上产生压降，这就有可能导致数字电路的功能发生问题。区分低电平和高电平回路是很重要的，因为回路电流的幅度越大，公共阻抗上的压降也就越大。几个不同的低电平电路可能共用同一个回路而不互相产生干扰，因为在公共地网上产生的共阻抗耦合压降没有大到足以产生干扰。在分开的接地系统中不仅信号电平很重要，它们的频谱也很重要。一些支路在它们的输入端包含内在的滤波，因此如果噪声的频谱落在电路输入滤波的通带之外，那么加在输入端的高电平噪声信号也不会产生干扰问题。数字电路趋向于有着非常宽的宽带输入，这样就不存在选频保护。另一方面，诸如比较器等模拟电路由于运算放大器的响应时间而具有一定程度的高频滤波。但是，寄生现象可以削弱这种作用。硬件接地通常是与其他接地分开，目的也是为了避免共阻抗耦合问题。60Hz 的高电平信号和 ESD 信号一样，可以通过这个接地面。不在硬件接地和其他接地之间提供连接是很重要的，特别是信号地，这样由 ESD 信号转换所产生的压降将不会在信号接地系统内产生噪声变化的点。

3) 硬件接地

硬件接地即与底板、机座、机壳、设备机架等相连。硬件接地的目的并不是运载电流，而是用于在发生故障或转移 ESD 信号的情况下。

考虑如图 2-44 所示的情况，这是一个分开的接地系统连接后可能产生问题的例子。两个机壳或支架构成系统，它们的硬件接地总与公共接地点相连，机壳也连接在一起，以防止在它们之间由于 ESD(静电放电) 等电流流过而产生电位。一个机壳内的两个 PCB 将它们的信号地连接在一起，但通常来说，将信号地与机壳相连是不正确的，因为上述的 ESD 放电可能会使信号地随着 ESD 放电而发生变化。然而，在一些情况下为了防止 ESD 问题而可能有必要将这些地连接在一起。机壳和内部电路之间的寄生电容和寄生电感可能使接地系统的高频性能大大地偏离理想状态，因此，电路应尽可能从物理上相互隔离并且与机箱外壳隔离以避免高频耦合。

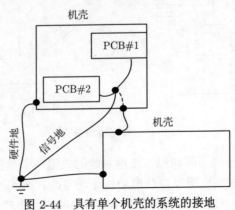

图 2-44　具有单个机壳的系统的接地

2. 地环路电流电压及其接地噪声抑制

1) 地环路噪声定义及干扰原因

(1) 接地公共阻抗产生的干扰。

两个不同的接地点之间存在一定的电位差,称为地电压。这是由于两接地点之间总有一定的阻抗,地电流流经接地公共阻抗,在其上产生了地电压,此地电压直接加到电路上形成共模干扰电压。例如,图 2-45 所示的接地回路,来自直流电源或者高频信号源的电流经接地面返回。由于接地面的公共阻抗非常小,所以在电路的性能设计时往往不予考虑。但是,对电磁干扰而言,在回路中必须考虑接地面阻抗的存在。

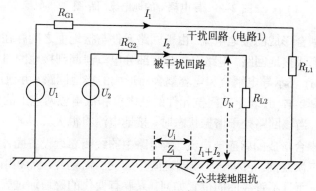

图 2-45 公共接地阻抗产生的电磁干扰

图 2-45 中所示的干扰回路和被干扰回路之间存在一个公共阻抗 Z_i,该公共阻抗上存在的电压为 $U_i = U_1 + U_2 = Z_i I_1 + Z_i I_2$。对被干扰回路而言,$Z_i I_1 = U_1$ 是电磁干扰电压,而 $Z_i I_2 = U_2$ 是对负载电压降的分压。由于 $RL_2 \gg |Z_i|$,因此,一般情况下,$Z_i I_2$ 对负载电压降的影响可以忽略不计,仅考虑 I 所引起的电磁干扰电压对负载的作用。如果不考虑被干扰回路的电流 I_2 在接地公共阻抗 Z_i 上的作用,即令 $U_2 = 0$,则干扰回路 (电路 1) 中的电流 I_1 在接地公共阻抗 Z_i 上产生干扰电压 $U_i = U_1$,此电压降使被干扰回路的负载 R_{L2} 受到干扰,其干扰电压为

$$U_N = \frac{Z_i R_{L2}}{(R_{G1} + R_{L1}) \times (R_{G2} + R_{L2})} U_1 \tag{2-74}$$

由此可知,被干扰回路的负载 R_{L2} 受到的干扰是电路 1 干扰源 U_1 的函数。

(2) 接地电流与地电压的形成。

电子设备一般采用具有一定面积的金属板作为接地面,由于各种原因在接地面上总有接地电流通过,而金属接地板两点之间总存在一定的阻抗,因而产生接地干扰电压。可见接地电流的存在是产生接地干扰的根源,而接地电流产生的原因主

要有以下 4 种。

①由导电耦合而引起的接地电流。在许多情况下采用两点接地或多点接地,即通过两点或多点实现与接地面连接,因此形成接地回路,通过接地回路将流过接地电流,如图 2-46 所示。

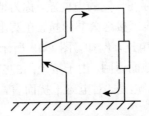

图 2-46　导电耦合的地电流回路图

②由电容耦合形成的接地电流。由于回路元件与接地面之间存在分布电容,通过分布电容可形成接地回路,电路中总会有部分电流泄漏到接地回路中,如图 2-47 所示。图 2-47(a) 表示导电耦合和电容耦合而形成的接地回路,并通过接地回路流过接地电流。图 2-47(b) 表示在阻抗元件的高电位和低电位两点上的分布电容所形成的接地回路,当该回路处于谐振状态时,接地电流将很大。

③由电磁耦合形成的感应地电流。当电路中的线圈靠近设备壳体时,壳体相当于只有一匝的二次线圈。它和一次线圈之间形成变压器耦合,机壳内因电磁感应将产生接地电流,而且不管线圈的位置如何,只要有变化的磁通通过壳体,就会产生感应地电流。

④由金属导体的天线效应形成地电流。当有辐射电磁场照射到金属导体时,由于接收天线效应使导体产生感应电动势,如果金属体是箱体结构,那么由于电场作用,在平行的两个平面上将产生电位差,使箱体有接地电流流过,该金属箱体同回路相连时,就会形成有接地电流通过的电流回路。

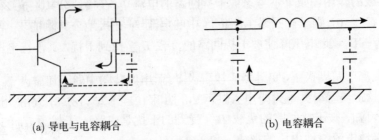

(a) 导电与电容耦合　　　　　　　　　　　(b) 电容耦合

图 2-47　电容耦合接地回路

当两个用传输线连接的设备置于地面附近时,如图 2-48 所示。传输线的共模干扰将外界电磁场转换成回路中的共模干扰电压,虽然所形成的回路阻抗有高有低,但感应到回路中的干扰电压与阻抗无关,而导电耦合及电容耦合所形成的共地阻抗干扰电压与回路阻抗及电流有直接关系。

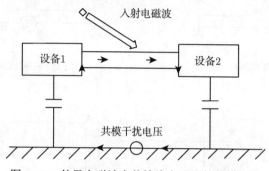

图 2-48 外界电磁波在传输线上形成的共模干扰

(3) 地环路干扰。

从上述分析可以看出,由接地共阻抗以及传输导线或金属机壳的天线效应等因素在地回路中会形成干扰电流与电压,该干扰电压通过各种地回路感应到受损电路的输入端,从而形成地回路干扰。

图 2-49(a) 给出了地环路干扰的实际电路,共模干扰电压 U_i 使回路 $ABCDEFGHA$ 及 $ABCIJFGHA$ 上流动干扰电流,由于这两个回路的阻抗不同,因此,该干扰电流在放大器输入端将会产生一干扰电压,图中所示的传输线及负载可为平衡型也可为非平衡型的,地回路干扰将因电路结构及传输线类型的不同而有不同的性质。图 2-49(b) 为地回路干扰的等效电路。

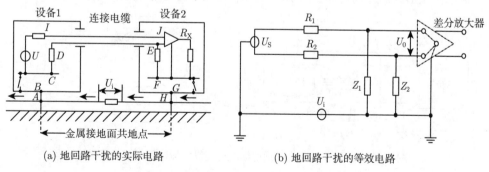

(a) 地回路干扰的实际电路   (b) 地回路干扰的等效电路

图 2-49 地回路干扰的实际电路与等效电路

2) 噪声抑制方法与分析

(1) 消除地环路措施。

消除地环路的 4 种隔离方法如图 2-50 所示。

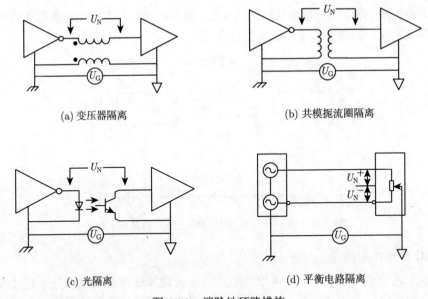

(a) 变压器隔离　　　　　　　　　　　　(b) 共模扼流圈隔离

(c) 光隔离　　　　　　　　　　　　　　(d) 平衡电路隔离

图 2-50　消除地环路措施

(2) 共模扼流圈分析。

当要求直流或低频连续时,可用纵向扼流圈断开地环路,如图 2-51 所示,同时这个电路的性能可用等效电路加以分析。信号源电压 U_S,经连接线电阻 R_{C1},R_{C2} 接至负载 R_L,纵向扼流圈则由电感 L_1,L_2 和互感 M 表示。若两个线圈完全相同,且在同一个铁心上构成紧耦合,则 $L_1 = L_2 = M$。U_G 是地线环路经磁耦合或者由于地电位差形成的纵向电压。因 R_{C1} 与 R_L 串联,且 $R_{C1} \ll R_L$,故略去 R_{C1}。

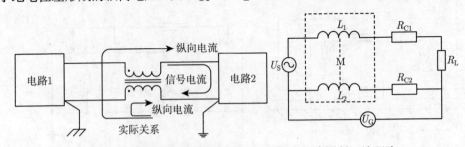

图 2-51　当要求直流或低频连续时可用纵向扼流圈断开地环路

首先分析电路对 U_S 的响应,如 U_G 忽略不计时,则图 2-51 可改用图 2-52 表示。已知当频率高于 $\omega = \dfrac{5R_{C2}}{L_2}$ 时,全部电流 I_S 会经下面的一根导线返回信号源而不流经地线排。若选取 L_2,在最低信号频率时,$\omega > \dfrac{5R_{C2}}{L_2}$,$I_G = 0$,这时在图

2-41 的上面一个环路中，有

$$U_S = j\omega(L_1 + L_2)I_S - 2j\omega M I_S + (R_L + R_{C2})I_S \tag{2-75}$$

因为 $L_1 = L_2 = M$，故 $I_S = \dfrac{U_S}{R_L + R_{C2}} \approx \dfrac{U_S}{R_L}$。

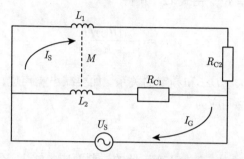

图 2-52　分析图 2-51 电路对 U_S 响应的等效电路图

由于 $R_L \geqslant R_{C2}$，变压器等于没有接入，也就是说当变压器电感足够大且信号频率高于 $\dfrac{5R_{C2}}{L_2}$ 时，加入变压器对信号的传输是没有影响的。

再看图 2-51 电路对纵向电压 U_G 的响应，这时的等效电路如图 2-53 所示。当未加变压器时，噪声电压将加于 R_L 的两端；如加装变压器，则加至 R_L 的噪声电压可由下列两个环路得出：

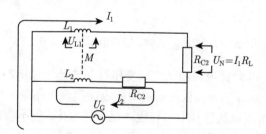

图 2-53　分析图 2-51 电路对 U_G 响应的等效电路图

I_1 环路：

$$U_G = j\omega L_1 I_1 + j\omega M I_2 + I_1 R_L \tag{2-76}$$

I_2 环路：

$$U_G = j\omega L_2 I_2 + j\omega M I_1 + I_2 R_{C2} \tag{2-77}$$

由式 (2-77)，得

$$I_2 = \frac{U_G - j\omega M I_1}{j\omega L_2 + R_{C2}} \tag{2-78}$$

因为 $L_1 = L_2 = M = L$，将式 (2-78) 代入式 (2-76)，得

$$I_1 = \frac{U_\mathrm{G} R_\mathrm{C2}}{\mathrm{j}\omega L(R_\mathrm{C2} + R_\mathrm{L}) + R_\mathrm{C2} R_\mathrm{L}} \tag{2-79}$$

因 $U_\mathrm{N} = I_1 R_\mathrm{L}$，$R_\mathrm{C2} = R_\mathrm{L}$，由式 (2-79) 得

$$U_\mathrm{N} = \frac{U_\mathrm{G} R_\mathrm{C2}/L}{\mathrm{j}\omega + R_\mathrm{C2}/L} \tag{2-80}$$

图 2-54 表明了 $U_\mathrm{N}/U_\mathrm{G}$ 和频率的关系。如要减小噪声电压，则应尽可能减小 R_C2，而变压器的电感则应为

$$L = \frac{R_\mathrm{C2}}{\omega} \tag{2-81}$$

式中，ω 为噪声的角频率。要注意变压器的磁截面应足够大，保证当有一定数量的不平衡直流流通时不致发生饱和。

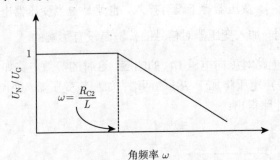

图 2-54　如 R_C2 大时，噪声电压将会显著

　　图 2-51 中所加的纵向扼流线圈或中和变压器制造比较简单，在一个磁环上用两线并绕即可，如图 2-55 所示。设在电路中的纵向扼流线圈是采用双线并绕的简便方法 (同轴电缆也可用以代替其中的导线)，虽电路很多，但不会形成电路之间的串音。在电话设备中，一个典型的中和变压器上一般可接 25~50 个电路。

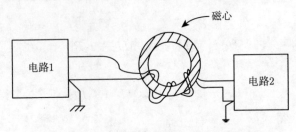

图 2-55　纵向扼流线圈绕在同一个磁环上

2.3.2 EMI 滤波器

1. 滤波器基本特性

电子工程中的所有领域都使用滤波器,如通信、信号传输和自动控制,关于这种类型的滤波器的设计资料很丰富。要注意的是用来减小传导发射的电源滤波器很少利用这些传统滤波器的设计思想来设计。不过,对传统滤波器的基本原理的讨论有助于发现所有滤波器通用的基本原理。

滤波器典型特性指标是插入损耗 IL[9],一般用 dB 表示。考虑如图 2-56(a) 所示的给负载提供信号的问题,为了防止源的某些频率分量到达负载,在源和负载之间插入一个滤波器,如图 2-56(b) 所示。未插入滤波器时负载电压用 $\widehat{U}_{\mathrm{L},\omega_0}$ 表示,插入滤波器后负载电压用 $\widehat{U}_{\mathrm{L},\omega}$ 表示。滤波器的插入损耗定义为

$$\mathrm{IL}_{\mathrm{dB}} = 10\lg\left(\frac{P_{\mathrm{L},\omega_0}}{P_{\mathrm{L},\omega}}\right) = 10\lg\left(\frac{U_{\mathrm{L},\omega_0}^2/R_{\mathrm{L}}}{U_{\mathrm{L},\omega}^2/R_{\mathrm{L}}}\right) = 20\lg\left(\frac{U_{\mathrm{L},\omega_0}}{U_{\mathrm{L},\omega}}\right) \tag{2-82}$$

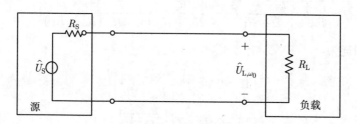

(a) 无滤波器时的负载电压

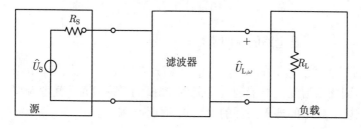

(b) 插入滤波器

图 2-56 滤波器插入损耗的定义

注意该等式中的电压没有用符号"∧"表示,因此只表示电压幅度。由于滤波器的插入,插入损耗会减小某一频率上的负载电压。通常插入损耗表现为频率的函数,例如,如图 2-57(a) 所示低通滤波器的插入损耗与频率的关系。无滤波器时的负载电压可以很容易地由图 2-56(a) 得到

$$\widehat{U}_{\mathrm{L},\omega_0} = \frac{R_{\mathrm{L}}}{R_{\mathrm{S}} + R_{\mathrm{L}}}\widehat{U}_{\mathrm{S}} \tag{2-83}$$

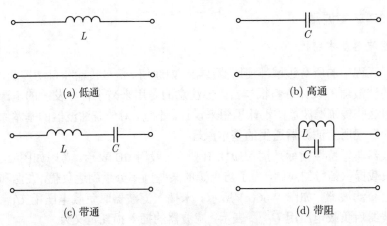

图 2-57　四种简单滤波器

插入滤波器后的负载电压为

$$\widehat{U}_{\mathrm{L},\omega} = \frac{R_{\mathrm{L}}}{R_{\mathrm{S}} + \mathrm{j}\omega L + R_{\mathrm{L}}}\widehat{U}_{\mathrm{S}} = \frac{R_{\mathrm{L}}}{R_{\mathrm{S}} + R_{\mathrm{L}}}\frac{1}{1 + \mathrm{j}\omega L/(R_{\mathrm{S}} + R_{\mathrm{L}})}\widehat{U}_{\mathrm{S}} \tag{2-84}$$

插入损耗为

$$\begin{aligned}
\mathrm{IL} &= 20\lg\left|1 + \frac{\mathrm{j}\omega L}{R_{\mathrm{S}} + R_{\mathrm{L}}}\right| \\
&= 20\lg\left[\sqrt{1 + (\omega\tau)^2}\right] \\
&= 10\lg\left[1 + (\omega\tau)^2\right]
\end{aligned} \tag{2-85}$$

式中，$\tau = \dfrac{L}{R_{\mathrm{S}} + R_{\mathrm{L}}}$ 是电路的时间常数。 $\qquad$ (2-86)

插入损耗曲线从直流的 0 到 $\omega_{3\mathrm{dB}} = 1/\tau$ 点的 3dB，以后以 20dB/10 倍频的速率增加。因此低通滤波器能通过直流到 3dB 的频率分量，其他频率分量衰减很快。3dB 点以上频率的插入损耗的表达式简化为

$$\begin{aligned}
\mathrm{IL} &\approx 10\lg(\omega\tau)^2, \omega \gg \tau \\
&= 20\lg\omega\tau \\
&= 20\lg\left(\frac{\omega L}{R_{\mathrm{S}} + R_{\mathrm{L}}}\right)
\end{aligned} \tag{2-87}$$

其他滤波器的分析类似。

上述例子说明了重要一点：某个滤波器的插入损耗取决于源和负载的阻抗，因此不能独立于终端阻抗而给出。大多数滤波器厂商都提供滤波器插入损耗的频响曲线，由于插入损耗取决于源和负载的阻抗，那么这些指标中如何假设源和负载的

阻抗值呢？答案相当明显：假定 $R_S = R_L = 50\Omega$，这里引出了另一个重点：基于源和负载阻抗值为 50Ω 的滤波器时插入损耗指标在传导发射测试中怎样起作用呢？考虑滤波器在测试中的使用，负载阻抗与相线和绿线之间、中线和绿线之间的 LISN 的 50Ω 阻抗相对应，那么源阻抗 R_S 是多少呢？我们不知道答案，因为源阻抗需要从产品电源输入端看进去，50Ω 是令人怀疑的，而且在传导发射测试的频率范围内为常数，所以使用厂家提供的插入损耗数据来评价滤波器在产品中的性能可能得不到理想的结果。

而且，有两种电流必须减小：共模电流和差模电流。滤波器厂家通常分别给出针对不同电流的插入损耗。如图 2-58(a) 所示，绿线端差模插入损耗的测量，绿线不连接，相线和中线构成被测电路，由于差模电流定义为从相线流出，经中线流回，绿线上没有差模电流。对于共模测试，相线和中线连接在一起，形成如图 2-58(b) 所示的带绿线的测试电路。

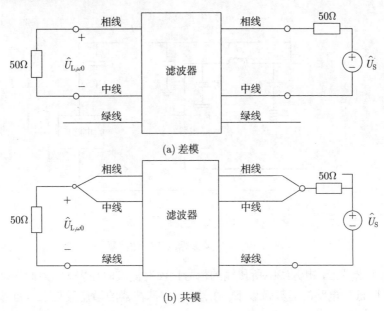

(a) 差模

(b) 共模

图 2-58 插入损耗测量

2. 滤波器基本电路

1) RC 滤波器与 LC 滤波器的比较

用阻容和感容去耦网络能把电路与电源隔离，可消除电路之间的耦合，并避免噪声进入电路，图 2-59 就是两种这样的装置。在图 2-59(a) 中，RC 滤波器的电阻所产生的压降将减小电源供电电压，从而就限制了这种网络的大量推广。图 2-50(b) 为 LC 滤波器，在同样压降的条件下，其滤波性能有很大提高，特别是在高频时更

为优越。然而 LC 滤波器有一个谐频

$$f_r = \frac{1}{2\pi\sqrt{LC}} \tag{2-88}$$

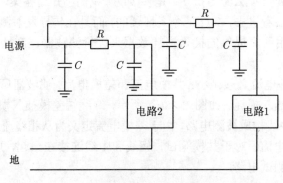

(a) RC滤波器

(b) LC滤波器

图 2-59   RC 滤波器与 LC 滤波器

在这个谐频上，电源线中所传输的信号比没有滤波时还要大，为此必须注意将这个谐频降低到电路的通频带以下。在谐频时，滤波器的增益量与阻尼系数成反比

$$\xi = \frac{R}{2}\sqrt{\frac{C}{L}} \tag{2-89}$$

为了把谐振时的增益限制在 2dB 以下，阻尼系数应大于 0.5。如需要提高阻尼，可在电感器上串联电阻，其中所用的电感线圈，应在通过电路所需的最大直流电流时，不致产生磁饱和现象。在每滤波节加上如图 2-58 所示的第二电容器，可增强滤波作用，防止从电路反馈到电源上的噪声，这就使滤波器成为 π 型网络。

从防噪声角度考虑，图 2-59(a) 所示的 RC 耗散式滤波器要比图 2-59(b) 所示的 LC 电抗式滤波器好。因为耗散式滤波器把噪声电压变为热能而消失，而在电抗

式滤波器上, 噪声电压却是在其附近移动, 噪声电压虽不能进入负载, 但却出现在
电感线圈的两端, 有可能发射出去对电路某些部分造成干扰, 所以有时要在电感线
圈上施加屏蔽, 以防止其向外发射。

2) 常用滤波器结构

无源滤波器的基本电路见图 2-60, 图 2-60(a)、(b)、(c) 所示的这些简单滤波器
的频率特性 (幅频特性和相频特性) 均不够理想。为了得到比较好的滤波特性, 往
往需要采用图 2-60(d) 所示的多级滤波器网络。

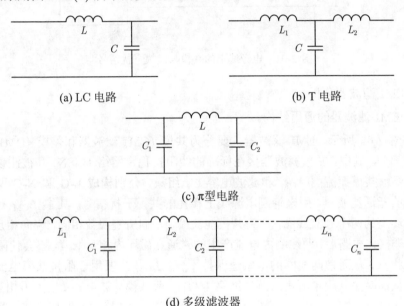

(a) LC 电路   (b) T 电路

(c) π型电路

(d) 多级滤波器

图 2-60 无源滤波器的基本单元电路

3. EMI 滤波器设计与分析

1) CM 与 DM 噪声定义

电源线电磁干扰分为两类: 共模干扰信号与差模干扰信号 (图 2-61)。其中把
相线 (L) 与地线 (G)、中线 (N) 与地线 (G) 间存在的干扰信号称为共模 (common
mode) 干扰信号, 即图 2-61 中的电压 U_{NG} 和 U_{LG}, 对 L 线与 N 线而言, 共模干
扰信号可视为在 L 线和 N 线上传输的电位相等、相位相同的噪声信号。把 L 与
N 之间存在的干扰信号称作差模 (differential mode) 干扰信号, 即图 2-61 中的电
压 U_{LN}, 也可把它视为在 L 和 N 线上有 180° 相位差的共模干扰信号。对任何电
源系统内的传导干扰信号, 都可用共模和差模干扰信号来表示。并且可把 L-G 和
N-G 上的共模干扰信号, L-N 上的差模干扰信号看作独立的干扰源, 把 L-G, N-G

和 L-N 看作独立网络端口,以便分析和处理干扰信号和有关的滤波网络。

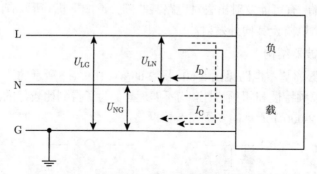

图 2-61　电源线上的共模与差模干扰信号

2)EMI 滤波器分析

(1)EMI 滤波器的通用结构。

如图 2-62 所示,EMI 滤波器主要分为共模 (CM) 滤波器和差模 (DM) 滤波器两个部分。其中,共模滤波器接在标准的线阻抗稳定网络 (LISN) 和被测设备之间,主要由共模扼流圈 L_{CM} 和滤波电容 C_y 组成,分别构成 L-G 和 N-G 两个独立端口的低通滤波器,用来抑制电源线上存在的共模干扰信号。其中 L_{CM} 是绕在同一磁环上的两个独立线圈,称为共模扼流圈,它们所绕圈数相同,绕向相反,致使滤波器接入电路后,两线圈内电流产生的磁通在磁环内相互抵消,不会使磁环达磁饱和状态,从而使两线圈的电感值保持不变。L_{CM} 主要用于阻抗共模电流进入 LISN,从而减少共模电流进入测试网络 (50Ω);两共模滤波电容 C_y 大小相等,接在 L-G 和 N-G 之间,防止共模电流进入 LISN。总之,共模滤波器使得共模噪声在负载 (EUT) 和线阻抗稳定网络之间造成最大的阻抗不匹配,从而最大限度地减小共模噪声分量,起到共模噪声滤波抑制效果。

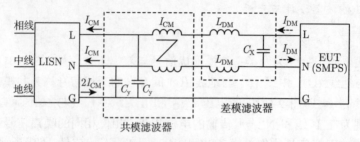

图 2-62　EMI 通用滤波器

同样,差模滤波器主要由差模电感 L_{DM} 和差模滤波电容 C_X 组成,构成 L-N 之间的低通滤波器,用来抑制电源线上存在的差模干扰信号。两差模电感 L_{DM} 大小相等，主要用于阻抗差模电流进入 LISN，从而减少差模电流进入测试网络 (50Ω)；差模滤波电容 C_X 接在 L-N 之间，防止差模电流进入 LISN。总之，差模滤波器使得差模噪声在负载 (EUT) 和线阻抗稳定网络之间造成最大的阻抗不匹配，从而最大限度地减小差模噪声分量，起到差模噪声滤波抑制效果。

(2) 共模滤波器和差模滤波器等效电路分析。

在共模滤波器等效电路中 (图 2-63)，Z_{SCM} 表示共模噪声源内阻抗，通常呈容性，一般可通过双电流探头法或插入损耗法测得。LISN 端负载阻抗为 25Ω，这是由于共模电流 I_C 同时流过 2 个 50Ω 的并联电阻 (L-G 和 N-G 之间) 得到的。U_{CM} 表示共模噪声源，通常是由开关电源 (SMPS) 的开关管和散热器 (接地) 之间的耦合电容形成的。共模滤波器在设计时，使得 Z_{SCM}、25Ω 负载以及自身阻抗场取得匹配，才能达到良好的噪声抑制效果。

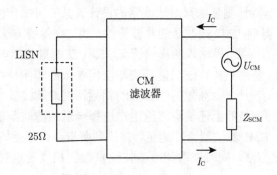

图 2-63　共模滤波器等效电路

在差模滤波器等效电路中 (图 2-64)，Z_{SDM} 表示差模噪声源内阻抗，通常呈感性。LISN 端负载阻抗为 100Ω，这是由于差模电流 I_D 同时流过 2 个 50Ω 的串联电阻 (L-N 之间) 得到的。U_{DM} 表示差模噪声源，例如开关电源 (SMPS) 中由于导通期内 L-N 之间的电感与开关管构成等效噪声源，从而使 U_{DM} 噪声源呈感性。

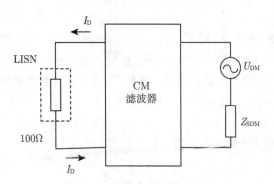

图 2-64　差模滤波器等效电路

2.3.3　传导 EMI 滤波器特征建模

1. EMI 滤波器及其特性参数

EMI 滤波器是抑制电磁干扰的有效措施，由于电磁干扰噪声分为共模噪声和差模噪声两种，因此 EMI 滤波器也分为共模滤波器和差模滤波器。共模滤波器和差模滤波器在电路连接方式上有着明显不同，共模滤波器并接在相线-地线和中线-地线之间，差模滤波器并接在相线-中线之间，而通常所说的 EMI 滤波器是同时包含共模滤波器和差模滤波器的整体结构。传统的 EMI 滤波器特性建模存在以下三点不足：第一，传统的 EMI 滤波器特性测量是利用频谱仪的插入损耗测量功能，只能分别针对单独设计好的共模滤波器或差模滤波器进行滤波特性测量，一旦将共模滤波器和差模滤波器合成为一个整体结构后，则无法进行模态噪声的滤波效果测量，即传统的滤波器特性测量法只对滤波器的设计者具有可操作性，而对于用户来说，很难通过测试得到 EMI 滤波器的滤波特性。第二，传统方法不能测量共 (差) 模滤波器输出受到差 (共) 模输入的影响情况，即无法衡量共模与差模滤波器之间的相互关系。第三，使用频谱仪法只能得到滤波器参数的幅频特性，而无法得到相频特性，而在实际情况下，滤波器特性参数的相频特性对滤波效果影响很大。传统的 EMI 滤波器特性测量的上述缺点将给用户选择合适的滤波器带来很大困难，因此，准确进行整体 EMI 滤波器特性测量，并找到衡量共模与差模滤波器之间相互关系的分析与测试方法，同时获取滤波器特性参数的相位信息对于电磁干扰的有效抑制有着重要意义。

为定量分析 EMI 滤波器对共模噪声和差模噪声的抑制效果，定义滤波器的共模滤波特性 (F_{CM}) 和差模滤波特性 (F_{DM})，其定义式为

$$F_{\mathrm{CM}} = \frac{U_{\mathrm{OCM}}}{U_{\mathrm{ICM}}} \tag{2-90}$$

$$F_{\mathrm{DM}} = \frac{U_{\mathrm{ODM}}}{U_{\mathrm{IDM}}} \tag{2-91}$$

对于 EMI 滤波器来说，除了要考虑共模滤波特性和差模滤波特性，同时还需考虑 EMI 滤波器共 (差) 模输出与差 (共) 模输入之间的关系，即把 EMI 滤波器看成是共模滤波器和差模滤波器的合成，考察共 (差) 模滤波器输出受到差 (共) 模输入的影响情况，为此定义滤波器的共模耦合度 (C_{CM}) 和差模耦合度 (C_{DM}) 如下：

$$C_{\mathrm{CM}} = \frac{U_{\mathrm{ODM}}}{U_{\mathrm{ICM}}} \tag{2-92}$$

$$C_{\mathrm{DM}} = \frac{U_{\mathrm{OCM}}}{U_{\mathrm{IDM}}} \tag{2-93}$$

2. 基于 S 参数的 EMI 滤波器模型 [10,11]

EMI 滤波器的特性可分为电路参数特性和模态参数特性。电路参数特性是指相线与地线之间的电压 U_L、中线与地线之间的电压 U_N、相线与地线回路的电流 I_L、中线与地线回路的电流 I_N；模态参数特性是指共模电压 U_{CM}、共模电流 I_{CM}、差模电压 U_{DM}、差模电流 I_{DM}，电路参数特性和模态参数特性之间的关系如图 2-65 所示。

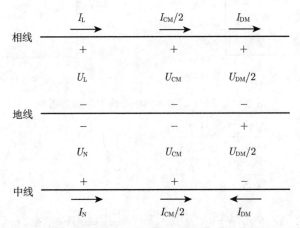

图 2-65　EMI 滤波器的电路参数特性和模态参数特性对比图

由图 2-65 可得

$$U_{CM} = \frac{U_L + U_N}{2}, \quad I_{CM} = I_L + I_N$$
$$U_{DM} = U_L - U_N, \quad I_{DM} = \frac{I_L - I_N}{2} \tag{2-94}$$

建立 EMI 滤波器的电路模型和模态模型，其电路参数特性和模态参数特性对应的入射波和反射波分别如图 2-66(a)、(b) 所示。

根据散射参数建模方法不难得出

$$[\boldsymbol{b}] = [\boldsymbol{S}] \cdot [\boldsymbol{a}], \quad [\boldsymbol{b}_M] = [\boldsymbol{S}_M] \cdot [\boldsymbol{a}_M] \tag{2-95}$$

式中，$\boldsymbol{b} = \begin{bmatrix} b_{IN} \\ b_{IL} \\ b_{ON} \\ b_{OL} \end{bmatrix}, \boldsymbol{a} = \begin{bmatrix} a_{IN} \\ a_{IL} \\ a_{ON} \\ a_{OL} \end{bmatrix}, \boldsymbol{b}_M = \begin{bmatrix} b_{ICM} \\ b_{IDM} \\ b_{OCM} \\ b_{ODM} \end{bmatrix}, \boldsymbol{a}_M = \begin{bmatrix} a_{ICM} \\ a_{IDM} \\ a_{OCM} \\ a_{ODM} \end{bmatrix}$。

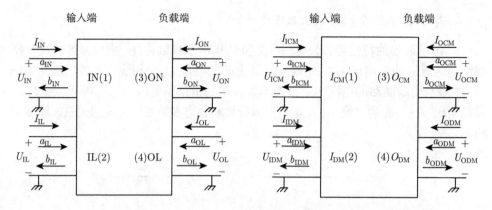

(a) 电路参数特性　　　　　　　　　　　　(b) 模态参数特性

图 2-66　EMI 滤波器的电路模型和模态模型

又由式
$$
\begin{cases}
a_i = \dfrac{U_i^+ \mathrm{e}^{-\gamma z}}{\sqrt{Z_i}} = \dfrac{1}{2}\left(\dfrac{U_i}{\sqrt{Z_i}} + I_i\sqrt{Z_i}\right) \\[3mm]
b_i = \dfrac{U_i^- \mathrm{e}^{-\gamma z}}{\sqrt{Z_i}} = \dfrac{1}{2}\left(\dfrac{U_i}{\sqrt{Z_i}} - I_i\sqrt{Z_i}\right)
\end{cases}，\ 可知
$$

$$
\begin{cases}
a_{\mathrm{L}} = \dfrac{1}{2\sqrt{Z_{\mathrm{O}}}}\,(V_{\mathrm{L}} + Z_{\mathrm{O}} I_{\mathrm{L}}) \\[3mm]
a_{\mathrm{N}} = \dfrac{1}{2\sqrt{Z_{\mathrm{O}}}}\,(V_{\mathrm{N}} + Z_{\mathrm{O}} I_{\mathrm{N}}) \\[3mm]
b_{\mathrm{L}} = \dfrac{1}{2\sqrt{Z_{\mathrm{O}}}}\,(V_{\mathrm{L}} - Z_{\mathrm{O}} I_{\mathrm{L}}) \\[3mm]
b_{\mathrm{N}} = \dfrac{1}{2\sqrt{Z_{\mathrm{O}}}}\,(V_{\mathrm{N}} - Z_{\mathrm{O}} I_{\mathrm{N}})
\end{cases}
\quad
\begin{cases}
a_{\mathrm{CM}} = \dfrac{1}{2\sqrt{Z_{\mathrm{OCM}}}}\,(V_{\mathrm{CM}} + Z_{\mathrm{OCM}} I_{\mathrm{CM}}) \\[3mm]
a_{\mathrm{DM}} = \dfrac{1}{2\sqrt{Z_{\mathrm{ODM}}}}\,(V_{\mathrm{DM}} + Z_{\mathrm{ODM}} I_{\mathrm{DM}}) \\[3mm]
b_{\mathrm{CM}} = \dfrac{1}{2\sqrt{Z_{\mathrm{OCM}}}}\,(V_{\mathrm{CM}} - Z_{\mathrm{OCM}} I_{\mathrm{CM}}) \\[3mm]
b_{\mathrm{DM}} = \dfrac{1}{2\sqrt{Z_{\mathrm{ODM}}}}\,(V_{\mathrm{DM}} - Z_{\mathrm{ODM}} I_{\mathrm{DM}})
\end{cases}
\tag{2-96}
$$

设 $Z_{\mathrm{OCM}} = Z_{\mathrm{O}}/2$ 以及 $Z_{\mathrm{ODM}} = 2Z_{\mathrm{O}}$，可得

$$
\begin{cases}
[\boldsymbol{a}_{\mathrm{M}}] = [\boldsymbol{A}] \cdot [\boldsymbol{a}] \\[2mm]
[\boldsymbol{b}_{\mathrm{M}}] = [\boldsymbol{B}] \cdot [\boldsymbol{b}]
\end{cases}
\tag{2-97}
$$

式中，$\boldsymbol{A} = \boldsymbol{B} = \dfrac{1}{\sqrt{2}}
\begin{bmatrix}
1 & 1 & 0 & 0 \\
-1 & 1 & 0 & 0 \\
0 & 0 & 1 & 1 \\
0 & 0 & -1 & 1
\end{bmatrix}。$

因此，电路参数特性与模态参数特性对应的散射参数具有如下关系：

$$
[\boldsymbol{S}_{\mathrm{M}}] = [\boldsymbol{B}] \cdot [\boldsymbol{S}] \cdot [\boldsymbol{A}]^{-1}
\tag{2-98}
$$

3. 基于 S 参数的 EMI 滤波器模型特性建模理论分析

对 EMI 滤波器特性进行 S 参数分析,EMI 滤波器的端口定义如图 2-67 所示。设 1 号至 4 号端口分别为 EMI 滤波器相线输入对地端口、中线输入对地端口、相线输出对地端口和中线输出对地端口,1 号至 4 号端口电压分别为 U_1, U_2, U_3 和 U_4,分别代表相线输入对地电压 $U_{\text{LI-G}}$、中线输入对地电压 $U_{\text{NI-G}}$、相线输出对地电压 $U_{\text{LO-G}}$ 和中线输出对地电压 $U_{\text{NO-G}}$。

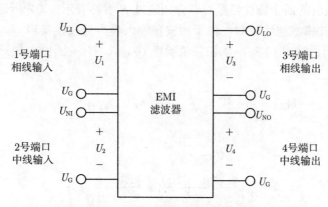

图 2-67 EMI 滤波器的端口定义

EMI 滤波器的信号流图如图 2-68 所示,其中 a_1, b_1, a_2, b_2, a_3, b_3, a_4 和 b_4 分别为 1 号端口至 4 号端口的入射波和反射波,3 号端口和 4 号端口没有输入,故有 $a_3 = a_4 = 0$。S_{11} 是 1 号端口的反射参数,S_{21} 是 1 号端口到 2 号端口的传输参数,S_{31} 是 1 号端口到 3 号端口的传输参数,S_{41} 是 1 号端口到 4 号端口的传输参数,S_{22} 是 2 号端口的反射参数,S_{12} 是 2 号端口到 1 号端口的传输参数,S_{32} 是 2 号端口到 3 号端口的传输参数,S_{42} 是 2 号端口到 4 号端口的传输参数。

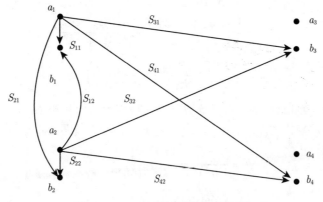

图 2-68 EMI 滤波器的信号流图

由图 2-68 可知

$$\begin{cases} b_3 = S_{31}a_1 + S_{32}a_2 \\ b_4 = S_{41}a_1 + S_{42}a_2 \end{cases} \tag{2-99}$$

第 N 号端口电压与入射波和反射波的关系为

$$U_N = a_N + b_N \tag{2-100}$$

EMI 滤波器的四个特性参数可以分别通过 S 参数表示，其分析过程如下：

(1) 测量共模滤波特性时，由于滤波器输入噪声为共模噪声 U_{ICM}，即 $U_1 = U_2 = U_{ICM}$，而根据式 (2-85)，输出共模噪声 $U_{OCM}=(U_3 + U_4)/2$，根据式 (2-90) 及图 2-68，可得

$$F_{CM} = \frac{U_{OCM}}{U_{ICM}} = \frac{1}{2}\frac{U_3 + U_4}{U_{ICM}} b_3 = S_{31}a_1 + S_{32}a_2$$

$$= \frac{1}{2}\frac{\sqrt{Z_0}(b_3 + b_4)}{U_{ICM}}$$

$$= \frac{1}{2}\left[\frac{a_1(S_{31} + S_{41})}{a_1 + b_1} + \frac{a_2(S_{32} + S_{42})}{a_2 + b_2}\right]$$

$$= \frac{1}{2}\left(\frac{S_{31} + S_{41}}{1 + S_{11}} + \frac{S_{32} + S_{42}}{1 + S_{22}}\right) \tag{2-101}$$

(2) 测量差模滤波特性时，由于滤波器输入噪声为差模噪声 U_{IDM}，即 $U_1 = -U_2 = U_{IDM}/2$，输出差模噪声 $U_{ODM} = U_3 - U_4$，根据式 (2-91) 及图 2-68，可得

$$F_{DM} = \frac{U_{ODM}}{U_{IDM}} = \frac{U_3 - U_4}{U_{IDM}}$$

$$= \frac{\sqrt{Z_0}(b_3 - b_4)}{U_{IDM}}$$

$$= \frac{1}{2}\left[\frac{a_1(S_{31} - S_{41})}{a_1 + b_1} - \frac{a_2(S_{32} - S_{42})}{a_2 + b_2}\right]$$

$$= \frac{1}{2}\left(\frac{S_{31} - S_{41}}{1 + S_{11}} - \frac{S_{32} - S_{42}}{1 + S_{22}}\right) \tag{2-102}$$

(3) 测量共模耦合度时，由于滤波器输入噪声为共模噪声 U_{ICM}，即 $U_1 = U_2 = U_{ICM}$，输出差模噪声 $U_{ODM} = U_3 - U_4$，根据式 (2-92) 及图 2-68，可得

$$C_{CM} = \frac{U_{ODM}}{U_{ICM}} = \frac{U_3 - U_4}{U_{ICM}}$$

$$= \frac{\sqrt{Z_0}(b_3 - b_4)}{U_{ICM}}$$

$$= \frac{a_1(S_{31} - S_{41})}{a_1 + b_1} + \frac{a_2(S_{32} - S_{42})}{a_2 + b_2}$$

$$= \frac{S_{31} - S_{41}}{1 + S_{11}} + \frac{S_{32} - S_{42}}{1 + S_{22}} \tag{2-103}$$

(4) 测量差模耦合度时,由于滤波器输入噪声为差模噪声 U_{IDM},即 $U_1 = -U_2 = U_{IDM}/2$,输出共模噪声 $U_{OCM} = (U_3 + U_4)/2$,根据式 (2-93) 及图 2-68,可得

$$C_{DM} = \frac{U_{OCM}}{U_{IDM}} = \frac{1}{2} \frac{U_3 + U_4}{U_{IDM}}$$

$$= \frac{1}{2} \frac{\sqrt{Z_0}(b_3 + b_4)}{U_{IDM}}$$

$$= \frac{1}{4} \left[\frac{a_1(S_{31} + S_{41})}{a_1 + b_1} - \frac{a_2(S_{32} + S_{42})}{a_2 + b_2} \right]$$

$$= \frac{1}{4} \left(\frac{S_{31} + S_{41}}{1 + S_{11}} - \frac{S_{32} + S_{42}}{1 + S_{22}} \right) \tag{2-104}$$

由式 (2-101)~式 (2-104) 可见,可以通过测量滤波器的 S 参数,然后计算得到 EMI 滤波器的上述四个特性参数。

2.3.4 串扰

1. 因串扰引起的传导噪声

传导 EMI 噪声包括相线–地线、中线与地线间高频噪声电流引起的共模噪声 U_{CM},以及相线–中线间高频噪声电流引起的差模噪声 U_{DM}。然而,开关器件上升沿、散热器浮地、接地不良、线缆间射频电磁场耦合以及 PCB 线缆阻抗失配等均会产生传导 EMI 噪声,即传导 EMI 噪声生成机理。

在电力系统或通信系统中,线缆中信号随时间不断改变,根据麦克斯韦方程组,线缆周围会产生射频电磁场,从而将高频噪声耦合至其他线缆,即为串扰。一般而言,线缆中时变信号引起的射频电磁场可等效为电偶极子模型。

$$\begin{cases} \boldsymbol{H}_\phi = \dfrac{Idlk^2}{4\pi} \left[\dfrac{-1}{\mathrm{j}(\boldsymbol{k}r)} + \dfrac{1}{(\boldsymbol{k}r)^2} \right] \sin\theta \mathrm{e}^{-\mathrm{j}\boldsymbol{k}r} \\[2mm] \boldsymbol{E}_\theta = \dfrac{Idlk^3}{4\pi\omega\varepsilon_0} \left[\dfrac{-1}{\mathrm{j}(\boldsymbol{k}r)} + \dfrac{1}{(\boldsymbol{k}r)^2} + \dfrac{1}{\mathrm{j}(\boldsymbol{k}r)^3} \right] \\[2mm] \boldsymbol{E}_r = \dfrac{Idlk^3}{2\pi\omega\varepsilon_0} \left[\dfrac{-1}{(\boldsymbol{k}r)^2} + \dfrac{1}{\mathrm{j}(\boldsymbol{k}r)^3} \right] \cos\theta \mathrm{e}^{-\mathrm{j}\boldsymbol{k}r} \\[2mm] \boldsymbol{H}_r = \boldsymbol{H}_\theta = 0 \\[2mm] \boldsymbol{E}_\phi = 0 \end{cases} \tag{2-105}$$

式中，H 为磁场强度，A/m；E 为电场强度，V/m；Idl 为电偶极子的电矩，A·m；kr 为波矢，rad/m，其模表示波数，方向表示波的传播方向。

由式 (2-96) 可以发现，在自由空间中，线缆中信号引起的射频电磁场为

$$E_\theta = \mathrm{j}\frac{IlZ_0\beta_0 \sin\theta}{4\pi r}\mathrm{e}^{-\mathrm{j}\beta_0 r} \tag{2-106}$$

式中，Z_0 为自由空间波阻抗，Ω；l 为线缆长度，m；I 为线缆中电流，A；r 为测试距离，m；λ 为波长，m；β_0 为 $2\pi/\lambda$，m^{-1}。

如图 2-69 所示，线缆 1 引起的射频电磁场 E 以空间位移电流 $\partial D/\partial t$ 形式耦合至线缆 2，从而在线缆 2 中产生共模噪声电流 I_{CM}。由式 (2-97) 可见，射频电磁场与线缆长度、线缆中电流大小有关。考虑最恶劣情况，即 θ 为 $\pi/2\mathrm{rad}$，设线缆中因开关器件等引起的高频噪声电流 I 为 50μA，频率为 20MHz，线缆长度 l 分别为 1cm，5cm，10cm，15cm 时，相应地，在 3m 处线缆引起的射频电磁场分别为 28.64dBμV/m，60.83dBμV/m，74.69dBμV/m，82.80dBμV/m，不同噪声频率及线缆长度引起的射频电磁场如表 2-2 所示，线缆越长，线缆中电流频率越高，其产生的辐射电磁场就越强，对应的串扰噪声就越大。

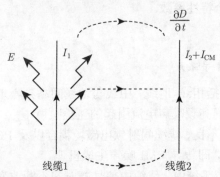

图 2-69　线缆间射频电磁场耦合引起的串扰生成机理

表 2-2　不同线缆长度引起的射频电磁场

线缆长度/cm	噪声频率/MHz					
	5	10	15	20	25	30
1	0.91	14.78	22.88	28.64	33.10	36.75
3	22.89	36.74	44.86	50.61	55.07	58.72
5	33.10	46.96	55.07	60.83	65.29	68.94
7	39.83	53.69	61.80	67.56	72.02	75.67
10	46.96	60.83	68.94	74.69	79.15	82.80
12	50.61	64.47	72.58	78.34	82.80	86.45
15	55.07	68.94	77.05	82.80	87.26	90.91

值得注意的是,实际应用中,器件驱动电压不能改变,因此线缆中电流一般难以减小,仅能通过减小线缆长度抑制辐射电磁场,从而减弱串扰噪声。

2. 串扰的抑制方法

串扰是由于线缆附近噪声源 (包括其他线缆、晶振或芯片等) 产生的射频电磁场耦合至线缆中,从而引起的传导 EMI 噪声。因此,串扰的噪声源为空间射频电磁场,然而,在实际功能电路中,其他线缆、晶振或芯片的工作状态一般无法改变,而且线缆的电磁屏蔽措施也较难应用 (屏蔽效能较低且成本较高)。

考虑到传统共模扼流圈能够较好地抑制线路中的共模 EMI 噪声,如图 2-70 所示,相线和中线是同进同出的。当相线和中线中的差模噪声流入共模扼流圈时,由于差模电流的方向相反,产生的磁通量相互抵消,共模扼流圈呈低阻抗;而当相线和中线中的共模噪声流入共模扼流圈时,由于共模电流的方向相同,产生的磁通量互相叠加,共模扼流圈呈高阻抗,因此共模扼流圈能够抑制共模 EMI 噪声。

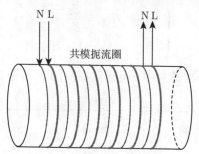

图 2-70 共模扼流圈电路模型

值得注意的是,对于串扰而言,线缆相当于一个接收天线 (短直天线,电偶极子),若按照图 2-70 所示方式绕制共模扼流圈,由于两个天线 (相线和中线) 的位置 (场点) 相同,其接收到射频电磁场幅值和相位均相同,从而大大加剧了串扰的影响。为了解决上述问题,设计了如图 2-71 所示的串扰扼流圈。

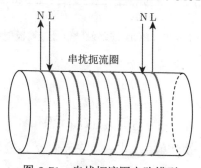

图 2-71 串扰扼流圈电路模型

如图 2-70、图 2-71 所示，与共模扼流圈不同的是，串扰扼流圈的相线和中线是反进反出的，相线和中线不再是两个孤立的短直天线 (电偶极子)，而变为环路天线 (磁偶极子)。同时，由于相线和中线是紧密绕制的，环路天线的面积几乎为零，因此其接收到的射频电磁场也几乎为零，从而大大降低了串扰的影响。

2.3.5　PCB 线路阻抗失配

在实际功能电路中存在一些时钟信号以驱动各类芯片，然而，上述时钟信号的频率一般大于 10MHz，因此，需要考虑信号的反射、透射以及 PCB 线路的特征阻抗等。

设 PCB 线路某一部分的特征阻抗失配，如图 2-72 所示，将其分为 3 段。其中，每段的特征阻抗为 $Z_i(i = 1, 2, 3)$；R_{ij}, T_{ij} 分别为电磁波从分段 i 入射到分段 j 时的反射系数和透射系数 $(i, j = 1, 2, 3 \text{ 且 } i \neq j)$。若采用归一化场强，即将入射波进行归一化，则对于一次透射而言，在界面 1 上，有

$$\begin{cases} \rho_{11} = R_{12} = \dfrac{Z_2 - Z_1}{Z_2 + Z_1} \\ \Gamma_{11} = T_{12} = 1 + R_{12} \end{cases} \tag{2-107}$$

式中，ρ_{11}, Γ_{11} 分别为一次透射中，电磁波在界面 1 传输时的反射波和透射波。

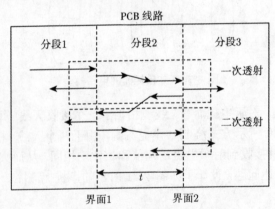

图 2-72　PCB 线路射频信号传输模型

在界面 2 上，有

$$\begin{cases} \rho_{12} = R_{23}(T_{12}\mathrm{e}^{-\gamma t}) \\ \Gamma_{12} = T_{23}(T_{12}\mathrm{e}^{-\gamma t}) \end{cases} \tag{2-108}$$

式中，ρ_{12}, Γ_{12} 分别为一次透射中，电磁波在界面 2 传输时的反射波和透射波；γ 为材料的传输常数。

对于二次透射而言, 在界面 1 上, 有

$$\begin{cases} \rho_{21} = R_{21}(R_{23}T_{12}\mathrm{e}^{-\gamma t})\mathrm{e}^{-\gamma t} \\ \Gamma_{21} = T_{21}(R_{23}T_{12}\mathrm{e}^{-\gamma t})\mathrm{e}^{-\gamma t} \end{cases} \quad (2\text{-}109)$$

式中, ρ_{21}, Γ_{21} 分别为二次透射中, 电磁波在界面 1 传输时的反射波和透射波。

在界面 2 上, 有

$$\begin{cases} \rho_{22} = R_{23}(R_{21}R_{23}T_{12}\mathrm{e}^{-2\gamma t})\mathrm{e}^{-\gamma t} \\ \Gamma_{22} = T_{23}(R_{21}R_{23}T_{12}\mathrm{e}^{-2\gamma t})\mathrm{e}^{-\gamma t} \end{cases} \quad (2\text{-}110)$$

式中, ρ_{22}, Γ_{22} 分别为二次透射中, 电磁波在界面 2 传输时的反射波和透射波。

根据式 (2-97)~ 式 (2-110) 以及图 2-72, 考虑 n 次透射, 电磁波在界面 2 上的透射波 Γ_{n2} 为

$$\Gamma_{n2} = T_{12}T_{23}(R_{21}R_{23})^{n-1}\mathrm{e}^{-(2n-1)\gamma t} \quad (2\text{-}111)$$

由式 (2-111) 不难得出上述 PCB 线路总的透射波 Γ 为

$$\Gamma = \frac{T_{12}T_{23}\mathrm{e}^{-\gamma t}}{1 - R_{21}R_{23}\mathrm{e}^{-2\gamma t}} \quad (2\text{-}112)$$

根据式 (2-111) 和式 (2-112), 当 PCB 线缆特征阻抗失配时, 时钟信号或射频传输信号入射后会产生多次反射, 并激起信号主频的高次谐波在电路中振荡, 从而大大增强了传导 EMI 噪声。

PCB 线路阻抗失配会引起信号的多次反射, 激起信号主频的高次谐波在电路中振荡, 从而产生传导 EMI 噪声。通常, 可以通过计算 PCB 电路的特征阻抗, 并根据传输信号的特性进行信号完整性分析, 从而尽量使 PCB 线路的阻抗匹配。

值得注意的是, 上述方法能够尽量保证传输信号的完整性, 然而, PCB 线路中的高频谐波并非功能信号, 因此若能消减上述高频谐波即可有效减低传导 EMI 噪声。鉴于此, 本书设计了一种基于 PCB 线路阻抗失配的传导 EMI 噪声抑制方法。由式 (2-111) 和式 (2-112) 可见, 阻抗失配会产生多次反射和透射, 但阻抗失配的设计关键为尽量增加高频噪声的反射系数, 减小其透射系数, 从而减小传导 EMI 噪声。

2.4 现代信号分析技术在传导 EMI 噪声中的应用

盲源分离 [12](blind source separation, BSS) 是指在对源信号完全未知的情况下, 仅根据多个传感器测得的混合信号, 从中分离出组成这些混合信号的各源信号的方法。作为阵列信号处理领域的一种新技术, 该方法受到了广泛的关注, 在医学信号处理、数据挖掘、语音增强和图像处理等领域对其应用有较为深入的研究。

2.4.1　盲源分离原理

盲源分离是从观测到的混合信号中恢复不可观测的源信号的问题。作为阵列信号处理的一种新技术，近几年来受到广泛关注。它在医学信号处理、数据挖掘、语音增强、图像识别以及雷达与通信信号处理等方面正受到越来越广泛的重视。盲源分离的问题可表述为从多个传感器接收到的信号 $\boldsymbol{x} = [x_1(t), x_2(t), \cdots, x_M(t)]^{\mathrm{T}}$，要求寻找一个逆系统，以重构原始源信号 $\boldsymbol{S} = [S_1(t), S_2(t), \cdots, S_q(t)]^{\mathrm{T}}$，源信号未知，源信号如何混合得到观测信号也未知，最简单的情况，$\boldsymbol{x}$ 是 $\boldsymbol{S}$ 的线性瞬时混合，即 $\boldsymbol{x} = \boldsymbol{H} \cdot \boldsymbol{S}$，$\boldsymbol{H}$ 是个 M 行 q 列矩阵，盲源分离问题简化为寻求一个 q 行 M 列的解混矩阵 $\boldsymbol{W}$，使得 $\boldsymbol{Y} = \boldsymbol{W} \cdot \boldsymbol{x} = \boldsymbol{W} \cdot \boldsymbol{H} \cdot \boldsymbol{S} = \boldsymbol{S}$。

就源信号经过传输通道的混合方式而言，盲源分离可分为线性混合和非线性混合的分离，其中线性混合又主要可分为线性瞬时混合和线性卷积混合。盲处理的大部分方法是依据一定的理论构造目标函数的无监督学习方法。采用的目标函数主要有负熵、高阶累积量、互信息量、KL 散度、最大似然估计等。确定了目标函数以后，再用一定的算法作寻优处理得到盲源分离矩阵。不同的混合方式，构造目标函数的原则基本相同，不同的是寻优算法。

在线性瞬时混合的盲分离中，如果源信号各个分量独立，这一过程又成为独立分量分析 (independent component analysis, ICA)。ICA 算法的基本原理就是依据等独立性度量的准则来建立目标函数，使分离出的独立分量最大限度地逼近各个源信号。不同 ICA 的算法研究主要体现在独立性度量准则的选取和对目标函数的优化准则的不同上。这两方面构成了 ICA 理论的核心，目标函数决定算法的统计性质，如渐进方差、鲁棒性和一致性；优化算法决定算法的收敛速度和计算的稳定性。ICA 作为信息处理领域热门课题之一，已经在移动通信、语音图像处理、阵列处理、地质勘探、生物医学工程等领域得到广泛应用。

在 EMI 诊断系统中，一组传感器，如电流探头、天线等，接收到的信号是一些相互独立源信号的混合，通常源信号及其具体混合方式都是未知的。盲源信号分离就是指在没有更多先验知识的前提下，仅从传感器组接收到的信号分离出源信号。

盲信号分离问题通常可描述为

$$\boldsymbol{x}(t) = \boldsymbol{A}\boldsymbol{S}(t)' \quad t = 1, 2, \cdots, N \tag{2-113}$$

式中，$\boldsymbol{S}(t) = [S_1(t), S_2(t), \cdots, S_m(t)]^{\mathrm{T}}$ 是由 m 个未知的相互独立源信号构成的矢量，$\boldsymbol{x}(t) = [x_1(t), x_2(t), \cdots, x_p(t)]^{\mathrm{T}}$ 是 p 个传感器信号，即混合信号构成的矢量，且 $p \geqslant m$，$\boldsymbol{A}$ 为一未知的 $p \times m$ 混合矩阵。盲信号分离的目标是仅由传感器测量信号 $\boldsymbol{x}(t)$ 重构源信号 $\boldsymbol{S}(t)$，由于在此过程中除利用源信号的统计独立性外没有其他任何知识，所以称之为 "盲分离"。盲信号分离方法有很多，这里我们采

用一种性能比较稳定的自适应类算法 (the adaptive-type algorithm)，即 Fast ICA 算法。Fast ICA 算法中，将求解一个 $m \times p$ 盲分离矩阵 $\boldsymbol{W}$，使 $\boldsymbol{S}(t)$ 的估计为 $\widehat{\boldsymbol{S}}(t) = \boldsymbol{W}\boldsymbol{x}(t) = \boldsymbol{W}\boldsymbol{A}\boldsymbol{S}(t)$，因此称 $\widehat{\boldsymbol{S}}(t) = \left[\widehat{S}_1(t), \widehat{S}_2(t), \cdots, \widehat{S}_m(t)\right]^{\mathrm{T}}$ 为 $\boldsymbol{S}(t)$ 的线性组合。根据大数定理，当 $\boldsymbol{W}\boldsymbol{A}$ 中有两个或两个以上非零元素时，相对于相互独立的源信号 $S_1(t), S_2(t), \cdots, S_m(t)$，其估计信号 $\widehat{S}_1(t), \widehat{S}_2(t), \cdots, \widehat{S}_m(t)$ 更接近高斯分布，所以盲信号分离的代价函数可以取为使 $\widehat{S}_1(t), \widehat{S}_2(t), \cdots, \widehat{S}_m(t)$ 的非高斯性更大。可以证明该代价函数与 $\widehat{\boldsymbol{S}}(t)$ 的负熵最大，$\widehat{\boldsymbol{S}}(t)$ 的互信息最小以及 $\boldsymbol{W}$ 的最大似然估计等准则都是等价的。只是在实现过程中，虽然峭度可以用来衡量信号的高斯性，但不易获得稳定的峭度估计；互信息涉及概率分布估计，也不易实现，因此一般常将 $\widehat{\boldsymbol{S}}(t)$ 的负熵最大作为 $\widehat{\boldsymbol{S}}(t)$ 估计准则，负熵估计具有较好的鲁棒性。

Fast ICA 算法的实现过程如下：

1) $\boldsymbol{x}(t)$ 的中心化

中心化的目的是使 $\boldsymbol{x}(t)$ 成为零均值向量，即进行 $\boldsymbol{x}(t) - E[\boldsymbol{x}(t)]$ 处理，其中 $E[\boldsymbol{x}(t)]$ 表示 $\boldsymbol{x}(t)$ 的均值。

2) $\boldsymbol{x}(t)$ 的预白化

为简化盲分离过程，需要对零均值的 $\boldsymbol{x}(t)$ 进行白化处理，即

$$\tilde{x}(t) = \boldsymbol{E}\boldsymbol{D}^{-1/2}\boldsymbol{E}^{\mathrm{T}}\boldsymbol{x}(t) \tag{2-114}$$

式中，$\boldsymbol{D} = \mathrm{diag}[d_1, d_2, \cdots, d_p]$ 是 $\boldsymbol{x}(t)$ 的协方差矩阵特征根构成的对角阵，$\boldsymbol{E}$ 是对应的正交归一特征向量构成的特征矩阵。预白化后，$\tilde{x}(t)$ 的协方差矩阵为单位阵。

3) 基于负熵最大准则的分离矩阵 $\boldsymbol{W}$ 的盲估计

将 $\boldsymbol{W}$ 表示为 $\boldsymbol{W} = [W_1, W_2, \cdots, W_p]$，按如下步骤对 $W_1, W_2, \cdots, W_p$ 逐一进行估计。

(1) 选择一个初始权向量 $\boldsymbol{W}_i$；

(2) 令 $\boldsymbol{W}_i^+ = E[\boldsymbol{x}(t)g(\boldsymbol{W}_i^{\mathrm{T}}\boldsymbol{x}(t))] - E[g'(\boldsymbol{W}_i^{\mathrm{T}}\boldsymbol{x}(t))]\boldsymbol{W}_i$；

(3) 令 $\boldsymbol{W}_i = \boldsymbol{W}_i^+ / \|\boldsymbol{W}_i^+\|$；

(4) 如果没有收敛，回到第 (2) 步重复执行；

(5) 如果 $i > 2$，令 $\boldsymbol{W}_i = \boldsymbol{W}_i - \sum_{j=1}^{i-1} \boldsymbol{W}_i^{\mathrm{T}}\boldsymbol{W}_j\boldsymbol{W}_j$ 和 $\boldsymbol{W}_i = \boldsymbol{W}_i / \sqrt{\boldsymbol{W}_i^{\mathrm{T}}\boldsymbol{W}_i}$；

(6) $i = i + 1$。

其中函数 $g(u) = u\exp(-u^2/2)$。

4) 源信号估计为 $\widehat{\boldsymbol{S}}(t) = \boldsymbol{W}\boldsymbol{x}(t)$

事实上，在缺乏某些先验知识时是不可能唯一地确定源信号的，所以盲分离存在两个内在的解不确定性问题：一是输出分量排列顺序的不确定性，即无法确定所

恢复的信号对应于原始信号源的哪一个分量;二是输出信号幅度的不确定性,即无法恢复原始信号源的真实幅度。但因为源的大量信息蕴涵在源信号的波形中而不是信号的振幅或者系统输出的排列顺序中,所以这并不影响盲分离的应用。为了能够确定所恢复的信号究竟对应于原始信号源的哪个分量,可以引入两种方法:一种是计算信号间的相关性,但这需要通过设计滤波电路先获得并确定一个信号分量;另一种是借鉴模式识别领域的研究成果,在以后样本集的帮助下,无需人工干预自动进行分类。

2.4.2　盲源信号分离算法在传导 EMI 噪声诊断中的应用

　　传导 EMI 诊断的实验装置如图 2-73 所示。共模 (CM) 噪声是与地之间的噪声,差模 (DM) 噪声是线与线之间的干扰,它们需要不同的滤波器进行抑制,因此非常有必要通过 BSS 算法分离信号。在这个系统中用两个电流探头来检测 L 线和 N 线上的噪声电流,用示波器来接收信号并用 BSS 处理。此外,为了比较和证明,CM/DM 噪声分离网络也与 LISN 相连直接测量共模、差模噪声的成分。这样也可以将硬件分离结果和软件分离的结果比较。

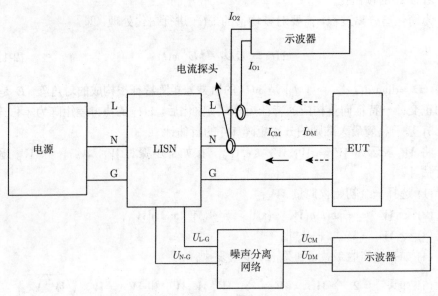

图 2-73　用盲源分离算法分析传导 EMI 噪声实验图

　　此前研究已表明,一方面,共模噪声和差模噪声都是独立的;另一方面,电流探头测得的是相线和中线电流的混合信号。因此,两个电流探头测得的信号是两个独立信号的线性叠加。基于 BSS 引入的两个源信号和两个混合信号,现分析如下。

假设两个电流探头测得的电流信号是频域信号 $I_{O1}(\omega)$ 和 $I_{O2}(\omega)$, 其与 CM/DM 电流的关系为

$$\begin{bmatrix} I_{O1}(\omega) \\ I_{O2}(\omega) \end{bmatrix} = \begin{bmatrix} jwM_1/50 & -j\omega M_2/50 \\ jwM_2/50 & j\omega M_2/50 \end{bmatrix} \cdot \begin{bmatrix} I_{CM}(\omega) \\ I_{DM}(\omega) \end{bmatrix} \tag{2-115}$$

式中, M_1 和 M_2 是电流探头的互感系数。将等式 (2-115) 转化成时域的, 为

$$\begin{bmatrix} i_{O1}(t) \\ i_{O2}(t) \end{bmatrix} = \begin{bmatrix} M_1/50 & -M_2/50 \\ M_2/50 & M_2/50 \end{bmatrix} \cdot \begin{bmatrix} i'_{CM}(t) \\ i'_{DM}(t) \end{bmatrix} \tag{2-116}$$

从式 (2-116) 中可以看到, 电流探头测得的一对信号 $i_{O1}(t)$ 和 $i_{O2}(t)$ 是源共模电流 $i_{CM}(t)$ 和源差模电流 $i_{DM}(t)$ 的线性复合, 也就是 $i'_{CM}(t)$ 和 $i'_{DM}(t)$ 的线性组合。当 $i_{CM}(t)$ 和 $i_{DM}(t)$ 独立作用时, 相对应的 $i'_{CM}(t)$ 和 $i'_{DM}(t)$ 也应该是相互独立的。因此使用盲源信号分析法, 可以通过分离测量的信号 $i_{O1}(t)$ 和 $i_{O2}(t)$ 首先得到 $i'_{CM}(t)$ 和 $i'_{DM}(t)$, $i_{CM}(t)$ 和 $i_{DM}(t)$ 可以通过积分运算进一步得到。之前研究已经表明, 如果已知共模和差模的混合信号, 就可以通过快速 ICA 算法分离得到共模、差模信号。

2.4.3 实验结果

如图 2-73 中的实验通过盲源分析法分析传导 EMI 噪声分离, 以开关电源的升压斩波器作为噪声源, 两个电流探头分别用来测量线上的混合信号。同时, 用双通道、型号为 TDS2022、带宽为 200M 的 Tek 示波器测量时域信号。

两个电流探头测得的 $i_{O1}(t)$ 和 $i_{O2}(t)$ 如图 2-74 所示, 然后通过快速 ICA 算法分析, $i_{O1}(t)$ 和 $i_{O2}(t)$ 经过 BSS 分析, 分离后信号是完整的。完整的结果——差模、共模噪声源 $S_1(t)$, $S_2(t)$ 如图 2-75 所示。应该提及的是, 通过 ICA 算法得到结果的大小、极性、频率是不精确的, 但是在实际中对于结果的大小是几乎无影响的。

为了验证基于软件方法的噪声分离的正确性, 利用一个共模滤波器, 电路见图 2-76(a), 从硬件分离方法得到的差模噪声 $d_1(t)$ 如图 2-76(b) 所示。基于软分离结果和 $d_1(t)$ 进行相关分析, 这种软分离方法的正确性可以得到证实, 同时, 从分离的结果可以判断共差模噪声的特点。在表 2-3 中, 软分离方法得到的 $S_1(t)$, $S_2(t)$, 和硬分离方法得到的 $d_1(t)$ 之间存在一个最大相关系数。其中 $S_1(t)$ 和 $d_1(t)$ 之间的最大相关系数是 0.7417, 比 0.5 大, 意味着 $S_1(t)$ 与 $d_1(t)$ 有着相同的特性, 因此 $S_1(t)$ 应该是差模噪声电流 $\hat{i}_{DM}(t)$。而 $S_2(t)$ 与 $d_1(t)$ 之间的最大相关系数是 0.3401, 小于 0.5, 所以 $S_2(t)$ 有着与 $d_1(t)$ 相反的特性, 因此 $S_2(t)$ 是共模噪声信号 $\hat{i}_{CM}(t)$。

因为 $\widehat{i}_{DM}(t)$ 与 $d_1(t)$ 之间的最大相关系数比 $\widehat{i}_{CM}(t)$ 与 $d_1(t)$ 之间的相关系数大得多, 所以从这个实验可推测出, 不仅基于 BSS 的软分离方法可以用于传导 EMI 噪声分离, 而且软分离方法和硬分离方法可以相互印证。

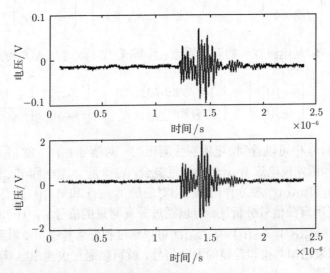

图 2-74　电流探头测得的 $i_{O_1}(t)$ 和 $i_{O_2}(t)$

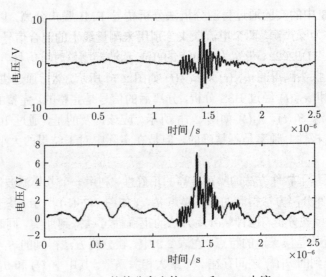

图 2-75　软件分离出的 CM 和 DM 电流

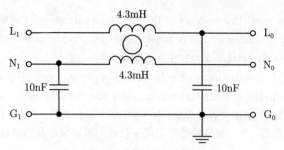

(a) 含有差模扼流圈的共振滤波电路

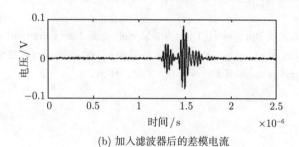

(b) 加入滤波器后的差模电流

图 2-76　基于 BSS 的软件分离方法

表 2-3　硬件分离与软件分离结果之间的最大相关系数

最大相关系数	$\widehat{S}_1(t)$ 软件分离技术	$\widehat{S}_2(t)$ 硬件分离技术
$d_1(t)$ 硬件分离	0.7417	0.3401

参 考 文 献

[1] Zhao Y, See K Y. Diagnosis network performance for conducted EMI measurement. IEEE Antennas and Propagation Society International Symposium, 2003, 3: 464-467.

[2] Paul C R, Hardin K B. Diagnosis and reduction of conducted noise emission. IEEE Transactions on Electromagnetic Compatibility, 1988, 30(4): 553-560.

[3] See K Y. Network for conducted EMI diagnosis. Electronic Letters, 1999, 35(17): 1446-1447.

[4] Mardiguian M, Raimbourg J. An alternate, complementary method for characterizing EMI filters. IEEE International Symposium on Electromagnetic Compatibility, 1999, 2: 882-886.

[5] Guo T, Chen D Y, Lee F C. Separation of the common-mode and differential-mode conducted EMI noise. IEEE Transactions on Power Electronics, 1996, 11(3):480-488.

[6] Schneider L M. Noise source equivalent circuit model for off-line converters and its use

in input filter design. Proceedings of IEEE EMC Symposium, 1983: 167-175.

[7]　See K Y, Yang L. Measurement of noise source impedance of SMPS using two current probes. Electronics Letters, 2000,36(31): 1774-1776.

[8]　See K Y, Deng J. Measurement of noise source impedance of SMPS using a two current probes approach. IEEE Transactions on Power Electronics, 2004, 19(3): 862-868.

[9]　区健昌. 电子设备的电磁兼容性设计. 北京: 电子工业出版社, 2003: 111-116.

[10]　孟进, 马伟明, 张磊, 等. 变换器传导电磁干扰集中等效模型参数估计方法. 电工技术学报, 2005, 20(6): 25-29.

[11]　和军平, 姜建国, 陈斌. 电力电子装置传导电磁干扰特性测量的新方法. 电力电子技术, 2001, 35(5), 32-35.

[12]　Chen J Z, Yang L, Boroyevich D, et al. Modeling and measurement of parasitic parameters for integrated power electronics modules. Blacksburg: IEEE Applied Power Electronics Conference and Exposition, 2004: 94-97.

第 3 章　基于频域分析的辐射电磁干扰问题机理分析

3.1　辐射电磁干扰噪声机理

3.1.1　辐射 EMI 噪声产生机理

电子设备产生的高频噪声通过辐射天线形成电磁场在空间传播，根据辐射电磁场的传输规律，可将其分为近场区域和远场区域 [1]。

若辐射噪声的波长为 λ，当场点与测试点间的距离小于 $\lambda/2\pi$ 时为近场区域；而当场点与测试点间的距离大于 $\lambda/2\pi$ 时为远场区域，如图 3-1 所示。

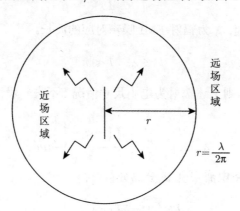

图 3-1　近场辐射和远场辐射

在近场区域中，辐射电场和辐射磁场均随测试距离的增加而减小，且辐射电场和辐射磁场具有非线性关系；而在远场区域中，辐射电场和辐射磁场也随测试距离的增加而减小，但两者间具有线性关系，即辐射电场和辐射磁场具有一一对应的关系。因此，在辐射 EMI 噪声测试过程中，选取合适的测试距离至关重要。

然而，GB 9254 等标准规定，辐射 EMI 噪声的测试点应在远场区域内，如开阔场、10m 法、5m 法和 3m 法。由于辐射 EMI 噪声测试频段的下限为 30 MHz，其对应的波长为 10 m，其近场和远场区域的分界距离 r_0 为

$$r_0 = \frac{\lambda}{2\pi} = \frac{5}{\pi} \approx 1.59 \tag{3-1}$$

式中，r_0 为近场和远场区域的分界距离，m。由式 (3-1) 可知，现有 10m、5m 和 3m 电波暗室均满足远场测试对测试距离的要求。

　　辐射 EMI 噪声是由高速数字电路、辐射天线等产生，不同的辐射天线对应不同的电磁传播特性，而在远场区域中，辐射电场和辐射磁场具有线性关系，因而无法体现不同辐射天线对应的电磁传播特性，即通过标准规定的远场测试仅能得到辐射场强，而无法揭示辐射特性。

　　不失一般性，设 EUT 位于一维坐标 x' 处，测试点位于 x 处，EUT 辐射天线的长度为 l，并与 x' 处于同一数量级，由 EUT 引起的辐射噪声对应的频率为 f，则辐射天线与测试点之间的距离可以表示为

$$r \approx R - \boldsymbol{n} \cdot x' \tag{3-2}$$

式中，R 为坐标原点与测试点之间的距离，$\boldsymbol{n}$ 为 R 方向的单位向量。

　　辐射 EMI 噪声对应的波长为

$$\lambda = \frac{c}{f} \tag{3-3}$$

式中，c 为真空中光速；λ 为辐射 EMI 噪声对应的波长。

$$l \ll \lambda, \quad l \ll r \tag{3-4}$$

　　若满足式 (3-4)，则上述辐射为电小尺寸情况，不失一般性，若辐射天线中的电流密度为 $\boldsymbol{J}$，则

$$\boldsymbol{A}(x,t) = \frac{\mu_0}{4\pi} \int \frac{\boldsymbol{J}\left(x', t - \dfrac{\mathrm{r}}{c}\right)}{r} \mathrm{d}u' \tag{3-5}$$

式中，$\boldsymbol{A}$ 为推迟势。将电流密度 $\boldsymbol{J}$ 分离分量可得

$$\boldsymbol{J}(x',t) = \boldsymbol{J}(x')\, \mathrm{e}^{-\mathrm{j}\omega t} \tag{3-6}$$

将式 (3-6) 代入式 (3-5) 中，可得

$$\boldsymbol{A}(x,t) = \frac{\mu_0}{4\pi} \int \frac{\boldsymbol{J}(x')\, \mathrm{e}^{\mathrm{j}(\boldsymbol{k}r - \omega t)}}{r} \mathrm{d}u' \tag{3-7}$$

式中，$\boldsymbol{k}$ 为波矢。将式 (3-7) 中推迟势 $\boldsymbol{A}$ 分离分量可得

$$\boldsymbol{A}(x,t) = \boldsymbol{A}(x)\, \mathrm{e}^{-\mathrm{j}\omega t} \tag{3-8}$$

将式 (3-8) 代入式 (3-7) 可得

$$\boldsymbol{A}(x) = \frac{\mu_0}{4\pi} \int \frac{\boldsymbol{J}(x')\, \mathrm{e}^{\mathrm{j}\boldsymbol{k}r}}{r} \mathrm{d}u' \tag{3-9}$$

将式 (3-2) 代入式 (3-9) 可得

$$A\left(\boldsymbol{x}\right) = \frac{\mu_0}{4\pi} \int \frac{\boldsymbol{J}\left(x'\right)e^{jk\left(R-n\cdot x'\right)}}{R - n\cdot x'} du' \tag{3-10}$$

可略去式 (3-10) 分母中的 $-n\cdot x'$ 项，并将 $e^{-jkn\cdot x'}$ 按 $kn\cdot x'$ 展开可得

$$A\left(\boldsymbol{x}\right) = \frac{\mu_0 e^{jkR}}{4\pi R} \int \boldsymbol{J}\left(x'\right)\left(1 - j\boldsymbol{k}n\cdot x' + \cdots\right)du' \tag{3-11}$$

式 (3-11) 中的第一项：$A\left(\boldsymbol{x}\right) = \frac{\mu_0 e^{jkR}}{4\pi R} \int \boldsymbol{J}(x')du'$ 和第二项：

$$\begin{aligned} A(\boldsymbol{x}) &= \frac{\mu_0 e^{jkR}}{4\pi R} \int \boldsymbol{J}(x')(-j\boldsymbol{k}nx')du' \\ &= \frac{-j\boldsymbol{k}u_0 e^{jkR}}{4\pi R} \int \boldsymbol{J}(x')(n\cdot x)du \end{aligned}$$

可分别表示为电偶极子共模辐射和磁偶极子差模辐射。

因此，根据辐射天线不同的电磁传播特性，可将辐射 EMI 噪声分为电偶极子共模辐射 EMI 噪声，以及磁偶极子差模辐射 EMI 噪声。值得注意的是，上述共模和差模辐射特性仅在近场区域中体现。

3.1.2　PCB 辐射单元模型

1. 共模辐射模型

如图 3-2 所示，对于电偶极子共模辐射而言，其推迟势仅需保留式 (3-11) 中的第一项

$$A\left(x\right) = \frac{\mu_0 e^{jkR}}{4\pi R} \int \boldsymbol{J}\left(x'\right) du' \tag{3-12}$$

设辐射天线中单位体积内有 n_i 个运动速度为 v_i、带电量为 q_i 的粒子，则

$$\boldsymbol{J} = \sum_i n_i q_i \boldsymbol{v}_i \tag{3-13}$$

由式 (3-12) 和式 (3-13) 可得

$$\int \boldsymbol{J}\left(x'\right) dV' = \sum_i q_i \boldsymbol{v}_i \tag{3-14}$$

由于

$$\dot{\boldsymbol{p}} = \sum_i q_i \boldsymbol{v}_i \tag{3-15}$$

式中，$\dot{p}$ 为电偶极矩对时间的一阶导数，将式 (3-15) 代入式 (3-14) 可得

$$\int \boldsymbol{J}\left(x'\right) \mathrm{d}V' = \dot{\boldsymbol{p}} \tag{3-16}$$

图 3-2　电偶极子共模辐射 EMI 噪声模型

由式 (3-13) 和式 (3-16) 可得

$$\boldsymbol{A}\left(x\right) = \frac{\mu_0 \mathrm{e}^{\mathrm{j}kR}}{4\pi R} \dot{\boldsymbol{p}} \tag{3-17}$$

由式 (3-17) 可得电偶极子共模辐射的磁场强度、电场强度、能流密度和辐射功率分别为

$$\boldsymbol{B}_{\mathrm{CM}} = \frac{1}{4\pi\varepsilon_0 c^3 R} \left|\ddot{\boldsymbol{p}}\right| \mathrm{e}^{\mathrm{j}kR} \sin\theta \boldsymbol{e}_\varphi, \quad \boldsymbol{E}_{\mathrm{CM}} = \frac{1}{4\pi\varepsilon_0 c^2 R} \left|\ddot{\boldsymbol{p}}\right| \mathrm{e}^{\mathrm{j}kR} \sin\theta \boldsymbol{e}_\theta$$

$$\boldsymbol{S}_{\mathrm{CM}} = \frac{1}{32\pi^2\varepsilon_0 c^3 R^2} \left|\ddot{\boldsymbol{p}}\right|^2 \sin^2\theta \boldsymbol{n}, \quad P_{\mathrm{CM}} = \frac{1}{4\pi\varepsilon_0} \frac{\left|\ddot{\boldsymbol{p}}\right|^2}{3c^3} \tag{3-18}$$

由式 (3-18) 和麦克斯韦方程组，取辐射场梯度最大的方向为测试方向，则在远场 r 处，电偶极子产生共模辐射 EMI 噪声为

$$E_{\mathrm{CM}} = 12.6 \times 10^{-7} \frac{fl I_{\mathrm{CM}}}{r} \tag{3-19}$$

式中，I_{CM} 为辐射天线中的共模电流；l 为辐射天线长度；r 为测试距离。

因此，由式 (3-18)、式 (3-19) 和图 3-2 可描述电偶极子共模辐射 EMI 噪声。

2. 差模辐射模型

如图 3-3 所示，对于磁偶极子差模辐射而言，其推迟势仅需保留式 (3-11) 中的第二项：

$$\boldsymbol{A}\left(x\right) = \frac{-\mathrm{j}k\mu_0 \mathrm{e}^{\mathrm{j}kR}}{4\pi R} \int \boldsymbol{J}\left(x'\right)\left(n \cdot x'\right) \mathrm{d}V' \tag{3-20}$$

考虑电四极矩和磁偶极矩，式 (3-20) 的被积函数为

$$\boldsymbol{J}'\left(n \cdot x'\right) = \boldsymbol{n} \cdot x' \boldsymbol{J}' \tag{3-21}$$

式中，$x'\boldsymbol{J}'$ 为张量

$$x'\boldsymbol{J}' = \frac{1}{2}\left(x'\boldsymbol{J}' + \boldsymbol{J}'x'\right) + \frac{1}{2}\left(x'\boldsymbol{J}' - \boldsymbol{J}'x'\right) \tag{3-22}$$

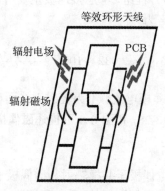

图 3-3 磁偶极子差模辐射 EMI 噪声模型

式中，$\frac{1}{2}\left(x'\boldsymbol{J}' + \boldsymbol{J}'x'\right)$ 为张量的对称部分，$\frac{1}{2}\left(x'\boldsymbol{J}' - \boldsymbol{J}'x'\right)$ 为张量的反对称部分。

将式 (3-22) 代入式 (3-20) 中，则

$$\int \boldsymbol{J}\left(x'\right)\left(n \cdot x'\right) \mathrm{d}V' = \frac{1}{2}\int \left[\left(n \cdot x'\right)\boldsymbol{J}' + \left(n \cdot \boldsymbol{J}'\right)x'\right]\mathrm{d}u'$$
$$+ \frac{1}{2}\int \left[\left(n \cdot x'\right)\boldsymbol{J}' - \left(n \cdot \boldsymbol{J}'\right)x'\right]\mathrm{d}u' \tag{3-23}$$

考虑式 (3-23) 中第二项的被积函数

$$\left(n \cdot x'\right)\boldsymbol{J}' - \left(n \cdot \boldsymbol{J}'\right)\boldsymbol{x}' = -n \times \left(x' \times \boldsymbol{J}'\right) \tag{3-24}$$

则式 (3-23) 中的第二项为

$$-n \times \int \frac{1}{2}x' \times \boldsymbol{J}' \mathrm{d}u' = -n \times m \tag{3-25}$$

式中，m 是磁偶极矩，而式 (3-22) 中的第一项为电四极矩，通常可忽略，因而

$$\boldsymbol{A}\left(x\right) = \frac{\mathrm{j}k\mu_0 \mathrm{e}^{\mathrm{j}\boldsymbol{k}R}}{4\pi R}n \times m \tag{3-26}$$

由式 (3-26) 可得磁偶极子差模辐射的磁场强度、电场强度、能流密度和辐射功率分别为

$$\boldsymbol{B}_{\mathrm{DM}} = \nabla \times A = \frac{\mu_0 \mathrm{e}^{\mathrm{j}\boldsymbol{k}R}}{4\pi c^2 R}\left(\ddot{m} \times n\right) \times \boldsymbol{n}, \boldsymbol{E}_{\mathrm{DM}} = c\boldsymbol{B} \times A = -\frac{\mu_0 \mathrm{e}^{\mathrm{j}\boldsymbol{k}R}}{4\pi cR}\left(\ddot{m} \times n\right)$$

$$\boldsymbol{S}_{\mathrm{DM}} = \frac{\mu_0 \omega^4 |m|^2}{32\pi^2 c^3 R^2}\sin^2\theta\boldsymbol{n}, P_{\mathrm{DM}} = \frac{\mu_0 \omega^4 |m|^2}{12\pi c^3} \tag{3-27}$$

由式 (3-27) 和麦克斯韦方程组，考虑接地板全反射情况，则在远场 r 处，磁偶极子产生差模辐射 EMI 噪声为

$$E_{\mathrm{DM}} = 2.632 \times 10^{-14}\frac{f^2 AI_{\mathrm{DM}}}{r} \tag{3-28}$$

式中，I_{DM} 为辐射天线中的差模电流，A 为辐射天线面积，r 为测试距离。

因此，由式 (3-27)、式 (3-28) 和图 3-3 可描述磁偶极子差模辐射 EMI 噪声。

3.1.3　辐射 EMI 噪声诊断

本书 3.1.2 节分别建立电偶极子共模辐射和磁偶极子差模辐射 EMI 噪声模型，由于共模和差模噪声在远场区域的特性一致，即辐射电场和辐射磁场具有一一对应关系，因此，本节将研究共模和差模噪声在近场区域的电磁传播特性，设计一种基于近场波阻抗测试的辐射 EMI 噪声机理诊断方法 [2,3]。

为了揭示近场和远场区域的电磁传输特性，定义波阻抗为

$$Z = \frac{\boldsymbol{E}}{\boldsymbol{H}} \tag{3-29}$$

式中，Z 为波阻抗，$\boldsymbol{E}$ 为电场强度，$\boldsymbol{H}$ 为磁场强度。

在远场中，Z 为 $120\pi\Omega$，而在近场中，Z 不是一个常数，而与测试距离有关。

1) 电偶极子共模辐射 EMI 噪声

对于近场共模辐射而言，如图 3-2 所示，根据麦克斯韦方程组和式 (3-18) 可得

$$\begin{cases} \boldsymbol{H}_\phi = \dfrac{I\mathrm{d}l\boldsymbol{k}^2}{4\pi}\left[-\dfrac{1}{\mathrm{j}\boldsymbol{k}r} + \dfrac{1}{(\boldsymbol{k}r)^2}\right]\sin\theta\mathrm{e}^{-\mathrm{j}\boldsymbol{k}r} \\[3mm] \boldsymbol{E}_\theta = \dfrac{I\mathrm{d}l\boldsymbol{k}^3}{4\pi\omega\varepsilon_0}\left[\dfrac{-1}{\mathrm{j}(\boldsymbol{k}r)} + \dfrac{1}{(\boldsymbol{k}r)^2} + \dfrac{1}{\mathrm{j}(\boldsymbol{k}r)^3}\right]\sin\theta\mathrm{e}^{-\mathrm{j}\boldsymbol{k}r} \\[3mm] \boldsymbol{E}_r = \dfrac{I\mathrm{d}l\boldsymbol{k}^3}{2\pi\omega\varepsilon_0}\left[\dfrac{1}{(\boldsymbol{k}r)^2} + \dfrac{1}{\mathrm{j}(\boldsymbol{k}r)^3}\right]\cos\theta\mathrm{e}^{-\mathrm{j}\boldsymbol{k}r} \end{cases} \tag{3-30}$$

式中，H 为磁场强度；E 为电场强度；Idl 为电偶极矩；k 为波矢，其模表示波数，方向表示波的传播方向；r 为测试距离；ε_0 为真空介电常数；ω 为角频率。

在电偶极子共模辐射场中，磁场强度和电场强度与测试距离间的关系为

$$H \propto \frac{1}{r^2}, \quad E \propto \frac{1}{r^3} \tag{3-31}$$

由式 (3-31) 可见，共模辐射 EMI 噪声的电场强度与测试距离的立方成反比，而磁场强度则与测试距离的平方成正比。因此，共模辐射的近场波阻抗为

$$Z_{\mathrm{CM}} = \frac{E}{H} \propto \frac{1}{r} \tag{3-32}$$

由式 (3-32) 不难发现，共模辐射的近场波阻抗与测试距离成反比，且呈高阻抗 (大于 $120\pi\Omega$)。另一方面，共模辐射场与等效短直天线的长度有关，等效长度越长，共模辐射场强越大。

2) 磁偶极子差模辐射 EMI 噪声

对于近场差模辐射而言，如图 3-3 所示，根据麦克斯韦方程组和式 (3-27) 可得

$$\begin{cases} H_\theta = \dfrac{IdSk^3}{4\pi} \left[-\dfrac{1}{kr} - \dfrac{1}{\mathrm{j}\,(kr)^2} + \dfrac{1}{(kr)^3} \right] \sin\theta\mathrm{e}^{-\mathrm{j}kr} \\[3mm] H_r = \dfrac{IdSk^3}{2\pi} \left[\dfrac{-1}{\mathrm{j}\,(kr)^2} + \dfrac{1}{(kr)^3} \right] \cos\theta\mathrm{e}^{-\mathrm{j}kr} \\[3mm] E_\phi = \dfrac{IdSk^4}{4\pi\varepsilon_0\omega} \left[\dfrac{1}{kr} + \dfrac{1}{\mathrm{j}\,(kr)^2} \right] \sin\theta\mathrm{e}^{-\mathrm{j}kr} \end{cases} \tag{3-33}$$

式中，IdS 为磁偶极矩。

根据式 (3-33) 可知，在磁偶极子差模辐射场中，磁场强度和电场强度与测试距离间的关系为

$$H \propto \frac{1}{r^3}, \quad E \propto \frac{1}{r^2} \tag{3-34}$$

由式 (3-34) 可见，差模辐射 EMI 噪声的电场强度与测试距离的平方成正比，而磁场强度则与测试距离的立方成反比。因此，差模辐射的近场波阻抗为

$$Z_{\mathrm{DM}} = \frac{E}{H} \propto r \tag{3-35}$$

由式 (3-35) 不难发现，差模辐射的近场波阻抗与测试距离成正比，且呈低阻抗 (小于 $120\pi\Omega$)。另一方面，差模辐射场与等效环形天线的面积有关，等效面积越大，差模辐射场强越大。

　　由式 (3-32)、式 (3-35) 可知共模和差模辐射 EMI 噪声的传输特性，如图 3-4
所示。

　　通过近场测试，由图 3-4、式 (3-32) 和式 (3-35) 可以提取电偶极子共模辐射和
磁偶极子差模辐射 EMI 噪声，从而实现辐射 EMI 噪声机理诊断。

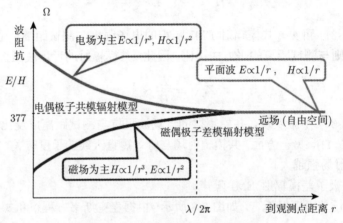

图 3-4　波阻抗与测试距离间的关系

3.2　辐射电磁干扰噪声源建模

　　电磁兼容性能的好坏直接制约着电子、电气设备使用的功效，严重时甚至导致
电气事故的发生，而辐射电磁干扰问题便是其中主要的问题之一。但是由于电子
设备的构造一般较为复杂，其采用的集成电路芯片处理速度也越来越快，常规甚至
大于 100MHz，因此其辐射电磁干扰噪声产生的机理也较为复杂，既包含了共模辐
射干扰 (如高速数字处理芯片 ARM9、有源或无源晶振、线缆等)、差模辐射干扰
(如信号环路、电源回路等)，还包含了共模/差模混合干扰 (如结构干扰等)，如何合
理地对电子设备的辐射电磁干扰机理进行诊断关系着如何快速高效解决其辐射电
磁干扰问题，而针对其辐射电磁干扰噪声的特征建模是辐射电磁干扰机理诊断的
关键。

　　本节从芯片级噪声源、线缆类噪声源以及设备结构的噪声源三个方面分别建
立了独立的辐射 EMI 噪声干扰模型，从而为分析相应模型的噪声辐射机理及其抑
制方法提供了有效依据。

3.2.1　芯片级噪声源干扰模型

1. 单级芯片干扰模型

高速处理芯片以及时钟晶振在工作过程中会产生较多高频共模辐射噪声信号，

如图 3-5 所示。图 3-5(a) 所示为常规的高速处理芯片的干扰模型，其中端口①为该芯片的时钟输出端口，该信号输出经连接线缆传输为主要的噪声干扰源之一。根据其辐射机理，可得如图 3-5(b) 所示的等效干扰模型电路，其中 $u_{N(CLK)}$ 为端口①对外的传输数据信号，I_{CM} 为该信号在传输线上对应的电流信号大小，Z_{CM} 为等效共模阻抗大小，则

$$I_{CM} = \frac{u_{N(CLK)}}{Z_{CM}} \tag{3-36}$$

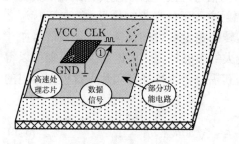

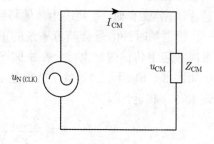

(a) PCB 芯片干扰结构图   (b) 等效干扰模型电路

图 3-5 芯片干扰模型

由于端口①为时钟信号，理论上为矩形波信号，但是由于高速处理芯片处理的信号数据具有复杂的多频段特性，因此在该端口的时钟信号实际上是由多种频率信号组成的，其中最大的干扰信号为时钟信号的主频 u_0，其他为 k 个混合干扰信号 $u_i(i=1,2,3,\cdots,k)$，即

$$u_{N(CLK)} = u_0 + \sum_{i=1}^{k} u_i, \quad i = 1,2,3,\cdots,k \tag{3-37}$$

对于主频时钟信号，假设其上升沿为 t_{r1}，则 $BW = \dfrac{1}{\pi t_{r1}}$，而对于 k 个混合干扰信号，假设其上升沿为 t_{ri}，则 $BW = \dfrac{1}{\pi t_{ri}}(i=1,2,3,\cdots,k)$。

噪声干扰信号 $u_{N(CLK)}$ 一旦通过芯片之间的连接线缆进行信号传输时，会得到一定程度的放大，结合式 (3-36)、式 (3-37) 可得其空间辐射场强大小如下：

$$\boldsymbol{E} \approx \frac{2u_{CM}}{r}\sqrt{\frac{30}{Z_{CM}}}$$

$$\approx \frac{2u_{N(CLK)}}{r}\sqrt{\frac{30 I_{CM}}{u_{N(CLK)}}}$$

$$\approx \frac{2}{r}\sqrt{30 u_{N(CLK)} I_{CM}}$$

$$= \frac{2}{r} \sqrt{30 \left(u_0 + \sum_{i=1}^{k} u_i \right) I_{CM} V_0}, \quad i = 1, 2, 3, \cdots, k \tag{3-38}$$

式中，r 为测试距离。

图 3-6(a) 所示为常规 24.576MHz 有源晶振实物图，它的四个管脚分别为电源、地、时钟输出和空置端口，它与经常采用的无源晶振最大的区别是需要直流供电，供电电压从 6~26V 不等。其信号输出端口的信号经过连接线缆传输给相应的处理芯片，正常工作时，在线缆上传输将会是辐射电磁干扰噪声的最为主要的干扰源之一，该主频时钟信号会随着系统的正常运转而在设备内部传输，一旦该信号在长距离线缆上传输时，也将会在空间产生较大的电磁场强。根据其工作原理可以得出如图 3-6(b) 所示的等效干扰模型电路。其辐射干扰特征与芯片干扰模型得出的式 (3-37) 相近，即

$$E \approx \frac{2u_{\mathrm{out}}}{r} \sqrt{\frac{30 I_0}{u_{\mathrm{out}}}} \approx \frac{2}{r} \sqrt{30 u_{\mathrm{out}} I_0} \tag{3-39}$$

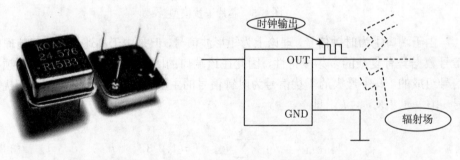

(a) 有源晶振实物图　　　　　　　　　(b) 等效干扰模型电路

图 3-6　芯片干扰辐射模型

2. 多级芯片干扰模型

PCB 板上的各个功能芯片与电路模块工作时依靠相互间的有用信号实现板级的功能，但是这些有用信号在传输过程中往往夹杂很多高频的无用信号，这些无用信号经过不同功能模块的放大 (或衰减)，会在 PCB 板级传输线上得到噪声放大。如图 3-7(a) 所示为板级干扰的 PCB 结构模型，根据该结构模型可以得出等效电路干扰模型，如图 3-7(b) 所示。原始噪声信号为 u_0，经过模块 $1, 2, 3, \cdots, n$ 的传输与变换，最终在输出端得到的噪声信号可假设为

$$u_n = A_1 \cdot A_2 \cdot A_3 \cdot \cdots \cdot A_n \cdot u_0 \tag{3-40}$$

式中，$A_1, A_2, A_3, \cdots, A_n$ 分别为噪声干扰信号所经过的每个模块的信号传输系数，在输出端口的噪声信号主要以共模干扰电压为主，因此

$$E \approx \frac{2A_1 A_2 A_3 \cdots A_n u_0}{r} \sqrt{\frac{30}{Z_{\text{CM}}}} \tag{3-41}$$

根据图 3-7(b) 所示的等效电路可知，从电路分析角度，A_n 模块的输出信号表面上看似与干扰源信号 u_0 没有直接关系，但是如果没有 u_0 的贡献，在 A_n 模块的输出端口根本不会含有此干扰信号，因此也不会通过线缆天线辐射到空间场，从而导致设备的辐射超标。通常为了解决该问题，首先需要进行噪声源诊断，即通过电压探头进行干扰源的确定，然后同样采用电压探头对 A_n 模块进行诊断分析，确认其输出是否含有 u_0 噪声信号或者其倍频干扰。通常采用的抑制措施有两种。

(1) 在 u_0 输出采用辐射 EMI 滤波手段 (磁珠、电容等) 滤波。

(2) 在 A_n 输出采用辐射 EMI 滤波手段滤波。

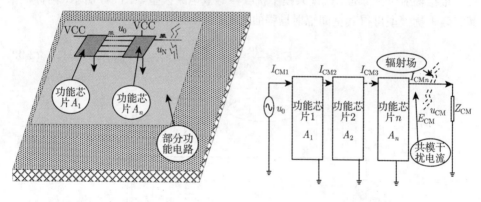

(a) 多级芯片的 PCB 结构模型　　　　　　　　　(b) 等效干扰模型电路

图 3-7　PCB 板级干扰模型

3.2.2　线缆类噪声源干扰模型

线缆辐射是电子设备的辐射超标的最根本问题之一，大多数电子设备的辐射超标都是由于系统内部的连接线缆 (包括数据线、电源线等) 造成的，即使高频信号在 PCB 功能电路中传输，只要芯片质量过关，在电子系统内部不存在连接线缆或者连接线缆较短 (包括 PCB 板上的走线) 的情况下，其辐射一般都不会超标或者较为容易解决。线缆干扰噪声主要来源为连接线缆和电源线缆，而此类线缆的辐射干扰模型分为共模辐射干扰和差模干扰两种类型，不形成环路的情况下为共模噪声，一旦形成环路将会是差模干扰噪声。差模辐射干扰模型如图 3-8 所示，根据

其等效干扰模型可得其空间辐射场强大小，即

$$E \approx \frac{2u_{\mathrm{DM}}}{r}\sqrt{\frac{30}{Z_{\mathrm{DM}}}} \tag{3-42}$$

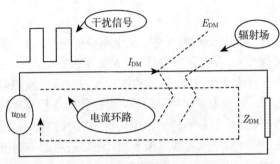

图 3-8　线缆差模辐射干扰模型

根据辐射干扰原理，线缆共模干扰噪声等效电路模型如图 3-9 所示，同样根据其等效干扰模型可得其空间辐射场强的大小，即

$$E \approx \frac{2u_{\mathrm{CM}}}{r}\sqrt{\frac{30}{Z_{\mathrm{CM}}}} \tag{3-43}$$

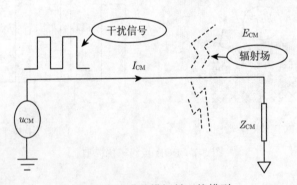

图 3-9　线缆共模辐射干扰模型

3.2.3　设备结构的噪声源干扰模型

电子设备的结构也会对其辐射产生较大影响，例如大多数设备采用金属外壳，如图 3-10 所示，本意是想起到整体屏蔽作用，但是一旦信号线缆上传输的高频噪声信号通过电路耦合或者空间耦合至地线，且该地线作为信号传输线束中的一员，如果通过客体面板的端口是金属的，且与该地接通，如此便导致此携带高频噪声信号的地线与设备的金属外壳相互接触，则整个金属外壳便成为一个辐射体，将在很大程度上放大地线上携带的高频噪声，即设备的金属壳体将会作为高频辐射

噪声的辐射天线，加大设备对外的辐射干扰噪声，使得设备的辐射发射超过标准限值。

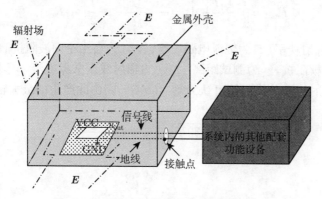

图 3-10　医疗电子设备结构辐射干扰模型

3.3　辐射电磁干扰噪声源重构

3.3.1　PCB 辐射电磁干扰重构的电压驱动模型

现有辐射电磁干扰噪声测量手段可分为远场测试与近场测试。远场区域和近场区域是根据被测设备与测试点之间的距离 (测试距离 r)，以及辐射电磁干扰噪声的波长 (噪声波长 λ) 划分的。若噪声波长 λ 大于测试距离 r，则称为近场区域；反之，若波长 λ 小于测试距离 r，则称为远场区域。通常，电子设备的辐射电磁干扰噪声的测量频段为 30MHz~1GHz，因此 3m 法电波暗室、5m 法电波暗室等可进行辐射电磁干扰噪声的远场测试。然而，现有远场测试环境价格昂贵，一般企业难以承受，此外，现有远场分析方法仅能得到辐射电磁干扰噪声的大小，而无法进行辐射目标重构。

针对上述问题，美国克莱姆森大学 (Clemson University) 电气与计算机工程学院的 Todd H. Hubing 教授提出了一种基于电路参数分析的电压驱动模型 (图 3-11)，可实现辐射目标重构 [4,5]，具体过程如下。

如图 3-11 所示，u_{DM} 为 PCB 电压信号 (差模信号)，C_{DM} 为 PCB 分布电容，C_{t-c} 为辐射线缆与 PCB 间的分布电容，I_{CM} 为辐射线缆共模电流。对于上述辐射模型，可认为是辐射线缆本身与辐射线缆中的共模电流引起的辐射电磁干扰噪声。此外，由于辐射线缆中的共模电流与 PCB 电压信号 u_{DM}、PCB 分布电容 C_{DM}、辐射线缆与 PCB 间的分布电容 C_{t-c}、辐射线缆输入电容 C_{in}、辐射线缆长度 l、辐射线缆共模电流分布和辐射线缆阻抗 Z 有关，同时，仅考虑电小尺寸模型，根据辐射电磁干扰噪声 (辐射电磁场)E 与辐射线缆共模电流 I_{CM} 之间的关系可建立辐射电磁干扰噪声与 PCB 电路参数间的关系。

$$P_{\text{rad}} = \oint \frac{1}{2} \frac{|\boldsymbol{E}|^2}{\eta_0} \mathrm{d}s = \frac{4\pi r^2 |\boldsymbol{E}|^2}{2\eta_0} \equiv \frac{1}{2} I_{\text{CM}}^2 R_{\text{rad}} \tag{3-44}$$

式中, P_{rad} 为辐射功率, $\boldsymbol{E}$ 为辐射电磁场场强, η_0 为自由空间波阻抗 ($120\pi\,\Omega$), R_{rad} 为辐射线缆共模阻抗, r 为测试距离, I_{CM} 为辐射线缆共模电流。若考虑偶极子天线模型, 其辐射线缆共模阻抗可认为是 $100\,\Omega$, 则由此产生的最大辐射电磁场场强为

$$|\boldsymbol{E}| \approx \sqrt{30 R_{\text{rad}}} \frac{I_{\text{CM}}}{r} \approx 55 \frac{I_{\text{CM}}}{r} \tag{3-45}$$

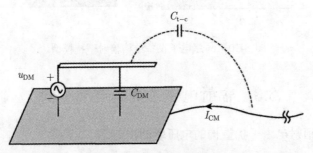

图 3-11　电压驱动模型

　　通常, 辐射电磁干扰噪声测试是在半波暗室中进行, 因此综合考虑地面反射问题, 上述计算需乘以 2 作为补偿。

　　在半波暗室中, 估算的场要乘以 2 以补偿最坏情况下地面的反射。板子和线缆之间的 CM 电流可以用等效 CM 电压来表示, 则最大辐射场为

$$|\boldsymbol{E}|_{\max} \approx \frac{2u_{\text{CM}}}{r} \sqrt{\frac{30}{R_{\text{rad}}}} \approx 1.1 \frac{u_{\text{CM}}}{r} \tag{3-46}$$

式中, u_{CM} 为共模电压信号。共模电压信号与 PCB 电压信号之间的关系为

$$u_{\text{CM}} = \frac{C_{\text{t-c}}}{C_{\text{in}}} u_{\text{DM}} \tag{3-47}$$

式中, $C_{\text{t-c}}$ 为辐射线缆与 PCB 间的分布电容, C_{in} 为辐射线缆输入电容。

　　据此, 仅需测量 PCB 电路板中的电路参数, 即可预估辐射电磁干扰噪声大小, 从而实现辐射目标重构。

　　为了验证 Hubing 电压驱动模型的精度, 设计两种不同的 PCB 电路, 以 10 MHz 晶振作为电压信号 u_{DM}, 回路电阻为 $50\,\Omega$, 辐射线缆长度分别为 1 cm 和 5 cm。本书采用江苏省计量科学研究院的 ETS-Lindgren 公司的标准 3m 法电波暗室作为辐射电磁干扰噪声标准测试环境并使用德国罗德与施瓦茨 (R&S) 公司的电

磁干扰接收机 ESU26,测试结果如图 3-12(a) 和图 3-12(c) 所示。采用 GSP-827 型频谱分析仪作为近场信号接收设备,最高测量频率可达 2.7GHz,同时采用安捷伦 (Agilent) 公司的 85024A 型 (射频电压探头其有效带宽为 300 kHz~3 GHz) 测量上述两个 PCB 电路中的电压信号,测试结果如图 3-12(b) 和图 3-12(d) 所示。

如图 3-12 所示,对于两个验证电路而言,采用 3m 法电波暗室的标准测试结果与采用 Hubing 电压驱动模型的预估计结果有较大差异,因此上述模型有待进一步修正完善。

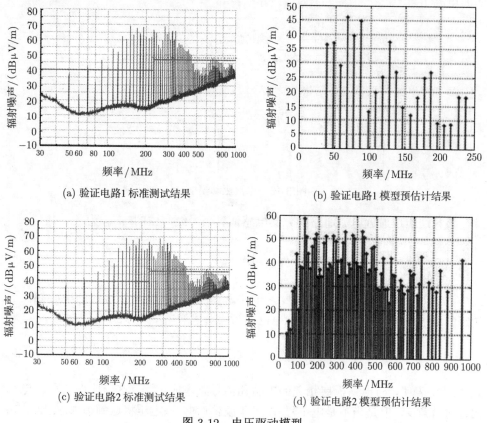

(a) 验证电路1 标准测试结果

(b) 验证电路1 模型预估计结果

(c) 验证电路2 标准测试结果

(d) 验证电路2 模型预估计结果

图 3-12 电压驱动模型

针对上述问题,着手从三个方面修正了 Hubing 电压驱动模型以提高电压驱动模型精度,为辐射电磁干扰噪声抑制提供依据,包括以下三方面。

(1) 提出了 PCB 分布电容及辐射线缆输入电容修正方法。

(2) 提出了辐射线缆共模电流的全波分析模型。

(3) 提出了辐射线缆共模阻抗修正方法。

3.3.2　PCB 辐射电磁干扰重构的电流驱动模型

在电压驱动模型基础上，Hubing 教授提出了一种基于电路参数分析的电流驱动模型 [6,7]，如图 3-13 所示。该模型实现了辐射目标快速重构，具体过程如下。

图 3-13 描述了电缆到电路板的电流驱动 CM 辐射机理。由于 PCB 板的宽度有限，因此，一部分由信号电流产生的磁场包围在电路板周围，且在回路平面上存在一个电压降。这一压降将会引起共模 (CM) 电流，驱动电路板上的各种元器件和线缆。u_{CM} 由差模信号电流 I_{DM} 引起，该 u_{CM} 又引出一个电缆和右半个电路板之间的电流 I_{DM}。

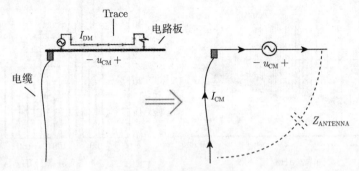

图 3-13　电流驱动模型

该算法通过逼近电流通路的分支电感估算信号线产生的 u_{CM} 为

$$L_{p} = \left(\frac{4}{\pi^2}\right)\frac{\mu_0 l_t h_t}{\text{dist}1 + \text{dist}2} \tag{3-48}$$

式中，h_t 是信号线到返回面的高度，dist1 和 dist2 是两个从信号线的中心到板子边缘的最短距离，每根信号线 i 的电位差为

$$u_{\text{ret},i} = \omega L_{p,i} I_{DM,i} \tag{3-49}$$

式 (3-49) 表明，与电路板层相关的电感和信号频率成正比。这一比例关系在电小尺寸时有意义，但是当不是电小尺寸 (1/4 波长) 时，该电压将达到最大。因此，式 (3-49) 修改为

$$u_{\text{ret},i} = \begin{cases} \omega L_{p,i} I_{DM,i}, & \omega \leqslant \dfrac{\pi c}{2l_t\sqrt{\varepsilon_r}} \\[3mm] \dfrac{\pi c L_{p,i} I_{DM,i}}{2l_t\sqrt{\varepsilon_r}}, & \omega > \dfrac{\pi c}{2l_t\sqrt{\varepsilon_r}} \end{cases} \tag{3-50}$$

式中，c 为电磁波在自由空间的传播速度。

信号线中传输的信号电流的特征默认为三角波，如图 3-14 所示。

信号线上的电流频谱计算式为

$$I_{DM(n)} = \frac{2I_{p1}}{t_1}\frac{\sin^2\left(n\pi t_1/T\right)}{\left(n\pi t_1/T\right)^2} - (-1)^n\frac{2I_{p2}}{t_2}\frac{\sin^2\left(n\pi t_2/T\right)}{\left(n\pi t_2/T\right)^2} \tag{3-51}$$

因此，电路板上的总电位差为每根信号线上的压差之和，即

$$u_{ret} = \sqrt{\sum u_{ret,i}^2} \tag{3-52}$$

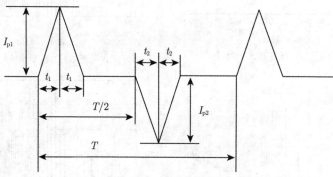

图 3-14 信号电流波形

当只有一根线缆连接在板子上时，在距离 3m 处的最大辐射场是由线缆和电路板之间的电流驱动电压引起的，即

$$|E_{c\text{-}b}| = 0.365\frac{100u_{ret}}{\sqrt{100^2 + \dfrac{1}{\left(\omega C_B\right)^2}}} \tag{3-53}$$

式中，C_B 为辐射线缆输入电容。

据此，仅需测量电子设备的 PCB 电路板的电路参数，即可估算辐射电磁干扰噪声大小，进而实现辐射目标重构。

为了验证 Hubing 电流驱动模型的精度，设计了两种不同的验证电路 (PCB)，以 5V 直流电驱动 10MHz 晶振工作，回路电阻为 50Ω，辐射线缆长度分别为 1m 和 0.5m。利用江苏省计量科学研究院的 ETS-Lindgren 公司的标准 3m 法电波暗室以及德国罗德与施瓦茨公司 (R&S)ESU26 电磁干扰接收机进行辐射电磁干扰标准测试，测试结果如图 3-15(a) 和图 3-15(c) 所示。采用 R&S 公司 FSC-3 频谱分析仪作为近场测试设备，同时采用安捷伦 (Angilent) 公司的电压探头 85024A 测量上述验证电路 (PCB) 中的电压信号，测试结果如图 3-15(b) 和图 3-15(d) 所示。

如图 3-15 所示，对于两个验证电路 (PCB) 而言，采用 3m 电波暗室的测试结果与采用 Hubing 电流驱动模型的预估计结果在趋势上基本一致，但是在数值上有较大差异，因此有待进一步修正完善。

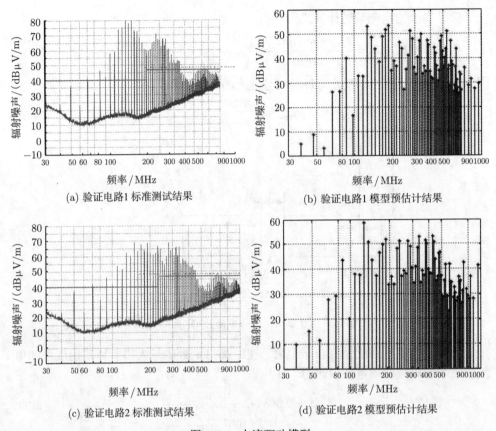

(a) 验证电路1 标准测试结果　　　　　　(b) 验证电路1 模型预估计结果

(c) 验证电路2 标准测试结果　　　　　　(d) 验证电路2 模型预估计结果

图 3-15　电流驱动模型

3.3.3　分布电容及辐射线缆输入电容修正方法

　　由于 Hubing 电压驱动模型与标准测试结果存在一定差异，考虑到电磁场远场区域和近场区域传输特性不同，且近场非标准电磁环境易受背景噪声和随机噪声影响，本书首先分析了 PCB 分布电容及辐射线缆输入电容闭合解析函数。

　　Hubing 利用 Green 法、微带线理论和 Helmholtz 方程等建立了包括 PCB 电路分布电容、电感及辐射线缆输入电容等封闭解析函数，实现了辐射目标的重构。然而，Hubing 提出的闭合解析函数仅适用于远场"辐射源"状况且方法中未考虑 PCB 的边界效应影响。

　　若考虑电小尺寸问题，不失一般性，当交变电流分布给定时，采用推迟势式可计算辐射电磁干扰噪声。

$$\boldsymbol{A}(x,t) = \frac{\mu_0}{4\pi} \int \frac{\boldsymbol{J}\left(x', t - \dfrac{r}{c}\right)}{r} \mathrm{d}u' \tag{3-54}$$

式中, 电流 $\boldsymbol{J}$ 为一定频率的交变电流, 则

$$\boldsymbol{J}\left(x',t\right)=\boldsymbol{J}\left(x'\right)\mathrm{e}^{-\mathrm{j}\omega t} \tag{3-55}$$

将式 (3-55) 代入式 (3-54) 中, 可得

$$\boldsymbol{A}\left(x,t\right)=\frac{\mu_0}{4\pi}\int\frac{\boldsymbol{J}\left(x'\right)\mathrm{e}^{\mathrm{j}(\boldsymbol{k}r-\omega t)}}{r}\mathrm{d}u' \tag{3-56}$$

式中, $\boldsymbol{k}$ 为波矢, 其幅值称为波数, 大小为 $2\pi/\lambda$。同样地, 考虑到式 (3-56), 采用分离变量法可得

$$\boldsymbol{A}\left(x,t\right)=\boldsymbol{A}\left(x\right)\mathrm{e}^{-\mathrm{j}\omega t} \tag{3-57}$$

由式 (3-57) 不难得出

$$\boldsymbol{A}\left(x\right)=\frac{\mu_0}{4\pi}\int\frac{\boldsymbol{J}\left(x'\right)\mathrm{e}^{\mathrm{j}\boldsymbol{k}r}}{r}\mathrm{d}u' \tag{3-58}$$

式 (3-57) 和式 (3-58) 中, $\mathrm{e}^{\mathrm{j}\boldsymbol{k}r}$ 为推迟作用因子, 表示被测设备产生的辐射电磁场传输到测试点时存在相位滞后因子 kr。由于相位滞后因子为

$$kr=\frac{2\pi r}{\lambda} \tag{3-59}$$

(1) 若测试距离远小于被测设备产生的辐射电磁场对应的波长, 即 $r\ll\lambda$(近场区域), 则 $kr\ll 1,\mathrm{e}^{\mathrm{j}\boldsymbol{k}r}\approx 1$, 因此保持恒定场的特征。

(2) 若测试距离远大于被测设备产生的辐射电磁场对应的波长, 即 $r\gg\lambda$(远场区域), 则 $kr\gg r$, 因此电磁场变为横向的辐射场。

因此, 在计算 PCB 分布电容及辐射线缆输入电容时, 应考虑近场问题, 并利用式 (3-54) 计算相应的推迟势及辐射电磁场场强, 从而实现辐射目标重构。

此外, 由于界面存在反射与折射问题, 将电磁场的边界条件引入到现有 PCB 分布电容及辐射线缆输入电容解析函数中, 则

$$\begin{aligned}
&\boldsymbol{n}\times\left(\boldsymbol{E}_2-\boldsymbol{E}_1\right)=0\\
&\boldsymbol{n}\times\left(\boldsymbol{H}_2-\boldsymbol{H}_1\right)=\alpha\\
&\boldsymbol{n}\cdot\left(\boldsymbol{D}_2-\boldsymbol{D}_1\right)=\sigma\\
&\boldsymbol{n}\cdot\left(\boldsymbol{B}_2-\boldsymbol{B}_1\right)=0
\end{aligned} \tag{3-60}$$

式中, $\boldsymbol{n}$ 为界面的法向量, σ 为自由电荷面密度, α 为电流面密度。

与此同时, 考虑到近场非标准环境中背景噪声和随机噪声产生的影响等环境影响因子, 再利用高阻抗射频电压探头 (安捷伦 (Agilent) 公司 85024A, 频段 300kHz~3GHz) 直接测量辐射线缆上的共模电压分量, 然后再分析实际测试结果与理论计算结果得到非标准环境修正因子, 即通过辐射源的实际测量将近场环境的影响考虑到 PCB 电路分布电容及辐射线缆输入电容解析函数修正方程中, 以进一步提高电路模型中的修正方程精度。

3.3.4　辐射线缆共模电流的全波分析模型及阻抗修正方法

1. 辐射线缆共模电流的全波分析模型

Hubing 在电流驱动模型中认为辐射线缆共模电流是简单直流模型，即认为电流在辐射线缆中是均一分布的，幅值和相位保持不变，未考虑辐射线缆共模电流频率效应。

在 Hubing 模型的基础上，美国的 Paul 利用辐射线缆中心点处电流来替代辐射线缆整体共模电流，尽管该模型在一定程度上提高了模型预估精度，但在较高频率时，精度大为降低。

新加坡南洋理工大学的 Kye Yak See 提出了辐射线缆共模电流分段模型，该模型较 Paul 的方法更加准确，但并没有考虑相位因素的影响，仅考虑了幅值叠加，因此，精度仍有待进一步改善。

为了解决上述问题，考虑到当辐射线缆长度与线缆中共模电流对应的波长为同一数量级时，线缆中的共模电流不再均匀分布，利用电流传输波动特性建立辐射线缆共模电流分布模型，如图 3-16 所示。

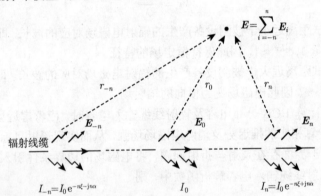

图 3-16　辐射线缆共模电流分布模型

辐射线缆共模电流的全波分析模型具体如下：

(1) 根据辐射电磁干扰噪声的频段特征及 $\lambda/4$ 原则将辐射线缆划分为 i 段。

(2) 以线缆中心点处的电流为基准电流 I_0，分别在两侧电流叠加不同相位因子 $\mathrm{e}^{\mathrm{j}i\alpha}$ 和幅值因子 $\mathrm{e}^{i\xi}$。

(3) 根据麦克斯韦方程组和线缆辐射关系，可得带电导线在远场产生的辐射电磁场为

$$\boldsymbol{E}_\theta \approx \mathrm{j}\frac{IZ_0\beta_0 L\sin\theta}{4\pi}r\mathrm{e}^{-\mathrm{j}\,\beta_0 r} \tag{3-61}$$

式中，Z_0 为自由空间波阻抗。

(4) 辐射线缆各段的共模电流均会产生相应的辐射电磁场 $\boldsymbol{E}_i$。

(5) 在测试点产生的合成场为不同的辐射电磁场 E_i 在测试点处的矢量和

$$E \approx \sum_{i=-n}^{n} \left(\mathrm{j} \frac{l Z_0 \beta_0 \sin\theta}{4\pi r_i} \mathrm{e}^{-\mathrm{j}\beta_0 r_i} I_0 \mathrm{e}^{i\xi + \mathrm{j}i\alpha} \right) \tag{3-62}$$

式中，Z_0 为自由空间波阻抗，即 $120\pi\Omega(377\Omega)$；$\mathrm{e}^{i\xi}$ 为幅值修正因子；$\mathrm{e}^{\mathrm{j}i\alpha}$ 为相位修正因子。

采用上述辐射线缆电流分段模型，计算共模辐射线缆辐射场强，考虑到最恶劣的情况，即辐射相位相同，将分段电流幅值相加，进而实现辐射目标快速重构。为此可以将导线均匀分成 N 个小段，采用射频电流探头在每小段的中间位置测量其各自电流，设分别为 $I_1, I_2, \cdots, I_n$。然后，采用式 (3-63) 计算各小段的辐射电磁场。由于开阔试验场 (OATS) 通常是测量电磁辐射的标准场地，所以需考虑地面反射效应，则总的等效辐射场计算转化为

$$|E_{\mathrm{c}}| \approx \frac{2\pi f \times 10^{-7} F(I_1 + I_2 + \cdots + I_n)l}{3\sqrt{r^2 + (H - 0.8)^2}} \tag{3-63}$$

式中，E_{c} 为辐射电场；l 为每小段等效天线长度；f 为测试频率；r 为开阔试验场标准测试距离；H 为测试天线高度；F 为计算开阔试验场测试环境下的修正因子，计算式如下：

$$|E_{\mathrm{c}}| \approx \left| 1 - \frac{\sqrt{r^2 + (H - 0.8)^2}}{\sqrt{r^2 + (H + 0.8)^2}} \mathrm{e}^{-\mathrm{j}\frac{2\pi}{\lambda_0}\left(\sqrt{r^2 + (H+0.8)^2} - \sqrt{r^2 + (H-0.8)^2}\right)} \right| \tag{3-64}$$

在本次实验中，开阔试验场标准测试距离 r 取为 3m，测试天线高度 H 为 1.8m，λ_0 取为 1。在验证电路中，将辐射线缆分为 10 段，其中第 1 段、第 5 段、第 10 段线缆的电压值和电流值分别如图 3-17 所示。

利用式 (3-65) 将电流探头测试结果数据转化为对应分段辐射线缆的电流值。

$$20\lg \frac{U}{1\mu\mathrm{V}} = 20\lg \frac{I}{1\mu\mathrm{A}} + 20\lg R \tag{3-65}$$

在分段线缆等效电流测试结果的基础上，利用式 (3-63) 计算即可得出辐射线缆共模电流模型预估结果，如图 3-18 所示。

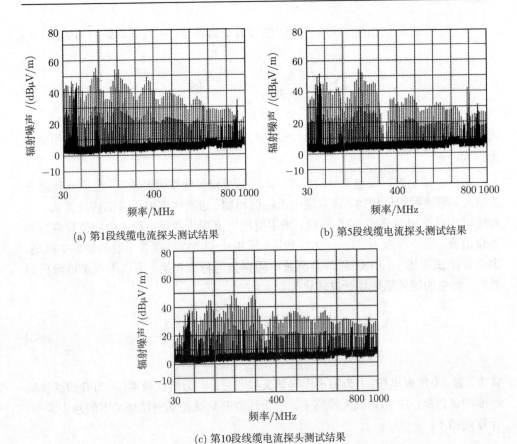

(a) 第1段线缆电流探头测试结果

(b) 第5段线缆电流探头测试结果

(c) 第10段线缆电流探头测试结果

图 3-17   分段线缆电流探头测试结果

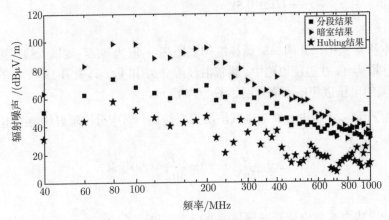

图 3-18   辐射线缆共模电流模型预估结果

其中，三角是电波暗室测试结果，方块是辐射线缆共模电流模型预估结果，五角星是 Hubing 模型预估结果。从结果中可以发现，辐射线缆共模电流模型预估结果整体上优于 Hubing 模型预估结果，特别是在 500MHz 以上高频情况下，辐射线缆共模电流模型预估结果基本与电波暗室测试结果一致，大大提高了 Hubing 模型预估精度，有效实现了辐射目标重构。

2. 辐射线缆共模阻抗修正方法

对于 Hubing 电流驱动模型而言，仅考虑了辐射线缆长度 l 远小于辐射线缆共模电流对应的波长 λ(即 $l \ll \lambda$) 的情况，然而，根据上一节的分析可知，当辐射线缆长度 l 与辐射线缆共模电流对应的波长 λ 是同一数量级时，偶极子天线模型将不再适用。

作为 Hubing 电流驱动模型中的一个关键参数，辐射线缆共模阻抗的精度将直接影响到非标准环境下的目标重构精度。然而，在 Hubing 模型中，仅采用一个 100Ω 定值电阻代替总体辐射线缆共模阻抗，并没有考虑线缆长度随频率的变化效应。因此，本书中将结合半波天线辐射模型与偶极子天线辐射模型进行辐射目标重构，提出线缆共模阻抗修正方法，从而进一步提高电流驱动模型的精度。

1) 偶极子辐射模型

若选坐标原点在电荷分布区域内，则 $|x'|$ 的数量级为辐射线缆长度 l。以 R 表示由原点到测试点 x 的距离 $(R = |x|)$，r 为被测设备 x' 到测试点 x 的距离，可得

$$r \approx R - \boldsymbol{n} \cdot x' \tag{3-66}$$

式中，$\boldsymbol{n}$ 是沿 R 方向的单位矢量。考虑电小尺寸情况，即辐射线缆长度远小于辐射线缆共模电流对应的波长，辐射线缆长度远小于测试距离 $(l \ll \lambda$ 和 $l \ll r)$，则偶极子天线的辐射线缆共模阻抗为

$$R = \frac{2P}{I_0^2} = \frac{\pi}{6}\sqrt{\frac{\mu_0}{\varepsilon_0}}\left(\frac{l}{\lambda}\right)^2 = 197\left(\frac{l}{\lambda}\right)^2 \Omega \tag{3-67}$$

式中，l 表示线缆长度，λ 表示波长。

2) 细长直天线辐射模型

当辐射线缆的长度 l 与辐射线缆中电流对应的波长 λ 为同一数量级时，需采用细长直线天线辐射模型。对于非半波天线而言，采用数学计算软件 Mathematica 8.0 计算其推迟势 $\boldsymbol{A}$，辐射磁场 $\boldsymbol{B}$，辐射电场 $\boldsymbol{E}$，辐射天线的平均能流密度 $\bar{S}$ 和总辐射功率 P，从而得到辐射线缆共模阻抗 R。

$$\boldsymbol{A} = -\frac{\mu_0 \mathrm{e}^{\mathrm{i}kR}I_0}{2\pi kR\sin^2\theta}\left(\cos\frac{kl}{2} - \cos\frac{k(l-\lambda)}{2}\cos\left(\frac{k\lambda\cos\theta}{2}\right)\right)$$

$$+ \cos\theta \sin\frac{k(l-\lambda)}{2}\sin\left(\frac{k\lambda\cos\theta}{2}\right)\Big)e_z$$

$$\boldsymbol{B} = i\frac{\mu_0 e^{ikR} I_0}{2\pi R \sin\theta}\left(\cos\frac{kl}{2} - \cos\frac{k(l-\lambda)}{2}\cos\left(\frac{k\lambda\cos\theta}{2}\right)\right.$$

$$\left. + \cos\theta\sin\frac{k(l-\lambda)}{2}\sin\left(\frac{k\lambda\cos\theta}{2}\right)\right)e_\phi$$

$$\boldsymbol{E} = j\frac{\mu_0 c e^{jkR} I_0}{2\pi R \sin\theta}\left(\cos\frac{kl}{2} - \cos\frac{k(l-\lambda)}{2}\cos\left(\frac{k\lambda\cos\theta}{2}\right)\right.$$

$$\left. + \cos\theta\sin\frac{k(l-\lambda)}{2}\sin\left(\frac{k\lambda\cos\theta}{2}\right)\right)e_\theta$$

$$\bar{S} = \frac{\mu_0 c I_0^2}{8\pi^2 R^2 \sin^2\theta}\left(\cos\frac{kl}{2} - \cos\frac{k(l-\lambda)}{2}\cos\left(\frac{k\lambda\cos\theta}{2}\right)\right.$$

$$\left. + \cos\theta\sin\frac{k(l-\lambda)}{2}\sin\left(\frac{k\lambda\cos\theta}{2}\right)\right)^2 \boldsymbol{n}$$

$$P = \frac{0.13\mu_0 c I_0^2}{4k\pi\lambda}[0.62k\lambda + 0.92k\lambda\cos(kl) + 4.0k\lambda\cos(k(1-\lambda))$$

$$+ 2.0k\lambda\cos(kl)C_i(-2k\lambda) - 16k\lambda\cos^2\frac{kl}{2}C_i(k\lambda) + 2k\lambda\cos(kl)C_i(2k\lambda)$$

$$- 2k\lambda\cos(kl)\ln(-2k\lambda) + 8k\lambda\ln(k\lambda) + 6k\lambda\cos(kl)\ln(k\lambda) - 2\sin(kl)$$

$$+ 2\sin(k(1-2\lambda)) + 4\sin(k\lambda) - 8k\lambda\sin(kl)S_i(k\lambda) + 4k\lambda\sin(kl)S_i(2k\lambda)]$$

$$R = \frac{0.13\mu_0 c}{4k\pi\lambda}[0.62k\lambda + 0.92k\lambda\cos(kl) + 4.0k\lambda\cos(k(1-\lambda))$$

$$+ 2.0k\lambda\cos(kl)C_i(-2k\lambda) - 16k\lambda\cos^2\frac{kl}{2}C_i(k\lambda) + 2k\lambda\cos(kl)C_i(2k\lambda)$$

$$- 2k\lambda\cos(kl)\ln(-2k\lambda) + 8k\lambda\ln(k\lambda) + 6k\lambda\cos(kl)\ln(k\lambda) - 2\sin(kl)$$

$$+ 2\sin(k(1-2\lambda)) + 4\sin(k\lambda) - 8k\lambda\sin(kl)S_i(k\lambda) + 4k\lambda\sin(kl)S_i(2k\lambda)]$$

$$(3\text{-}68)$$

式中，$S_i(x)$，$C_i(x)$ 分别为积分正弦函数和积分余弦函数。

由式 (3-67) 和式 (3-68) 可见，偶极子天线模型和细长直天线模型对应的辐射线缆共模阻抗不一样，因此需要针对辐射线缆长度和辐射线缆共模电流对应的波长的相互关系，确定辐射线缆共模阻抗。为了验证上述理论的正确性，设计了如下实验进行验证。

在实际应用中，设计一个由 5V 电压源、10MHz 晶振、100Ω 电阻组成的电路进行辐射发射预估，需按照如下步骤进行。

(1) 采用辐射线缆长度 $l=0.5\mathrm{m}$ 的 PCB 板，令波长 $\lambda=4l$，并计算其对应的频率 f，

$$f = c/\lambda = 150\mathrm{MHz}$$

式中，c 表示光速；λ 表示波长。

(2) 将辐射线缆共模电流频谱按照 $f=150\mathrm{MHz}$ 划分为两个区域，即为 f_1 和 f_2，其中 $f_1 < f$，而 $f_2 > f$，且 $f_1 < 150\mathrm{MHz}$，而 $f_2 > 150\mathrm{MHz}$。按照 $l < \lambda/4$ 采用偶极子天线模型计算辐射线缆共模阻抗，$l > \lambda/4$ 采用细长直天线辐射模型计算辐射线缆共模阻抗进行划分。

(3) 对于频段 f_1 而言，可采用偶极子天线模型计算辐射线缆共模阻抗，即

$$R = \frac{2P}{I_0^2} = \frac{\pi}{6}\sqrt{\frac{\mu_0}{\varepsilon_0}}\left(\frac{l}{\lambda}\right)^2 = 197\left(\frac{l}{\lambda}\right)^2$$

(4) 对于频段 f_2 而言，可采用细长直天线模型计算辐射线缆共模阻抗，即

$$R = \frac{0.13\mu_0 c}{4k\pi\lambda}[0.62k\lambda + 0.92k\lambda\cos(kl) + 4.0k\lambda\cos(k(1-\lambda))$$

$$+ 2.0k\lambda\cos(kl)C_i(-2k\lambda) - 16k\lambda\cos^2\frac{kl}{2}C_i(k\lambda) + 2k\lambda\cos(kl)C_i(2k\lambda)$$

$$- 2k\lambda\cos(kl)\ln(-2k\lambda) + 8k\lambda\ln(k\lambda) + 6k\lambda\cos(kl)\ln(k\lambda) - 2\sin(kl)$$

$$+ 2\sin(k(1-2\lambda)) + 4\sin(k\lambda) - 8k\lambda\sin(kl)S_i(k\lambda) + 4k\lambda\sin(kl)S_i(2k\lambda)]$$

将由 (3) 和 (4) 得到的辐射线缆共模阻抗代入电压驱动模型中，即实现辐射线缆共模阻抗修正。

结果如图 3-19～ 图 3-21 所示，分析结果可知：在 100MHz 以下的低频段，采

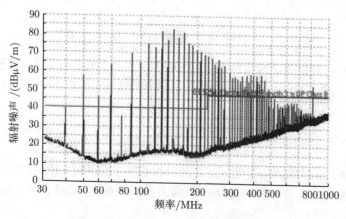

图 3-19　标准 3m 法电波暗室测量结果

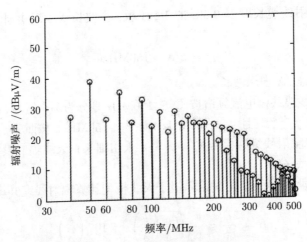

图 3-20   现有辐射目标预估方法

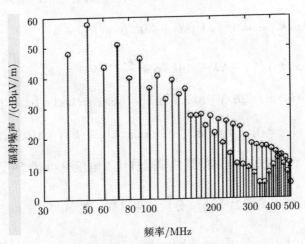

图 3-21   采用阻抗修正模型预估的辐射发射仿真结果

用阻抗修正模型预估方法较为准确；在 100MHz 以上的高频段，阻抗修正模型预估方法虽然与标准 3m 法电波暗室测量结果仍有较大差距，但预估精度较现有方法已有较大提高。

综上所述，现对 Hubing 电流驱动模型进行如下两个方面修正，从而提高模型的精度。

(1) 提出了辐射线缆共模电流的全波分析模型。将辐射电磁干扰噪声频谱分成若干个子频段进行处理，进一步提高子频段内的模型精度，克服了 Hubing、Paul、See 模型精度较低的问题。

(2) 提出了辐射线缆共模阻抗修正方法。分别根据电偶极子天线模型和细长直天线辐射模型克服了 Hubing 模型仅采用一个定值阻抗 (100 Ω) 代替辐射线缆共模阻抗所产生的误差影响。

3.3.5 辐射电磁干扰噪声抑制

1. 共模辐射电磁干扰噪声抑制

共模辐射是由于接地电路中存在电压降，某些部位具有高电位的共模电压，当外接电缆与这些部位连接时，就会在共模电压激励下产生共模电流，成为辐射电场的天线。这多数是由于接地系统中存在电压降所造成的。共模辐射通常决定了产品的辐射性能。

1) 共模辐射场

由 3.1 节可知，共模辐射主要从电缆上辐射，可用对地电压激励的、长度小于 1/4 波长的短单极天线来模拟，理想天线上的电流是均匀的，实际天线顶端电流趋于 0。实际电缆由于另一端接有一台设备，相当于一个容性负载的天线，即天线的端点接有一块金属板，这时天线上流过均匀电流。设天线指向为最大场强，则得到最大场强计算式为

$$E_{\mathrm{CM}} = 1.256 \times 10^{-6} \frac{I_{\mathrm{CM}} \mathrm{d} L f}{r} \mathrm{V/m} \tag{3-69}$$

式中，f 是信号频率，I_{CM} 是电路中的共模电流，L 为辐射电路导线长度，r 为测试距离。从式中可以看到，共模辐射与电缆的长度 L、共模电流的频率 f 和共模电流强度 I_{CM} 成正比，与测试距离 r 成反比。共模辐射模型等效电路如图 3-22 所示，其中，u_{CM} 为共模辐射电压，I_{CM} 为共模辐射电流，Z_{CM} 为线路等效阻抗。

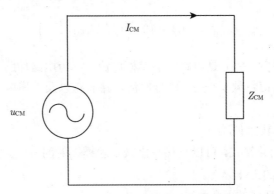

图 3-22 共模辐射模型等效电路

2) 减小共模辐射的方法

共模辐射与共模电流的频率 f、共模电流 I_{CM} 及天线 (电缆) 长度 L 成正比。因此，减小共模辐射应分别降低频率 f，减小电流 I_{CM}，减小长度 L，而限制共模

电流 I_{CM} 是减小共模辐射的基本方法。为此，需要做到以下几点。

(1) 尽量减小激励此天线的源电压，即地电位。

(2) 提供与电缆串联的高共模阻抗，即增加共模扼流圈。

(3) 将共模电流旁路到地。

(4) 减小电缆的长度。

(5) 电缆屏蔽层与屏蔽壳体作 360° 端接。

具体而言，采用接地平面就能有效地减小接地系统中的地电位。为了将共模电流旁路到地，可以在靠近连接器处，把印刷电路板的接地平面分割出一块，作为"无噪声"的输入/输出地，为了避免输入/输出地受到污染，只允许输入/输出线的去耦电容和外部电缆的屏蔽层与"无噪声"地相连，去耦环路的电感应尽可能小。这样，输入/输出线所携带的印刷电路板的共模电流就被去耦电容旁路到地了，外部干扰在还未到达元器件区域时也被去耦电容旁路到地，从而保护了内部元器件的正常工作。将两根导线同方向绕制在铁氧体磁环上就构成了共模扼流圈，直流和低频时差模电流可以通过，但对于高频共模电流则呈现很大阻抗，由图 3-34 可知，Z_{CM} 增大导致共模辐射电流 I_{CM} 减小，从而共模辐射场强被抑制。

2. 差模辐射电磁干扰噪声抑制

1) 差模辐射场

由 3.1 节可知，假定差模辐射模型为一小环路电流并且考虑接地板全反射，同样取最大辐射场强方向，则磁偶极子 (即差模辐射) 场强在远场处的表达式可推导为

$$E_{DM} = 2.63 \times 10^{-14} (f^2 A I_{DM}) \left(\frac{1}{r} \right) \tag{3-70}$$

式中，f 是信号频率，I_{DM} 是电路中的差模电流，A 为电路环路面积，r 为测试距离。差模辐射场与信号频率平方、信号电流环路面积以及差模电流成正比，与测试距离成反比。

2) 减小差模辐射的方法

据差模辐射的计算式，可以直接得出减小差模辐射的方法。

(1) 降低电路的工作频率。

(2) 减小信号环路的面积。

(3) 减小信号电流的强度。

在 PCB 电路中，高速处理是靠高速的时钟频率来保证的，因此限制系统的工作频率有时是不允许的。这里所说的限制频率指的是减少不必要的高频成分，主要指 $1/\pi t_r$ 以上的频率。信号电流的强度也是不能随便减小的，但有时缓冲器能够减

小长线上的驱动电流。最现实而有效的方法是控制信号环路的面积,通过减小信号环路面积能够有效地减小环路的辐射。

3.3.6 辐射电磁干扰噪声分析流程

辐射电磁干扰噪声分析流程如图 3-23 所示。首先,对被测设备进行辐射电磁干扰噪声标准测试,若该设备的辐射电磁干扰噪声幅值低于标准阈值,则成功通过电磁兼容标准;若其噪声超过标准阈值,则该设备的辐射电磁干扰噪声超标。为了对被测设备的辐射电磁干扰噪声进行分析与诊断,利用磁场探头对该设备进行辐射近场测试,采集被测设备的近场辐射噪声信号,计算该设备的近场波阻抗。若波阻抗大于 377Ω,则该辐射电磁干扰噪声为以电场为主的共模辐射电磁干扰噪声;若波阻抗小于 377Ω,则该辐射电磁干扰噪声为以磁场为主的差模辐射电磁干扰噪声。诊断出被测设备的辐射噪声模态后,即可对共模/差模噪声采取针对性的整改抑制措施,使得该设备的辐射电磁干扰噪声降低至标准阈值以下,则可成功通过电磁兼容标准测试。

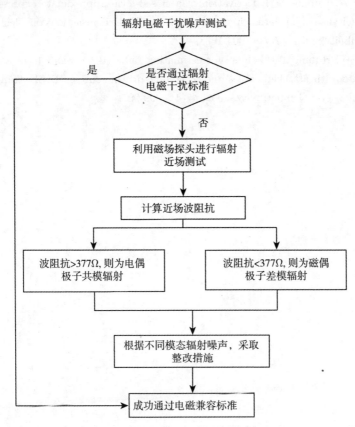

图 3-23 辐射电磁干扰噪声分析流程图

参 考 文 献

[1] Paul C R. 电磁兼容导论. 2 版. 闻映红, 译. 北京: 人民邮电出版社, 2007.

[2] 赵阳, 颜伟, 赵波, 等. 电路辐射干扰机理诊断与特性估计. 电工技术学报, 2010, 25(10): 6-13.

[3] 赵阳, 罗永超, 颜伟, 等. 高频电路辐射干扰快速分析与预估方法. 电波科学学报, 2010, 25(3): 466-471.

[4] Hockanson D M, Drewniak J L, Hubing T H, et al. Investigation of fundamental EMI source mechanisms driving common-mode radiation from printed circuit boards with attached cables. IEEE International Symposium on Electromagnetic Compatibility, 1994, 38(4): 557-566.

[5] Yan F, Hubing T H. Analysis of radiated emissions from a printed circuit board using expert system algorithms. IEEE Transactions on Electromagnetic Compatibility, 2007, 49(1):68-75.

[6] Shim H W, Hubing T H. Derivation of a closed-form approximate expression for the self-capacitance of a printed circuit board trace. IEEE Transactions on Electromagnetic Compatibility, 2005, 47(4): 1004-1008.

[7] Shim H W, Hubing T H. Model for estimating radiated emissions from a printed circuit board with attached cables due to voltage-driven sources. IEEE Transactions on Electromagnetic Compatibility, 2005, 47(4): 899-907.

第4章 辐射电磁干扰机理分析方法与应对策略

不同于传导 EMI 噪声, 辐射 EMI 噪声是通过空间传播, 依据 GB 9254, 其测试频段为 30 MHz~1 GHz, 1~6 GHz。

4.1 辐射电磁干扰预估

4.1.1 基于射频电流探头的辐射电磁干扰预估方法

在自由空间中, 带电导线的辐射场计算式为

$$E_\theta \approx j\frac{IZ_0\beta_0 L\sin\theta}{4\pi r}e^{-j\beta_0 r} \tag{4-1}$$

式中, Z_0 是自由空间波阻抗 ($120\pi\Omega$ 或 $377\ \Omega$), L 是带电导线的长度, I 是带电导线中的电流, r 是测试距离, $\beta_0 = 2\pi/\lambda$, λ 为波长。

由于电路中通电平行双导线上的电流可分解为共模 (CM) 电流和差模 (DM) 电流, 通常共模电流定义为对地噪声电流, 而差模电流可理解为环路电流, 则共模电流引起的电磁辐射称为共模辐射; 差模电流引起的电磁辐射称为差模辐射。

假定差模辐射模型为一小环路电流并考虑接地板全反射, 且取最大辐射场强方向, 则远场中的差模辐射场强可表示为

$$E_{DM} = 263 \times 10^{-16}(f^2 AI_{DM})\left(\frac{1}{r}\right) \tag{4-2}$$

式中, f 为被测电路的工作频率, I_{DM} 是被测电路中的差模电流, A 为被测电路的环路面积, r 为测试距离。

另一方面, 假定共模辐射模型为一由电压源驱动的短 (小于 1/4 波长) 直偶极子天线并取最大辐射场强方向, 则远场中的共模辐射场强可表示为

$$E_{CM} = 12.6 \times 10^{-7}(fLI_{CM})\left(\frac{1}{r}\right) \tag{4-3}$$

式中, I_{CM} 是被测电路中的共模电流, L 为被测电路等效导线长度。

由式 (4-2)、式 (4-3) 可以发现, 共模辐射场与被测电路的工作频率、等效导线长度以及共模电流有关, 而差模辐射场与被测电路工作频率的平方、环路面积以及差模电流有关。然而, 在实际电路中, 被测电路的功能决定了电路的工作频率, 同

时被测电路的线缆长度和回路面积也随之被确定下来，因此，在实际电路中，只需分析被测电路中的共模电流和差模电流就可以估计辐射电磁场 [1–3]。

在实际电路中，当电路的工作频率、线缆长度和回路面积等参数确定后，由式 (4-2)、式 (4-3) 知，仅需分析共模电流 I_{CM} 和差模电流 I_{DM}，即可估计电路的辐射特性。然而，在高速数字 PCB 中，由于延时和寄生参数等影响，存在上升沿使信号波形并非理想方波，以梯形波为例，其傅里叶变换后得各阶谐波分量为

$$I_n = 2Id\frac{\sin(n\pi d)}{n\pi d}\frac{\sin(n\pi t_r/T)}{n\pi t_r/T} \tag{4-4}$$

式中，I 为基频电流波幅值，d 为波形占空比，t_r 为上升沿时间，T 为波形周期，n 为谐波阶数。

将式 (4-4) 代入式 (4-2)、式 (4-3) 可得由此产生的共模辐射和差模辐射特性如图 4-1 所示。结果显示，低频段共模噪声不随频率变化，而差模噪声却以 20dB 斜率随频率增加而增加；在高频段，共模噪声先以 20dB，再以 40dB 斜率随频率增加而减小，但差模噪声不随频率变化。然而，考虑到电路中的差模电流一般属于小信号电流，幅值较小且在实际中由于双绞线设计或信号线与接地线间的平行走线布局等，使得差模电流产生的辐射场可以相互抵消，因此，通常共模电流产生的共模辐射场占主导地位，即只要估计共模辐射场特性就可以预估整个电路的辐射场特性，或者由共模电流预估整个辐射场。

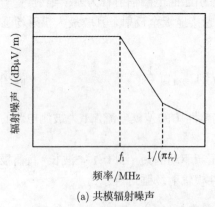

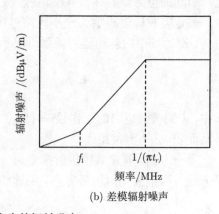

(a) 共模辐射噪声   (b) 差模辐射噪声

图 4-1   梯形波电流产生的辐射噪声

根据电磁场理论，已知辐射源表面的电流分布，则可通过对其积分得出辐射场大小。然而，对于高频电子电路而言，随着频率的增加，电路线缆上的电流不再均匀一致。不失一般性，可将导线均匀分成 n 个小段，并采用射频电流探头测量每一小段中的共模电流，设其分别为 $I_1, I_2, \cdots, I_n$，如图 4-2 所示。由式 (4-5) 可知带电

线缆在开阔试验场 (OATS) 中的等效辐射场幅值大小为

$$|\boldsymbol{E}_{\mathrm{c}}| \approx \frac{2\pi f F l(I_1 + I_2 + \cdots + I_n)}{3\sqrt{r^2 + (H - 0.8)^2}} \times 10^{-7} \tag{4-5}$$

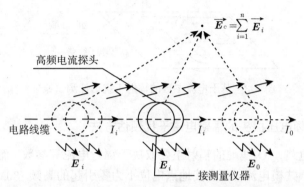

图 4-2　利用电流探头估计电路线缆 (分为 n 等份) 的共模电流产生的辐射场示意图

式中，$|\boldsymbol{E}_{\mathrm{c}}|$ 是被测电路产生的辐射场场强，L 为每小段等效天线的长度，f 是被测电路的工作频率，r 是开阔试验场标准测试距离，H 是测试天线高度，F 是计算开阔试验场测试环境下的修正因子，且

$$F = \left| 1 - \frac{\sqrt{r^2 + (H - 0.8)^2}}{\sqrt{r^2 + (H + 0.8)^2}} \mathrm{e}^{\frac{-\mathrm{j}2\pi\,(\alpha - \beta)}{\lambda_0}} \right| \tag{4-6}$$

　　值得注意的是，由式 (4-4)、式 (4-5) 可以发现，当被测电路的线缆分段数 n 越大，则其产生的共模辐射场估计值就越为精确。然而，假设被测电路的辐射干扰为最坏情况，即 n 段线缆中电流的相位均相同。此时，只需叠加 n 段线缆中共模电流产生的共模辐射场即可得到共模辐射场的最大值，从而估计被测电流产生的总辐射场特性。

　　另一方面，由于采用电流探头测量的信号输入频谱仪后，只能显示电压频谱，同时考虑地板反射因数，根据式 (4-5) 可得电路辐射场强估计值

$$|\boldsymbol{E}_{\mathrm{c}}| = 20\lg\frac{\displaystyle\sum_{i=1}^{n}|u_i| \cdot L \cdot f}{\sqrt{Z_{\mathrm{T}}}} + |F_{\mathrm{GP}}| - 29.59 \tag{4-7}$$

式中，$|\boldsymbol{E}_{\mathrm{c}}|$ 是被测电路产生的辐射场场强，$\mathrm{dB\mu V/m}$；$|u_i|$ 是采用电流探头对第 i 段电路线缆测量得到的相应电压值，V；f 为被测电流的工作频率，MHz；L 为每小段等效天线长度，m；Z_{T} 为匹配阻抗，50Ω；$|F_{\mathrm{GP}}|$ 为地板反射因数，这里取最大值 $6\mathrm{dB}$，其测试原理如图 4-3 所示。

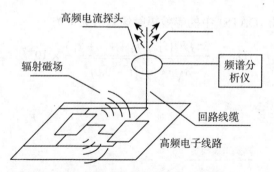

图 4-3　基于电流参数的辐射干扰估计测试原理

4.1.2　基于射频电压探头的辐射电磁干扰预估方法

由于射频电路 I/O 线缆的辐射主要取决于辐射电流等参数，而线缆上的辐射电流主要由高频共模电流，即由接地点电位不为零引起的高频 (30MHz~1GHz) 地电流构成，而非其线缆上所传输的信号电流所构成。

共模电流主要是由于回路的接地点电位不为零引起的。如图 4-4 所示，A 点是零电位点 $(u_A=0)$，B 点为线缆的接地点 $(u_A \neq u_B)$，由于高频电路的接地点电位不等于零，则产生接地点反射电压 (u_N)，该射频电压的频率范围可从 30MHz 到 1GHz，同时接地线缆上会产生共模电流 I_{CM}。由于 $u_A \neq u_B$，构成等效共模噪声源 u_N，此时共模电流将不能沿电路的接地线缆直接返回辐射源，而需经由共模阻抗 Z_{CM} 返回，此时将形成空间位移电流，其大小等于共模电流的大小，即 $I_{CM} = \partial D / \partial t^{[4-6]}$。由图 4-4 可见，电路中的共模电流 I_{CM} 与接地点反射电压 u_N 有如下关系：

$$u_N = I_{CM} \cdot Z_{CM} \tag{4-8}$$

式中，u_N 为接地点的射频电位，V；I_{CM} 为被测电路中的共模电流，A；Z_{CM} 为电路等效阻抗，Ω。

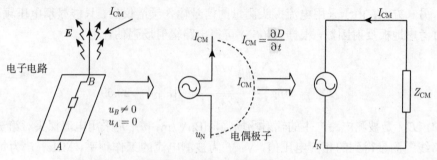

图 4-4　基于电压参数测量的共模辐射分析电路

由式 (4-8) 可知，通过射频电压探头测量被测电路中的接地点电位，进而估计被测电路空间辐射电磁场场强。若被测电路的接地点电位较大，则表明被测电路产生的空间辐射电磁场强度较高，反之空间辐射电磁场强度就较低。因此，只需通过测量线缆接地点射频电压的变化规律，就可以直接得到线缆中共模电流的变化规律，进而得到空间辐射场变化规律，其测试原理如图 4-5 所示。

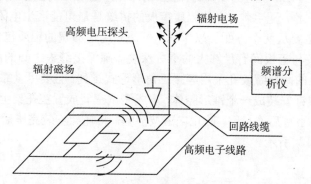

图 4-5 基于电压参数的辐射干扰估计测试原理

4.1.3 基于 GTEM 小室的辐射电磁干扰预估方法

1. GTEM 小室辐射电磁干扰测试系统的硬件结构设计

GTEM 小室的物理结构中包括：上、下盖板，前、后侧板，后盖，芯板，分布电阻面阵，托架，导轨，屏蔽门，馈源头，终端截角，转台，电源接口和滤波，通风及屏蔽设计等。GTEM 小室外观及其尺寸如图 4-6 所示，其总长为 3.15m，最大测量尺寸为 30cm×30cm×20cm(长 × 宽 × 高)。

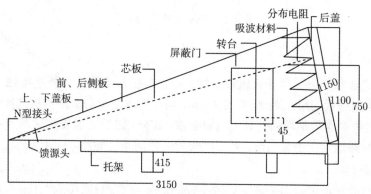

图 4-6 GTEM 小室外观及其尺寸 (单位：mm)

GTEM 小室外形为四棱锥形，由托架支撑可在水平地面上滑动，屏蔽门位于侧板上，内部有转台可放置被测设备，内侧贴近后侧板处为吸波材料，芯板与后侧板由 50Ω 分布电阻面阵连接, 锥顶处为馈源头并连接 50Ω 同轴连接器。GTEM 小室的主要技术指标包括电压驻波比、测试空间大小及其场均匀性、屏蔽性能和承受功率等, 这些技术指标都与 GTEM 小室的结构有关。

1) GTEM 小室箱体主要材料

本书中的 GTEM 小室的主要材料为铝质板材, 通过铝的角型材用铆钉相连接, 板材内部保证平整, 无毛刺。主体铝质箱板的拼缝是最可能产生电磁泄漏的地方, 在实际设计中主要从两个方面加以考虑:一是采用足够宽的铝质包条对拼缝进行覆盖, 保证包条与箱板间有足够大的重叠深度, 确保接缝板之间的面电容高频短路;二是包条上的两排螺纹孔采用等腰三角形形式排列, 且要尽量靠近。上、下板, 前、后板通过螺钉安装成一个锥形腔体, 形成测试空间放置在托架上, 锥形腔体后盖板将 GTEM 小室后部封闭, 防止电磁波泄漏。将托架安装完毕后置于地面, 托架的形状如图 4-7 所示。

图 4-7   GTEM 小室托架

2) 芯板

芯板底部和侧壁采用非金属棒支撑, 防止芯板与锥形腔体外壁接触, 发生短路。芯板距离底板的最大距离 H 约为 1m, 同时要求芯板与前后侧板之间的间隙 g 尽量小, 这两个参数是场强计算的重要参数。此外, 这里还需要注意的是芯板需要用非金属材料固定在小室内部, 且芯板与外壳之间不能短路。

3) 屏蔽门

屏蔽门的高度不可高于芯板对应位置的最大高度, 以减少 GTEM 小室侧板上纵向电流造成的泄漏。门板与 GTEM 小室前侧板加工时应保证平整度, 门内框四周应装梳形簧片, 以确保关门后镶缝平齐、密闭, 与不锈钢门外框构成良好的电接触。

4) 分布电阻面阵

分布电阻面阵采用高频无感电阻制作 50Ω 分散型阻抗电阻面阵作为阻性负载，保证低频时较小的反射。在制作电阻面阵时，应适当减小高频无感电阻的引线，以避免引入不必要的引线电感。此外，焊接电阻时，要防止毛刺产生。芯板与锥形腔体外壁通过分布电阻相连，因此要保证分布电阻接触良好，阻值准确。

5) 吸波材料

吸波材料安装在吸波材料支撑架上，从锥形腔体的后部放入腔体。吸波材料的采用是从场的角度，人为构造辐射吸收边界，高频时吸收由端口传来的电磁波，尽可能减少电磁反射。选择时一般采用聚氨酯吸波材料，并且应要确保其尖劈高度 L 大于入射波波长 λ 的一半，并且 $1/\lambda$ 越大越好；尖劈顶角应大小合适，以确保有一定的反射次数，通过入射波与反射波的相位差或反相位以起到反射衰减的作用。此外，还应保证吸波材料有一定的底座高度，从而具备良好的吸收衰减。

6) 馈源头

馈源头是一个采用氩弧焊焊接而成的整体，采用螺钉安装于锥形腔体前端，形成过渡部件，如图 4-8 所示。同时馈源头也将 N 型接头固定在 GTEM 上，并通过过渡部件 (铜质) 与芯板连接。

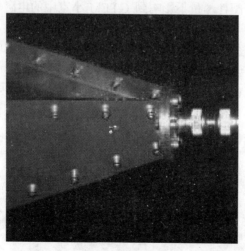

图 4-8 馈源头

7) 电源接口

电源配电箱安装于 GTEM 小室靠近屏蔽门的侧壁上；电源滤波器安装于锥形腔体底部，通过接线板给 GTEM 室内供电。连接被测设备进出线的通孔位于屏蔽门附近的侧壁上，用于 GTEM 小室内设备的信号线、测试线进出。通过单相电源线滤波器，并采用白炽灯给 GTEM 小室内提供照明。

8) 转台

转台是 GTEM 在测量过程所使用的主要部件，测量时要求被测电路或设备可以跟随转台转动一定角度 (如 0°, 90°, ±45°, 180° 等)。假设被测试件正常摆放时的三维坐标为 (x, y, z)，那么转台可以实现在任意二维坐标构成的平面中进行旋转。由于转台的实现是通过电气器件来实现，因此需要对该部件进行单独设计，以计算出相应场强结果。此外，由于转台必须放置在 GTEM 内部，所以其本身的电磁兼容问题必须得到控制。

9) 天线

天线是 GTEM 小室的接收设备，主要用于接收由被测试件发出的电磁干扰辐射。目前在天线设计方面有两个方案：一是采用电磁场天线，二是采用 GTEM 小室自身的芯板和底板代替天线接收被测试件的电磁干扰，本书所设计的 GTEM 小室的天线采用第二种设计方案。

10) 诊断系统

GTEM 除了被用于 PCB 电路或者仪器的辐射发射的测量之外，还将被用于 PCB 电路的辐射发射扫描和诊断，因此需要制作一个可用作 PCB 诊断测量的子配件，并主要用于搭载近场电磁场探头，即在进行 PCB 诊断测量时将该子配件放入小室之中，且该子配件尽量不影响到 GTEM 小室中的电磁场分布，在进行辐射发射测量时可以将子配件取出。当进行 PCB 诊断测量的时候，搭载的近场探头可在 PCB 周围的三维空间里移动，以扫描空间中电路板发射出的干扰信号。该诊断系统导轨架使用非金属材料制作，可拆卸，近场电磁场探头可以固定在诊断系统上，能随着诊断系统在三维方向移动，且移动距离可控。近场电磁场探头的移动范围是 $50 \times 50 \times 40 (L \times W \times H)$。综上所述，该 GTEM 小室如图 4-9 所示。

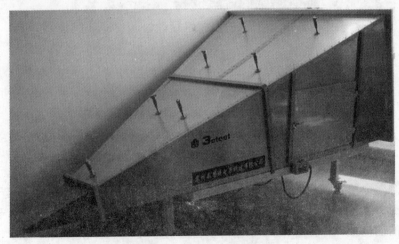

图 4-9　GTEM 小室实物图

2. GTEM 小室与远场关联算法的辐射发射标准测试方法分析

由于开阔场 (OATS) 和电波暗室是辐射发射测试的标准测量装置，受试设备 (EUT) 的极限值仍是以开阔场或半波暗室中测得的数据为依据，因此在 GTEM 小室测得的数据需要转换为等效的开阔场或半波暗室的辐射场强值，这就需要一套 GTEM 小室与 OATS 的关联算法，目前主要有三种 GTEM 小室与远场标准测量的关联算法 [7]，分别为 Wilson 算法、Lee 方法和总功率方法。

GTEM 远场测试配置图如图 4-10 所示。由图可知，EUT 在 GTEM 小室中测试时，由与之相连的频谱仪测量 EUT 的辐射电压值，并通过计算机实时采集，根据这些电压值可计算得到 GTEM 小室此时的端口输出功率为

$$|b_0(\alpha)|^2 = \frac{1}{4}|b_0(\alpha)|^2 e_{Oy}^2 = \frac{1}{4}b_{ij}e_{Oy}^2 \qquad (4\text{-}9)$$

即

$$b_{ij} = \frac{4u_{ij}^2}{Z_C e_{Oy}^2} \qquad (4\text{-}10)$$

式中，b_{ij} 为以 $e_{Oy}^2/4$ 规范化的输出功率，u_{ij} 为 EUT 辐射发射耦合到小室端口的电压，Z_C 为 GTEM 小室的特性阻抗，$i(i=1,2,3)$ 表示被测设备的三种不同摆放方法，如图 4-11 所示；j 表示被测设备所要旋转的角度，根据所用算法的不同分别表示不同的值，在 Wilson 算法中 j 的值为 3，表示要旋转 0、$\pi/4$ 和 $-\pi/4$ 三个角度。其中，

$$e_{Oy}^2 = \frac{2}{a}Z_C^{1/2}\sum_{m=1,2,3}^{x}\left[\frac{\cos(hMy_1)}{\sin(hM)}\right]\cdot\sin(MaJ_0)Mg \qquad \left(M=\frac{m\pi}{2a}\right) \qquad (4\text{-}11)$$

式中，y_1 为辐射体局部坐标原点的高度，a 和 h 分别为 GTEM 小室辐射体局部坐标原点正上方中板的半宽度和中板到底板的高度，g 为该处中板与侧板的间隙。

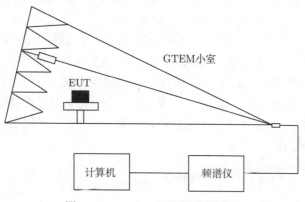

图 4-10 GTEM 远场测试配置图

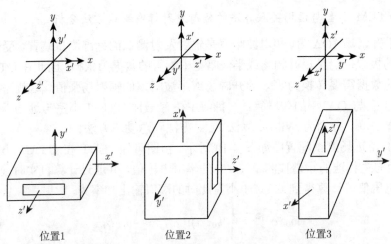

位置1　　　　　　　　位置2　　　　　　　　位置3

图 4-11　EUT 在小室里的三种摆放方法

1) Wilson 方法

Wilson 方法根据辐射体在 GTEM 小室中的输出数据反推出辐射体的等效电偶极矩和磁偶极矩，用此等效电偶极矩和磁偶极矩算出它在开阔场的辐射场，然后再与在开阔场中的实测值相比较。根据该方法理论，任何有限尺寸的辐射体都可以用等效的多极矩展开来表示辐射体外的辐射场。若辐射体是电小尺寸的，则辐射体产生的远区辐射场可由一组电偶极矩和磁偶极矩表示，因此想要得到 GTEM 小室测量的结果在等效远场的辐射电场值，可以通过计算该辐射体的等效电偶极矩和磁偶极矩的大小。由前文可知，根据频谱分析仪测得的电压值可计算 GTEM 小室端口输出功率，而 GTEM 小室的输出功率可以由辐射体的等效电偶极矩和磁偶极矩表示，在 EUT 的三种摆放位置上，GTEM 小室输出功率与辐射体电偶极矩和磁偶极矩的关系式如下：

$$
\begin{aligned}
b_{1j} &= \left| P_z^2 + k_0^2 M_y^2 \sin^2 \alpha + k_0^2 M_x^2 \cos^2 \alpha + k_0^2 M_y M_x \sin 2\alpha \right| \\
b_{2j} &= \left| P_x^2 + k_0^2 M_z^2 \sin^2 \alpha + k_0^2 M_y^2 \cos^2 \alpha + k_0^2 M_y M_z \sin 2\alpha \right| \\
b_{3j} &= \left| P_y^2 + k_0^2 M_x^2 \sin^2 \alpha + k_0^2 M_z^2 \cos^2 \alpha + k_0^2 M_z M_x \sin 2\alpha \right|
\end{aligned}
\tag{4-12}
$$

将辐射体在 GTEM 小室中通过三种摆法沿垂直轴分别旋转 $0, -\pi/4, \pi/4$，测量得到的输出功率代入 b_{1j}, b_{2j}, b_{3j} 的表达式，通过求解这一组方程组就可获得电偶极矩、磁偶极矩的大小 (P_x, P_y, P_z) 和 (M_x, M_y, M_z)。不考虑辐射电场或磁场的相位，该辐射体在 GTEM 小室的测量结果转换成等效远场辐射电磁场在 x, y, z 三个方向上的分量为

$$
\begin{aligned}
\boldsymbol{E}_y = K_{\boldsymbol{E}} \Bigg\{ &\left[-\frac{x^2 + z^2}{r^2} g_1(r) + g_2(r) \right] P_y + \frac{xy}{r^2} g_1(r) P_x \\
&+ \frac{zy}{r^2} g_1(r) P_z - \frac{z}{r} g_3(r) k_0 M_x + \frac{x}{r} g_3(r) k_0 M_z \Bigg\}
\end{aligned}
$$

$$E_x = K_E \left\{ \left[-\frac{y^2+z^2}{r^2} g_1(r) + g_2(r) \right] P_x + \frac{xy}{r^2} g_1(r) P_y \right.$$
$$\left. + \frac{zx}{r^2} g_1(r) P_z + \frac{z}{r} g_3(r) k_0 M_y - \frac{y}{r} g_3(r) k_0 M_Z \right\}$$

$$E_z = K_E \left\{ \left[-\frac{y^2+x^2}{r^2} g_1(r) + g_2(r) \right] P_z + \frac{zy}{r^2} g_1(r) P_x \right.$$
$$\left. + \frac{zy}{r^2} g_1(r) P_y + \frac{y}{r} g_3(r) k_0 M_x - \frac{x}{r} g_3(r) k_0 M_y \right\}$$

$$H_x = K_H \left\{ \left[-\frac{y^2+z^2}{r^2} g_1(r) + g_2(r) \right] k_0 M_x + \frac{xy}{r^2} g_1(r) k_0 M_y \right.$$
$$\left. + \frac{zx}{r^2} g_1(r) k_0 M_z + \frac{z}{r} g_3(r) P_y - \frac{y}{r} g_3(r) P_z \right\}$$

$$H_y = K_H \left\{ \left[-\frac{x^2+z^2}{r^2} g_1(r) + g_2(r) \right] k_0 M_y + \frac{xy}{r^2} g_1(r) k_0 M_x \right.$$
$$\left. + \frac{zy}{r^2} g_1(r) k_0 M_z - \frac{z}{r} g_3(r) P_x - \frac{x}{r} g_3(r) P_z \right\}$$

$$H_z = K_H \left\{ \left[-\frac{x^2+y^2}{r^2} g_1(r) + g_2(r) \right] k_0 M_z + \frac{xz}{r^2} g_1(r) k_0 M_x \right.$$
$$\left. + \frac{yz}{r^2} g_1(r) k_0 M_y + \frac{y}{r} g_3(r) P_x - \frac{x}{r} g_3(r) P_y \right\}$$

(4-13)

式中,

$$f(r) = \frac{\mathrm{e}^{-\mathrm{j}k_0 r}}{r} \quad K_E = -\mathrm{j}\frac{k_0 \eta_0}{4\pi} \quad K_H = \frac{k_0}{4\pi}$$

$$g_1(r) = \left[\frac{3}{(k_0 r)^2} + \mathrm{j}\frac{3}{k_0 r} - 1 \right] f(r)$$

$$g_2(r) = \left[\frac{2}{(k_0 r)^2} + \mathrm{j}\frac{2}{k_0 r} - 1 \right] f(r)$$

$$g_3(r) = \left[\frac{1}{k_0 r} + \mathrm{j} \right] f(r)$$

r 为测试距离;$k_0 = 2\pi/\lambda$ 为波数, 即电磁波传播单位长度所引起的相位变化;$\eta_0 = 120\pi\Omega = 377\Omega$ 为自由空间波阻抗。

2) Lee 方法

该方法给出了同一辐射体在 GTEM 小室的输出电压与它在等效开阔场或半暗室辐射远场关系的直接计算式, 其在 Wilson 法的基础上考虑了辐射体等效电偶极矩和磁偶极矩的相位, 为此要求辐射体在 GTEM 小室中测试时, 在每种位置上要旋转 5 个角度, 以获得共 15 个 GTEM 小室输出端口电压数据。

如图 4-12 所示, GTEM 小室坐标系为 xyz, z 轴方向为 GTEM 小室中电磁波的传播方向, y 轴方向平行于电场方向, x 轴方向平行于磁场方向, 被测设备坐标系

为 xyz。与 Wilson 方法类似，辐射体的电偶极矩和磁偶极矩同样可以通过 GTEM 小室端口输出功率求得，然而由于 Lee 方法不仅考虑了电偶极矩和磁偶极矩的大小，同时还考虑了其相位因素，因此辐射体在 GTEM 小室中的某种位置上的端口输出功率可表示为

$$b_{1j} = P_z^2 + k_0^2 \left[M_y^2 \cos^2 \phi_n + M_x^2 \sin^2 \phi_n + 2M_y M_x \cos(\psi_{mx} - \psi_{my}) \cos \phi_n \sin \phi_n \right]$$
$$- 2k_0 \left[P_z M_y \sin(\psi_{pz} - \psi_{py}) \cos \phi_n + P_z M_x \sin(\psi_{pz} - \psi_{px}) \sin \phi_n \right] \tag{4-14}$$

其中，

$$C_{\mathrm{mab}} = \cos(\psi_{mx} - \psi_{my}) \quad S_{\mathrm{ab}} = \sin(\psi_{pz} - \psi_{py}) \quad C\phi_n = \cos \phi_n \quad S\phi_n = \sin\phi_n$$

b_{1j} 为该位置所对应的归一化输出功率，$j = 1, 2, 3, 4, 5$；ϕ_n 为所旋转的角度，分别为 0，$\pi/4$，$\pi/2$，π，$3\pi/2$；$k_0 = 2\pi/\lambda$ 为波数，即电磁波传播单位长度所引起的相位变化。将 Φ_n 的 5 个值代入式 (4-14) 以及另外两种位置上的端口输出功率与电偶极矩和磁偶极矩的关系式中，就可得到一组关于电偶极矩和磁偶极矩大小和相位的方程组。

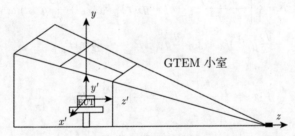

图 4-12　辐射体在 GTEM 小室辐射测量示意图

在开阔场中，规定辐射体垂直摆放时测量垂直极化电场，水平摆放时测量水平极化电场。开阔场的等效测量图如图 4-13 所示。

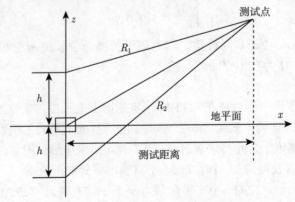

图 4-13　辐射体在开阔场中辐射测量的示意图

水平极化电场可表示为

$$|\boldsymbol{E}_h| \approx \left(\frac{\eta_0 k_0}{4\pi}\right)\sqrt{K_{hR_1} + K_{hR_2} + K_{h\cos}} \tag{4-15}$$

式中，

$$K_{hR_1} = \frac{1}{R_1^2}\left\{(P_x^2 + k_0^2 M_y^2)\left(\frac{z_1}{R_1}\right)^2 + (P_y^2 + k_0^2 M_x^2)\left(\frac{z_1}{R_1}\right)^2 + (P_x^2 + k_0^2 M_z^2)\left(\frac{x}{R_1}\right)^2\right.$$

$$+ (P_y^2 + k_0^2 M_z^2)\left(\frac{y}{R_1}\right)^2 - 2k_0^2\left(\frac{yz_1}{R_1^2}M_y M_z C_{myz} + \frac{xz_1}{R_1^2}M_x M_z C_{mxz}\right)$$

$$\left. + 2k_0\left[\frac{z_1}{R_1}(P_x M_y S_{yx} - P_y M_x S_{yx}) - \frac{y}{R_1}P_x M_z S_{xz} + \frac{x}{R_1}P_y M_z S_{yz}\right]\right\}$$

$$K_{hR_2} = \frac{1}{R_2^2}\left\{(P_x^2 + k_0^2 M_y^2)\left(\frac{z_2}{R_2}\right)^2 + (P_y^2 + k_0^2 M_x^2)\left(\frac{z_2}{R_2}\right)^2 + (P_x^2 + k_0^2 M_z^2)\left(\frac{x}{R_2}\right)^2\right.$$

$$+ (P_y^2 + k_0^2 M_z^2)\left(\frac{y}{R_2}\right)^2 + 2k_0^2\left(\frac{yz_2}{R_2^2}M_y M_z C_{myz} + \frac{xz_2}{R_2^2}M_x M_z C_{mxz}\right)$$

$$\left. + 2k_0\left[\frac{z_2}{R_2}(P_y M_x S_{yx} - P_x M_y S_{xy}) - \frac{y}{R_2}P_x M_z S_{xz} + \frac{x}{R_2}P_y M_z S_{yz}\right]\right\}$$

$$K_{h\cos} = 2\cos[k_0(R_1 - R_2)]\left(\frac{1}{R_1 R_2}\right)^2 \cdot \left\{k_0^2[M_x M_z C_{myz}(yz_1 - yz_2)\right.$$

$$+ M_x M_y C_{mxy}(xz_1 - xz_2)] + k_0(R_1 z_2 - R_2 z_1)(P_x M_y S_{xy} - P_y M_x S_{yx})$$

$$\left. + (R_1 + R_2)(yP_x M_z S_{xz} - xP_y M_z S_{yz})\right\}$$

垂直极化电场表示为

$$|\boldsymbol{E}_v| \approx \left(\frac{\eta_0 k_0}{4\pi}\right)\sqrt{K_{vR_1} + K_{vR_2} + K_{v\cos}} \tag{4-16}$$

$$K_{vR_1} = \frac{1}{R_1^2}\left[(P_z^2 + k_0^2 M_x^2)\left(\frac{y}{R_1}\right)^2 + (P_z^2 + k_0^2 M_y^2)\left(\frac{x}{R_1}\right)^2\right.$$

$$\left. - 2k_0^2\frac{xy}{R_1^2}M_x M_y C_{mxy} + 2k_0\left(\frac{y}{R_1}P_z M_x S_{zx} - \frac{x}{R_1}P_z M_y S_{zy}\right)\right]$$

$$K_{vR_2} = \frac{1}{R_2^2}\left[(P_z^2 + k_0^2 M_x^2)\left(\frac{y}{R_2}\right)^2 + (P_z^2 + k_0^2 M_y^2)\left(\frac{x}{R_2}\right)^2\right.$$

$$-2k_0^2\frac{xy}{R_2^2}M_xM_yC_{mxy}+2k_0\left(\frac{y}{R_2}P_zM_xS_{zx}-\frac{x}{R_2}P_zM_yS_{zy}\right)\Bigg]$$

$$K_{v_{\cos}}=2\cos\left[k_0\left(R_1-R_2\right)\right]\left(\frac{1}{R_1R_2}\right)^2\cdot\left[\left(P_z^2+k_0^2M_x^2\right)y^2+\left(P_z^2+k_0^2M_y^2\right)x^2\right.$$

$$\left.-2k_0^2xyM_xM_yC_{mxy}+k_0\left(R_1+R_2\right)\cdot\left(yP_zM_xS_{zx}-xP_zM_yS_{zy}\right)\right]$$

式中，R_1，R_2 为接收天线到辐射源及其地面镜像的距离；x，y，z 为观察点的坐标；h 为实源距开阔场平板的高度，如图 4-13 所示；$\eta_0=120\pi\Omega=377\Omega$ 为自由空间波阻抗；$k_0=2\pi/\lambda$ 为波数，即电磁波传播单位长度所引起的相位变化。将之前所求电偶极矩在 x，y，z 方向上的幅值 P_x，P_y，P_z 和相位 ψ_{p_x}，ψ_{p_y}，ψ_{p_z} 以及磁偶极矩在 x，y，z 方向上的幅值 M_x，M_y，M_z 和相位 ψ_{m_x}，ψ_{m_y}，ψ_{m_z} 代入以上方程就可得到水平极化电场 E_h 和垂直极化电场 E_v。

3) 总功率方法

与前两种方法不同，该方法不需要得到 EUT 在各个位置上 GTEM 小室的端口输出功率，只需要得到其总的辐射功率：

$$P_0=\frac{\eta_0}{3\pi}\cdot\frac{k_0^2}{e_{Oy}^2Z_C}\cdot\sqrt{u_{11}^2+u_{21}^2+u_{31}^2}\tag{4-17}$$

式中，u_{11}，u_{21}，u_{31} 为频谱仪在辐射体摆放的三种位置上所测得的电压；$k_0=2\pi/\lambda$ 为波数，即电磁波传播单位长度所引起的相位变化；$\eta_0=120\pi\Omega=377\Omega$ 为自由空间波阻抗；Z_C 为 TEM 波导特征阻抗，为 50Ω；e_{Oy} 为场强因子。根据该辐射体在 GTEM 小室中的总辐射功率，可得到其在等效远场的最大辐射场强

$$\boldsymbol{E}_{\max}=g_{\max}\cdot\sqrt{\frac{3\eta_0}{4\pi}}p_0\tag{4-18}$$

对于水平极化电场，

$$g_{\max}=\left|\frac{e^{-\mathrm{j}k_0r_1}}{r_1}-\frac{e^{-\mathrm{j}k_0r_2}}{r_2}\right|_{\max}$$

对于垂直极化电场，

$$g_{\max}=\left|\frac{s^2}{r_1^2}\frac{e^{-\mathrm{j}k_0r_1}}{r_1}-\frac{s^2}{r_2^2}\frac{e^{-\mathrm{j}k_0r_2}}{r_2}\right|_{\max}$$

式中，$g_{\max}$ 为场强因子，对于水平极化电场和垂直极化电场，$g_{\max}$ 表达式不同；r_1 为 EUT 到接收天线的直线距离；r_2 为 EUT 的镜像到接收天线的直线距离；s 为 EUT 到接收天线的水平距离。

4.1.4 基于盲信号处理技术的辐射电磁干扰预估方法

1. 盲信号分析技术

盲源分离是从观测到的混合信号中恢复不可观测的源信号的问题。盲信号分离的目标是仅由传感器测量信号 $x(t)$ 重构源信号 $S(t)$，由于在此过程中除利用源信号的统计独立性外没有其他任何知识，所以称之为 "盲分离"。盲信号分离方法有很多，这里我们采用一种性能比较稳定的自适应类算法 (the adaptive-type algorithm)，即 Fast ICA 算法。

Fast ICA 算法以负熵为目标函数，采用固定点算法找一个分离矩阵 $\boldsymbol{W}$，使 $y = \boldsymbol{W}x$ 有最大的高斯性。Fast ICA 算法的推导过程如下。

Fast ICA 实际上是一种寻找 $\boldsymbol{W}^{\mathrm{T}}x$ 的非高斯性最大值的不动点迭代方案，可以用近似的牛顿迭代法严谨地导出。首先注意到 $\boldsymbol{W}^{\mathrm{T}}x$ 的近似负熵的极大值通常在 $E\{G(\boldsymbol{W}^{\mathrm{T}}x)\}$ 的极值点处取得。根据 Kuhn-Tucker 条件，$E\{G(\boldsymbol{W}^{\mathrm{T}}x)\}$ 在约束 $E\{G(\boldsymbol{W}^{\mathrm{T}}x)^2\} = ||W||^2 = 1$ 条件下的极值，是在那些使得下面的 Kuhn-Tucker 乘子式的梯度为零的点处取得

$$E\left\{xg\left(W^{\mathrm{T}}x\right)\right\} + \beta W = 0 \tag{4-19}$$

式中，β 是一个恒定值，$\beta = E\left\{W_0^{\mathrm{T}}xg\left(W_0^{\mathrm{T}}x\right)\right\}$，$W_0$ 是优化后的 W 值。现在采用牛顿迭代法求解方程 (4-19)。用 F 表示式 (4-20) 左侧的部分，求其梯度 $J_F(W)$ 为

$$J_F\left(W\right) = E\left\{xx^{\mathrm{T}}g\left(W^{\mathrm{T}}x\right)\right\} + \beta I \tag{4-20}$$

为简化矩阵的求逆，对式 (4-20) 的第一项进行近似。因为数据已白化处理过，$E\left\{xx^{\mathrm{T}}\right\} = I$，似乎 $E\left\{xx^{\mathrm{T}}g\left(W^{\mathrm{T}}x\right)\right\} \approx E\left\{xx^{\mathrm{T}}\right\} \cdot E\left\{g\left(W^{\mathrm{T}}x\right)\right\} = E\left\{g\left(W^{\mathrm{T}}x\right)\right\}I$ 可作为一个合理的近似。因而梯度 $J_F(W)$ 变成了对角化矩阵，并且能比较容易地求逆，得到近似的牛顿迭代式

$$W^* = W - [E\{xg(W^{\mathrm{T}}x)\} - \beta W]/[E\{g(W^{\mathrm{T}}x) - \beta\}] \tag{4-21}$$

$$W = W^*/||W^*||$$

式中，W^* 是 W 的新值，$\beta = E\{W^{\mathrm{T}}xg(W^{\mathrm{T}}x)\}$。该算法可以通过在式 (4-21) 两边同时乘以 $\beta + E\{g(W^{\mathrm{T}}x)\}$ 进一步简化，得到 Fast ICA 算法简化后的迭代式

$$W^* = E\{xg(W^{\mathrm{T}}x)\} - E\{g'(W^{\mathrm{T}}x)\}W$$

$$W = W^*/||W^*|| \tag{4-22}$$

为提高解的稳定性, 我们对其进行归一化。

估计多个独立分量的 Fast ICA 算法步骤如下。

(1) 对于观测数据 x 进行中心化, 使它的均值为 0;

(2) 然后对数据进行白化, $x \to z$, 即去相关性;

(3) 选择要估计的独立分量的个数 m, 置迭代次数 $p \leftarrow 1$;

(4) 选择具有单位范数的初始权矢量 (可随机的)W_p;

(5) 令 $W_p = E\left\{zg\left(W_p^{\mathrm{T}}z\right)\right\} - E\left\{g'\left(W_p^{\mathrm{T}}z\right)\right\}W, g$ 从式 (4-23) 中选取;

(6) $W_p = W_p - \displaystyle\sum_{j=1}^{p-1}\left(W_p^{\mathrm{T}}W_j\right)W_j$;

(7) 标准化 $W_p = W_p/\|W_p\|$;

(8) 假如 W_p 不收敛的话, 返回第 (5) 步;

(9) 令 $p = p+1$, 如果 $p \leqslant m$, 返回第 (4) 步。

第 (5) 步中的 g 为非线性函数, 从下列定义式中选取:

$$
\begin{aligned}
g_1 &= \tanh\left(a_1 y\right) \\
g_2 &= y \exp\left(-y^2/2\right) \\
g_3 &= y^3 \\
g_4 &= \sec^2\left(y\right)
\end{aligned}
\tag{4-23}
$$

2. 辐射 EMI 噪声特性诊断中的辐射信号可分离性研究

由上文可知, BSS 应用于信号分离的充分条件是混叠信号中包含的各单独信号必须是相互独立的, 因此 BSS 可应用于 PCB 辐射 EMI 的充分条件也是各共模辐射和差模辐射必须相互独立。本书给出了 PCB 上各辐射电磁干扰信号的相互独立性分析。

任意天线的偶极子模型在空间中的辐射发射:

$$
\boldsymbol{E}_\theta \approx \mathrm{j}\frac{IZ_0\beta_0 L\sin\theta}{4\pi r}\mathrm{e}^{-\mathrm{j}\beta_0 r}
\tag{4-24}
$$

式中, I 为共模/差模电流; Z_0 为自由空间 (远场) 波阻抗, 即 377Ω; $\beta_0 = 2\pi/\lambda, \lambda$ 为相关频率信号波长, m; θ 为测试角度; r 为测试距离。

如图 4-14 所示为基于近场电场探头测量的辐射 EMI 诊断系统。其中, 共模辐射噪声 1 在测试点 a, b 处产生的辐射电场分别为 $E_{\mathrm{CM1}a}, E_{\mathrm{CM1}b}$; 共模辐射噪声 2 在测试点 a, b 处产生的辐射电场分别为 $E_{\mathrm{CM2}a}, E_{\mathrm{CM2}b}$; 差模辐射噪声在测试点 a, b 处产生的辐射电场分别为 $E_{\mathrm{DM}a}, E_{\mathrm{DM}b}$; 且测试距离与测试角度均为已知的。在测试点

a, b 处的总电场分别为 $E_a = E_{CM1a} + E_{DMa} + E_{CM2a}$，$E_b = E_{CM1b} + E_{DMb} + E_{CM2b}$。采用两个近场电场探头同时测量测试点 a, b 处的辐射总电场，并将其接至高速数字示波器的两个通道。值得注意的是，高速数字示波器的最高测试频率应大于辐射电场的频率。

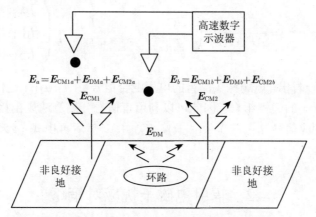

图 4-14 辐射 EMI 噪声可分离性分析图

在测试过程中，测试距离与测试角度均为确定的，同时共模辐射电缆 1、差模电缆环路与共模辐射电缆 2 的长度 (L_{CM1}, L_{DM} 和 L_{CM2})，Z_0 和 β_0 也是确定的。因此，

$$\begin{pmatrix} \boldsymbol{E}_a(t) \\ \boldsymbol{E}_b(t) \end{pmatrix} = \begin{pmatrix} \boldsymbol{E}_{CM1a}(t) + \boldsymbol{E}_{DMa}(t) + \boldsymbol{E}_{CM2a}(t) \\ \boldsymbol{E}_{CM1b}(t) + \boldsymbol{E}_{DMb}(t) + \boldsymbol{E}_{CM2b}(t) \end{pmatrix}$$

$$= \begin{pmatrix} K_1 & K_2 & K_3 \\ K_4 & K_5 & K_6 \end{pmatrix} \begin{pmatrix} I_{CM1}(t) \\ I_{DM}(t) \\ I_{CM2}(t) \end{pmatrix} \tag{4-25}$$

式中，$I_{CM1}(t)$, $I_{DM}(t)$, $I_{CM2}(t)$ 分别为共模电流和差模电流；K_1, K_2, K_3, K_4, K_5, K_6 均为常量，且如果设 i 表示不同的测试点以及共模/差模噪声测试模态，那么有

$$K_t = j \frac{Z_0 \beta_0 L_t \sin \theta_t}{4\pi r_i} e^{-j\beta_0 r_i} \tag{4-26}$$

近场电场探头可以输出一个与射频场强成比例的电压至示波器，比例系数称为天线系数 AF，即 $AF = \boldsymbol{E}/u$。通过天线理论，可以得到场强计算式。在测试中，两个近场探头的天线系数 (AF_1, AF_2) 均为已知的，且两个电场探头均采用罗德与施瓦茨公司生产的近场电场探头 Stab 6mm，因此两探头的性能非常相似，天线系

数基本相等, 即 $AF_1 = AF_2$。故由式 (4-25) 可得

$$\begin{pmatrix} u_1(t) \\ u_2(t) \end{pmatrix} = \begin{pmatrix} E_1(t)/AF_1 \\ E_2(t)/AF_2 \end{pmatrix}$$

$$= \frac{1}{AF_1 \cdot AF_2} \begin{pmatrix} K_1 & K_2 & K_3 \\ K_4 & K_5 & K_6 \end{pmatrix} \begin{pmatrix} I_{CM1}(t) \\ I_{DM}(t) \\ I_{CM2}(t) \end{pmatrix} \quad (4\text{-}27)$$

由该式可以看出, 电场探头测得的电压混合信号 $u_1(t), u_2(t)$ 是信号 $I_{CM1}(t)$, $I_{DM}(t)$, $I_{CM2}(t)$ 的线性组合。因此可以利用盲信号分离算法先由接收信号 $u_1(t)$, $u_2(t)$ 分离得到源信号 $I_{CM1}(t)$, $I_{DM}(t)$, $I_{CM2}(t)$, 然后再由式 (4-25) 和式 (4-27) 得到辐射电场。

4.2　辐射电磁干扰应对策略

现有噪声抑制方案大多通过减小 PCB 电路中的高频噪声电流以降低辐射噪声, 但无法从本质上减弱辐射噪声源, 信噪比较低, 噪声抑制效果也较差。结合辐射 EMI 噪声模型, 本节将建立因接地不良 (电偶极子辐射)、信号大环路 (磁偶极子辐射)、串扰、传输线缆、阻抗失配引起的辐射 EMI 噪声模型及其等效电路, 并提出相应的噪声抑制方法, 为今后辐射 EMI 噪声抑制的工程应用提供理论依据 [8,9]。

4.2.1　因接地不良引起的辐射电磁干扰抑制方法

1. 噪声模型及其等效电路

在高速数字印刷电路中, 由于各类器件接地不良或接地点地电位不为零, 易产生电偶极子辐射, 即共模辐射。根据麦克斯韦方程组及电偶极子辐射理论, 则共模辐射场可表示为

$$\begin{cases} \boldsymbol{H}_\phi = \dfrac{Idlk^2}{4\pi}\left[-\dfrac{1}{jkr} + \dfrac{1}{(kr)^2}\right]\sin\theta\mathrm{e}^{-jkr} \\[3mm] \boldsymbol{E}_\theta = \dfrac{Idlk^3}{4\pi\omega\varepsilon_0}\left[\dfrac{-1}{j(kr)} + \dfrac{1}{(kr)^2} + \dfrac{1}{j(kr)^3}\right]\sin\theta\mathrm{e}^{-jkr} \\[3mm] \boldsymbol{E}_r = \dfrac{Idlk^3}{2\pi\omega\varepsilon_0}\left[\dfrac{1}{(kr)^2} + \dfrac{1}{j(kr)^3}\right]\cos\theta\mathrm{e}^{-jkr} \end{cases} \quad (4\text{-}28)$$

式中, $\boldsymbol{H}$ 为磁场强度, A/m; $\boldsymbol{E}$ 为电场强度, V/m; Idl 为电偶极子的电矩, A·m; k

为波矢, rad/m, 其模表示波数, 方向表示波的传播方向; r 为测试距离, m; ε_0 为真空介电常数, F/m; ω 为角频率, rad/s。

由式 (4-28) 可见, 共模辐射的近场波阻抗与测试距离成反比, 且呈高阻抗 (大于 $120\pi\Omega$)。另一方面, 共模辐射场与等效短直天线的长度有关, 等效长度越长, 共模辐射场强越大。

2. 噪声抑制方法

因接地不良引起的辐射噪声可等效为电偶极子辐射, PCB 电路中的接地不良主要是由于接地点地电位不为零产生的, 如因布线问题引起的高频信号接地系统阻抗过大, 用于隔离各级电源间的铁氧体磁珠, 因多点接地可能引起的接地点电位不同。由式 (4-28) 可见, 该辐射噪声与等效短直天线的长度、接地点地电位有关。因此, 连接各器件的信号线不宜过长, 同时应加强系统接地。

对于高频信号而言, 随着信号频率的增加, 信号线的传输阻抗不可忽略, 因此在 PCB 设计前期应计算信号线的传输阻抗, 设计合适的布线方式, 以提高系统接地性能。另一方面, 由于铁氧体磁珠多具有非线性频率响应特性, 且特征频率对应的阻抗最大, 因此各级电源地线间的铁氧体磁珠易导致系统接地不良。此外, 采用多点接地方式可能会导致各接地点电位不同, 然而采用单点接地方式也可能增加系统接地阻抗, 因此采用 PCB 多层板设计, 并利用地平面 (地层) 接地以提高系统的接地性能。

4.2.2 因信号大环路引起的辐射 EMI 噪声抑制方法

1. 噪声模型及其等效电路

在 PCB 中, 常常会出现因信号大环路引起的辐射噪声, 该噪声可等效为磁偶极子辐射, 即差模辐射。同样地, 根据麦克斯韦方程组及磁偶极子辐射理论, 则差模辐射场可表示为

$$
\begin{cases}
\boldsymbol{H}_\theta = \dfrac{I\mathrm{d}Sk^3}{4\pi}\left[-\dfrac{1}{kr}-\dfrac{1}{\mathrm{j}(kr)^2}+\dfrac{1}{(kr)^3}\right]\sin\theta\mathrm{e}^{-\mathrm{j}kr} \\[3mm]
\boldsymbol{H}_r = \dfrac{I\mathrm{d}Sk^3}{2\pi}\left[\dfrac{-1}{\mathrm{j}(kr)^2}+\dfrac{1}{(kr)^3}\right]\cos\theta\mathrm{e}^{-\mathrm{j}kr} \\[3mm]
\boldsymbol{E}_\phi = \dfrac{I\mathrm{d}Sk^4}{4\pi\omega\varepsilon_0}\left[\dfrac{1}{kr}+\dfrac{1}{\mathrm{j}(kr)^2}\right]\sin\theta\mathrm{e}^{-\mathrm{j}kr}
\end{cases}
\tag{4-29}
$$

式中, $I\mathrm{d}S$ 为磁偶极子的磁矩, $A\cdot m^2$。

由式 (4-29) 可见, 差模辐射的近场波阻抗与测试距离成正比, 且呈低阻抗 (小于 $120\pi\Omega$)。另一方面, 差模辐射场与等效环形天线的面积有关, 等效面积越大, 差

模辐射场强越大。

2. 噪声抑制方法

因信号大环路引起的辐射噪声可等效为磁偶极子辐射,易产生严重的辐射噪声,如 PCB 布线不良引起的信号线与地线环路,用于 RFID 通信信号环路,差分信号引起的环路辐射等。由式 (4-29) 可见,该辐射噪声与噪声电流、等效环形天线的面积有关。因此,电路中信号线与地线应避免构成大环路,且应减小差分信号线间的距离,此外对于通信信号环路而言,可采用全电容滤波器以减小信号环路中的噪声电流,提高信噪比等。

4.2.3　因串扰引起的辐射噪声

1. 噪声模型及其等效电路

由于开关器件、射频天线及各种射频信号的干扰,大量的射频电磁场以电磁感应的形式耦合至线缆,产生高频噪声电流 I_E。该高频噪声电流易与线缆中传输的有效信号 I 叠加,经过 PCB 电路中的非线性器件后,易出现混频,导致电路中的信号发生畸变,从而产生大量的辐射噪声,如图 4-15 所示。

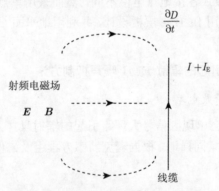

图 4-15　因串扰引起的辐射噪声模型

根据法拉第电磁感应定律,可知感应电流为

$$I_E = I_{E1} + I_{E2}$$

$$I_{E1} = \frac{1}{R} \int_L (\boldsymbol{v} \times \boldsymbol{B}) \cdot \mathrm{d}l \quad I_{E2} = -\frac{1}{R}\frac{\mathrm{d}\varPhi}{\mathrm{d}t} \tag{4-30}$$

式中,I_E 为因串扰引起的线缆感应电流,A;I_{E1} 和 I_{E2} 分别为动生电流和感生电流,A;R 为线缆等效电阻,Ω;v 为速度,m/s;B 为辐射磁场,T;L 为线缆长度,m;$\varPhi$ 为磁通量,Wb;t 为时间,s。

设线缆有效信号和感应电流分别为

$$I = I_{m1} \cos\left(\omega_1 t + \varphi_1\right) \quad I_E = I_{m2} \cos\left(\omega_2 t + \varphi_2\right) \tag{4-31}$$

式中, I_{m1} 和 I_{m2} 分别为信号的幅值, A; ω_1 和 ω_2 分别为角频率, rad/s; φ_1 和 φ_2 分别为信号的初始相位, rad。

经 PCB 中的非线性器件产生混频后的电流为

$$I' = I \cdot I_E = \frac{1}{2} A_1 A_2 \left[\cos\left((\omega_1 + \omega_2)\, t + \varphi_1 + \varphi_2\right) + \cos\left((\omega_1 - \omega_2)\, t + \varphi_1 - \varphi_2\right)\right]$$
$$\tag{4-32}$$

式中, I' 为混频后的噪声电流。由式 (4-32) 可见, 经非线性器件的混频后, 两组不同频率的信号产生了和频 (上变频) 与差频 (下变频), 导致信号发生畸变, 从而产生电磁干扰, 甚至影响系统正常运行。

2. 噪声抑制方法

由于开关电源、晶振、单片机、DSP 及其他高速信号处理芯片等, PCB 电路会产生大量的射频电磁场, 大量 EMI 噪声串扰至信号线, 经过电路非线性器件后, 噪声信号与工作信号会产生混频, 出现信号失真、畸变, 从而影响电子系统的正常运行, 并伴随较强的 EMI 噪声。

由式 (4-32) 可见, 串扰噪声与感应电流有关, 因此可以根据工作信号频率、带宽以及串扰噪声频率、带宽, 在信号线端口设计相应的 EMI 滤波器以减小串扰噪声的影响。然而, EMI 滤波器的通频带、起始频率、截止频率、插入损耗等特性参数与串扰噪声抑制有关, 此外 EMI 滤波器的输入、输出阻抗设计不当易导致信号线的阻抗失配, 引起信号反射等问题。

另一方面, 信号线采用的电磁屏蔽措施工程应用性较差, 且串扰噪声与材料屏蔽效能有关, 尤其是 800MHz 以上的高频噪声。

在 PCB 设计前期可将信号线改为差分信号 I_+、I_-, 其中工作信号 I 为

$$I = I_+ - I_- \tag{4-33}$$

式中, 差分信号 I_+ 和 I_- 的幅值相等、相位相反。经过射频电磁场的串扰影响后差分信号变为 $I_+ + I_E$ 和 $I_- + I_E$, 如图 4-16 所示, 但工作信号为

$$I = (I_+ + I_E) - (I_- + I_E) = I_+ - I_- \tag{4-34}$$

由式 (4-34) 可见, 工作信号不受射频电磁场的串扰影响, 同时尽量减小信号线的长度, 并使用串扰扼流圈, 可大大降低因串扰引起的辐射噪声。

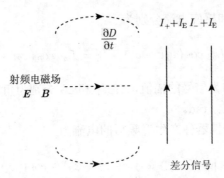

图 4-16　差分信号的串扰噪声抑制机理

4.2.4　因传输线缆引起的辐射噪声

1. 噪声模型及其等效电路

在 PCB 电路中存在各类传输线缆, 搭载着高速数字信号, 若传输线缆长度与搭载的高频数字信号对应的波长为同一数量级时, 电偶极子辐射模型已不再适用, 需考虑细长直天线模型, 如图 4-17 所示。

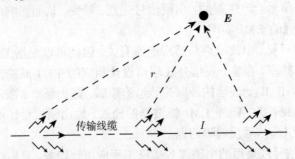

图 4-17　因传输线缆引起的辐射噪声模型

不失一般性, 设辐射天线 (传输线缆) 沿 z 轴方向, 辐射天线表面上的电流 J 沿 z 轴方向, 因此矢势 $\boldsymbol{A}$ 只有 z 分量, 根据洛伦兹条件

$$\nabla \cdot \boldsymbol{A} + \frac{1}{c^2}\frac{\partial \varphi}{\partial t} = 0, \quad E_z = -\frac{\partial \varphi}{\partial z} - \frac{\partial A_z}{\partial t} \tag{4-35}$$

式中, $\boldsymbol{A}$ 为矢势, V·s/m; A_z 为矢势的 z 分量, V·s/m; E_z 为电场的 z 分量, V/m; φ 为电势, V; c 为光速。

由式 (4-35) 可得

$$\frac{1}{c^2}\frac{\partial E_z}{\partial t} = -\frac{1}{c^2}\frac{\partial}{\partial z}\left(\frac{\partial \varphi}{\partial t}\right) - \frac{1}{c^2}\frac{\partial^2 A_z}{\partial t^2} = \frac{\partial^2 A_z}{\partial z^2} - \frac{1}{c^2}\frac{\partial^2 A_z}{\partial t^2} \tag{4-36}$$

若辐射天线为理想导体，则在辐射天线表面上，电场切向分量 E_z 为零，因此在辐射天线表面上矢势 A_z 满足一维波动方程

$$\frac{\partial^2 A_z}{\partial z^2} - \frac{1}{c^2}\frac{\partial^2 A_z}{\partial t^2} = 0 \tag{4-37}$$

由式 (4-37) 可见，沿辐射天线表面，矢势 $A_z(z)$ 是一种波动形式。其中，矢势 $\boldsymbol{A}$ 为

$$\boldsymbol{A}\left(\boldsymbol{x}\right) = \frac{\mu_0}{4\pi}\int\frac{\boldsymbol{J}\left(\boldsymbol{x}'\right)\mathrm{e}^{jkr}}{r}\mathrm{d}V' \tag{4-38}$$

设传输线缆长度为 l，线缆中电流分布为

$$I\left(z\right) = \begin{cases} I_0\sin k\left(\dfrac{l}{2}-z\right) & 0\leqslant z\leqslant \dfrac{l}{2} \\[3mm] I_0\sin k\left(\dfrac{l}{2}+z\right) & -\dfrac{l}{2}\leqslant z\leqslant 0 \end{cases} \tag{4-39}$$

式中，I 和 I_0 分别为线缆中的电流分布和线缆中心处的电流，A；k 为常数。将式 (4-39) 代入式 (4-38) 可得因传输线缆引起的辐射电磁场 $\boldsymbol{B}$ 和 $\boldsymbol{E}$。

$$\boldsymbol{B} = \mathrm{j}\frac{\mu_0\mathrm{e}^{\mathrm{j}kR}I_0\mathbf{e}_\phi}{2\pi R\sin\theta}\left[\cos\frac{kl}{2}-\cos\frac{k(l-\lambda)}{2}\cos\left(\frac{k\lambda\cos\theta}{2}\right)+\cos\theta\sin\frac{k(l-\lambda)}{2}\sin\left(\frac{k\lambda\cos\theta}{2}\right)\right]$$

$$\boldsymbol{E} = \mathrm{j}\frac{\mu_0 c\mathrm{e}^{\mathrm{j}kR}I_0\mathbf{e}_\theta}{2\pi R\sin\theta}\left[\cos\frac{kl}{2}-\cos\frac{k(l-\lambda)}{2}\cos\left(\frac{k\lambda\cos\theta}{2}\right)+\cos\theta\sin\frac{k(l-\lambda)}{2}\sin\left(\frac{k\lambda\cos\theta}{2}\right)\right]$$

$$\tag{4-40}$$

2. 噪声抑制方法

PCB 板间、PCB 电路与其他系统间一般存在较长的传输线缆，噪声电流通过传输线缆会产生较强的辐射噪声。由式 (4-40) 可见，辐射噪声与线缆长度、噪声电流及等效阻抗有关。在实际工程应用中，线缆长度和等效阻抗与电路功能有关，一般较难改变，因此通过减小线缆噪声电流可降低辐射噪声。

传输线缆中的电流一般由电路功能决定，因此电流频谱特征也是确定的，包括电流主频、倍频 (谐波) 等，据此利用铁氧体磁珠、EMI 滤波器能够减小电流谐波，提高电流信噪比，降低辐射噪声。

4.2.5 因阻抗失配引起的辐射噪声

1. 噪声模型及其等效电路

在 PCB 电路中存在一些高速数字信号调理电路与芯片，如 USB 传输电路、高清图像信号处理芯片、FPGA、高速信号采集电路等，其主频一般大于 100MHz。由

于 PCB 电路分布参数影响, 上述高速信号在传输过程中易出现传输线阻抗失配问题, 导致信号在传输线阻抗不连续的节点上产生反射, 从而引起辐射噪声。然而, 对于低频信号而言, PCB 电路分布参数可以忽略不计, 因此信号传输过程中的传输线阻抗处处相等, 不会引起辐射噪声。

如图 4-18 所示, 若 Z_i 不完全相等, 电路会产生阻抗失配。反射系数用于衡量信号在传输过程中的发射情况, 表示反射电压与原信号传输电压之比:

$$\rho = \frac{Z_i - Z_0}{Z_i + Z_0}, \quad Z_i = \sqrt{\frac{L}{C}} \tag{4-41}$$

式中, ρ 为反射系数; Z_i 为在某特定节点处的传输线阻抗, Ω; Z_0 为传输线特征阻抗, Ω, 一般为 50Ω、75Ω 或其他定值; L 为传输线单位长度上的分布电感, H; C 为传输线单位长度上的分布电容, F。

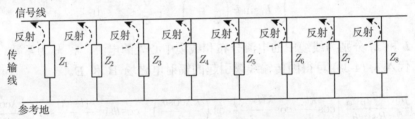

图 4-18　因阻抗失配引起的辐射噪声模型

在高速信号传输过程中, 受到趋肤效应影响, 随着频率升高, 传输线中的电流向表面集中, 导致传输线内部电流密度减小, 从而减小传输线单位长度上的分布电感, 影响传输线阻抗。另一方面, 寄生电容的充放电过程也会影响传输线阻抗。充电电压不变, 若电容越大, 则充电电流越大, 信号上升越快, 进一步增大充电电流, 将导致 Z_i 减小。

不失一般性, 设电路某端面反射系数为 ρ, 则

$$s_i(f) = \rho s_0(f) \tag{4-42}$$

式中, $s_0(f)$ 和 $s_i(f)$ 分别为原信号和反射信号; 反射系数 ρ 与频率有关。根据信号与电磁场叠加原理, 在该反射端面的总信号为

$$s(f) = s_i(f) + s_0(f) = (1 + \rho) s_0(f) \tag{4-43}$$

式中, $s(f)$ 为反射端面的总信号。

由式 (4-43) 可见, 反射端面的总信号频谱与反射系数的频率响应有关。若原信号在主频 f_1 处的电压为 90dBμV, 在噪声频率 f_2 处的电压为 30dBμV, 信噪比大于 60dBμV; 然而在 f_1 处反射系数为 -0.4, 在 f_2 处反射系数为 0.4, 则经过该反射

端面后, 总信号在 f_1 处的电压为 85.6dBμV, 在噪声频率 f_2 处的电压为 33dBμV。如表 4-1 所示, 若经过 8 个相同的反射端面后 (即 8 次反射), 在最终接收端面, 频率 f_1 处的电压为 54.8dBμV, 频率 f_2 处的电压为 54dBμV, 信噪比为 0.8dBμV, 严重影响信号正常传输, 甚至出现信号传输失败、信噪比降低等问题, 同时还将产生辐射 EMI 噪声。

表 4-1　因阻抗失配引起的信号反射分析　(单位: dBμV)

频点	信号主频 f_1	信号噪声频率 f_2	信噪比
原始信号	90.0	30.0	60.0
第 1 次反射后信号	85.6	33.0	52.6
第 2 次反射后信号	81.2	36.0	45.2
第 3 次反射后信号	76.8	39.0	37.8
第 4 次反射后信号	72.4	42.0	30.4
第 5 次反射后信号	68.0	45.0	23.0
第 6 次反射后信号	63.6	48.0	15.6
第 7 次反射后信号	59.2	51.0	8.2
第 8 次反射后信号	54.8	54.0	0.8
最终接收信号	54.8	54.0	0.8

2. 噪声抑制方法

PCB 电路传输线阻抗失配会导致信号反射问题, 由于传输线阻抗与频率有关, 根据式 (4-43), 原信号与反射信号叠加后易降低信噪比, 产生辐射噪声。因此, 应根据 PCB 材料特性、传输线长度、宽度等提取传输线特征阻抗, 利用电容、电感或电阻等调整某特定节点的传输线阻抗, 确保传输线阻抗与特征阻抗相等。根据式 (4-41), 若传输线阻抗与特征阻抗相等, 传输线反射系数为零, 信号将毫无失真地传输至终端, 且不引起信噪比降低。

值得注意的是, 传输线特征阻抗与频率有关, 一般较难保证传输线阻抗与特征阻抗在全频段相等, 因此在设计 PCB 时, 应确定传输线信号主频, 提取该频点的特征阻抗, 确保特征阻抗与传输线阻抗相等以提高传输线的信噪比, 降低辐射噪声。

参 考 文 献

[1] Zhang M T, Watson R, Lee F C, et al. Characterization and analysis of electromagnetic interference in a high frequency AC distributed power system//Proccedings of the Virginia Power Electronics Center Seminar, Blacksburg, 1996: 77-81.

[2] Watson R, Lee F C. High-frequency AC distributed power system//Proceedings of the Virginia Power Electronics Center Seminar, Blackburg, 1999: 11-26.

[3] Irino H, Wabuka H, Tamaki N, et al. SPICE simulation of power supply current from LSI on PCB with a behavioral model//International Symposium on EMC, Tokyo, 1999: 224-227.

[4] Montrose M I. Overview of design techniques for printed circuit board layout used in high technology products. Proceedings of the IEEE International Symposium on EMC, 1991: 61-66.

[5] Montrose M I. Primed circuit board design techniques for EMC compliance(Second Editiom). New York: John Wiley and Sons, 2008.

[6] German R F, Ott H W ,Paul C R. Effect of an image plane on Printed circuit board radiation//Proceedings of the IEEE International Symposium on EMC, Atlanta, 1990: 284-291.

[7] Hsu T. The validity of using image plane theory to predict primed circuit board radiation//Proceedings of the IEEE International Symposium on EMC, Atlanta, 1991: 58-60.

[8] 李贵山. 高速印刷电路板设计技术研究. 电子元件与材料, 2003, 22(6): 23-26.

[9] 冯利民, 钱照明. 数字电路 PCB 板辐射 EMI 的研究. 电力电子技术, 2007, 41(12): 2-4.

第5章 基于时域的电磁干扰辐射源溯源分析

时频联合分析的基本任务是建立一个函数,要求这个函数不仅能够同时用时间和频率描述信号的能量密度,还能以同样的方式来计算任何密度。如果有这样一个分布,就能用来求某一确定的频率和时间范围内的能量百分率,计算在某一特定时间的频率的密度,计算该分布的整体和局部的各阶矩,如平均条件频率及其局部扩展等。

本章中,将时频分布应用于辐射电磁干扰噪声信号的分析,从时频角度分析该信号在时间和频率上的分布,用其能量密度来提取该噪声信号的特征。该方法的适用性和方便性使得该方法能广泛使用。

5.1 溯源分析算法

5.1.1 辐射源信号的时域-频域描述

1. 非平稳信号定义

在理论上,随机信号分为平稳和非平稳两大类。但是由于理论研究的不完善和分析工具的局限性,非平稳信号一般都被简化为平稳信号来处理,但严格意义来说,非平稳信号在实际生活中占了绝大部分。

非平稳信号,是指信号的统计特性随时间变化的随机信号。一般来说,其概率密度 $p(t,x)$ 是时间的函数 [1]。非平稳信号的概率密度函数在 $t = t_i$ 处仍满足:

$$\int_{-\infty}^{\infty} p(x,t_i)\mathrm{d}x = 1 \tag{5-1}$$

均值 $m_x(t)$、均方值 $D_x(t)$ 和方差 $\sigma_x^2(t)$ 在 $p(t,x)$ 的基础上,分别可以定义如下:

$$
\begin{aligned}
m_x(t) &= E[x(t)] = \int_{-\infty}^{\infty} xp(x,t)\mathrm{d}x \\
D_x(t) &= E[x^2(t)] = \int_{-\infty}^{\infty} x^2 p(x,t)\mathrm{d}x \\
\sigma_x^2(t) &= D_x(t) - m_x^2(t)
\end{aligned}
\tag{5-2}
$$

式中,E 表示期望。特别值得注意的是,非平稳信号的统计特性在时间平均意义上不存在,只能在集平均上有意义。

常用的非平稳信号的自相关函数和功率谱定义如下：

$$R_x\left(t,\tau\right) = E\left[x\left(t+\frac{\tau}{2}\right)x^*\left(t-\frac{\tau}{2}\right)\right]$$
$$S_x\left(t,f\right) = \int_{-\infty}^{\infty} R_x\left(t,\tau\right)\mathrm{e}^{-\mathrm{j}2\pi f\tau}\mathrm{d}\tau$$

(5-3)

式中，τ 表示延迟，f 表示频率，* 表示复数共轭。

2. 信号的时间描述

基本物理量，如电磁场、压力和电压，随着时间而变化，这就是时间波形，即信号。我们用 $s(t)$ 来表示信号，在原理上，信号可以有任何函数形式，而且能够产生非常丰富而复杂的信号，如声波等信号。但是由于简单信号的存在，可以从简单信号着手研究处理复杂信号，即有必要研究和表征这些信号。

正弦波是最简单的随时间变化的信号。它是许多基本方程的一种解，如麦克斯韦 (Maxwell) 方程，事实是一般解。正弦波都是具有恒定的幅度 a 和固定频率 ω_0，即

$$s(t) = a\cos\omega_0 t$$

(5-4)

虽然正弦波具有恒定幅度，并不意味着该信号在每个单位时间上的值相同，但其振荡的最大值和最小值是恒定的。频率 ω_0 表示该信号在每个单位时间内的振荡或者起伏次数。

为了信号分析的简易性，把一般信号写成如下形式：

$$s(t) = a(t)\cos\theta(t)$$

(5-5)

式中，幅度 $a(t)$ 和相位 $\theta(t)$ 都是任意的时间函数。

此外，将信号写成复数形式常常是有利的，即

$$s(t) = A(t)\mathrm{e}^{\mathrm{j}\varphi(t)} = s_t \pm \mathrm{j}s_i$$

(5-6)

在实际应用中，除了信号的表达，更重要的是信号有多少能量。比如，坡印亭理论中指出电的能量密度是电场的绝对值的平方，该理论也同样适用于磁场；在电路中，能量密度与电压的平方成正比；对于声波而言，它是压力的平方。因此，密度或者信号的强度一般等于 $|s(t)|^2$，也就是说，在一个小的时间间隔 Δt 内，要产生在这个时间内的信号，所消耗的能量就等于 $|s(t)|^2\Delta t$。因为 $|s(t)|^2$ 是每个单位时间内的能量，所以可以近似地叫做能量密度或者瞬时功率，功率是每单位时间内做功的数量。因此

$|s(t)|^2 =$ 在时间 t，每单位时间内的能量或者强度 (能量密度或者瞬时功率)

$|s(t)|^2\Delta t =$ 在时间 t，在时间间隔 Δt 内的部分能量

如果是每单位时间内的能量,那么通过在各个时间范围内求和或者积分,就可得到总能量:

$$E = \int |s(t)|^2 \mathrm{d}t \tag{5-7}$$

3. 信号的频率描述

信号可以用不同频率的正弦波展开为

$$s(t) = -\frac{1}{\sqrt{2\pi}} \int S(\omega) \mathrm{e}^{\mathrm{j}\omega t} \mathrm{d}\omega \tag{5-8}$$

这个波形由简单正弦波 $\mathrm{e}^{\mathrm{j}\omega t}$ 相加 (线性叠加) 组成,每一个正弦波都有一个频率 ω 和用系数 $S(\omega)$ 表示的有关的量 [2]。$S(\omega)$ 可由信号得到,即

$$S(\omega) = -\frac{1}{\sqrt{2\pi}} \int S(t) \mathrm{e}^{-\mathrm{j}\omega t} \mathrm{d}t \tag{5-9}$$

称之为频谱或者傅里叶变换。因为 $S(\omega)$ 和 $s(t)$ 是唯一相关的,所以可以把频谱看作是在频域、频率空间或者频率表示的信号。

与时间波形相似,可以取 $|S(\omega)|^2$ 作为每单位频率内的能量密度,因此

$$|S(\omega)|^2 = 在频率\omega, 每单位频率内的能量或者强度 (能量密度)$$

$$|S(\omega)|^2 \Delta\omega = 在频率\omega, 在频率间隔\Delta\omega内的部分能量$$

4. 时间和频率密度的傅里叶变换

$|s(t)|^2$ 和 $|S(\omega)|^2$ 都是密度。密度的傅里叶变换叫做特征函数,特征函数是研究密度的一种强有力的方法。本节中采用一种计算 $|s(t)|^2$ 和 $|S(\omega)|^2$ 的特征函数的简单方法。能量密度的特征函数是

$$R(\tau) = \int |S(\omega)|^2 \mathrm{e}^{\mathrm{j}\tau\omega} \mathrm{d}\omega = \int s^*(t) \mathrm{e}^{\mathrm{j}\tau\omega} s(t) \mathrm{d}t \tag{5-10}$$

由于 $\mathrm{e}^{\mathrm{j}\tau\omega}$ 是平移算子,因而

$$R(\tau) = \int s^*(t) s(t+\tau) \mathrm{d}t \tag{5-11}$$

因为这个函数在两个不同时间比较或者说使信号相关,所以通常把它叫做自相关函数。反之,有

$$|S(\omega)|^2 = \frac{1}{2\pi} \int R(\tau) \mathrm{e}^{-\mathrm{j}\omega\tau} \mathrm{d}\tau \tag{5-12}$$

结果推广到随机信号分析就是维纳-欣钦 (Wiener-Khinchin) 定理。

同样地,频域的特征函数是

$$R(\theta) = \int |S(t)|^2 \mathrm{e}^{\mathrm{j}\theta t} \mathrm{d}t = \int S^*(\omega) \mathrm{e}^{\mathrm{j}\theta\tau} S(\omega) \mathrm{d}\omega = \int S^*(\omega) S(\omega-\theta) \mathrm{d}\omega \tag{5-13}$$

因此有

$$|s(t)|^2 = \frac{1}{2\pi} \int R(\theta) \, \mathrm{e}^{-\mathrm{j}t\theta} \mathrm{d}\theta \tag{5-14}$$

5.1.2　时频分析原理

短时傅里叶变换 (short time Fourier transform, STFT) 是最常用的时频分析方法，也是研究非平稳信号最广泛使用的方法，其中的概念是简单而有效的。

假如我们听一段持续 1h 的音乐，采用小提琴和鼓两种不同的乐器演奏。如果用傅里叶变换分析这整段音乐，小提琴和鼓的频率的峰值将在其能量频谱中显示出来。能量频谱中能显示这两种乐器的不同频率，但无法给出这两种乐器分别是在什么时间段内演奏的。最简单的做法就是把这段音乐划分成每 5min 一个间隔，并用傅里叶变换分析每个间隔。其基本思想是：把信号划分成许多小的时间间隔，用傅里叶变换分析每一个时间间隔存在的频率。

在辐射电磁干扰噪声的分析中，针对不同器件在不同频率中产生的噪声，需要将其辐射噪声能量频谱进行傅里叶变换分析，找出该信号在时间与频率上的特征，以便于进一步分析。

1. 短时傅里叶变换

为了研究信号在时间 t 的特性，将该时间上的信号进行加强，将其他时间上的在其他实践的信号。用中心在 t 的窗函数 $h(t)$ 乘信号可以实现该信号在特定时间上的加强。产生改变的信号是

$$s_t(\tau) = s(\tau) h(\tau - t) \tag{5-15}$$

改变的信号是特定时间 t 和执行时间 τ 的函数。窗函数筛选出的信号围绕着时间 t 大体上不变，其他时间内的信号则被压缩了许多倍。即

$$s_t(\tau) \approx \begin{cases} s(\tau), & \text{对于}\tau\text{接近}t \\ 0, & \text{对于}\tau\text{远离}t \end{cases} \tag{5-16}$$

因为改变的信号而加强了围绕着时间 t 的信号，傅里叶变换将反映围绕着那个时间的频率分布，即

$$S_t(\omega) = -\frac{1}{\sqrt{2\pi}} \int \mathrm{e}^{\mathrm{j}\omega\tau} s_t(\tau) \mathrm{d}\tau = \frac{1}{\sqrt{2\pi}} \int \mathrm{e}^{\mathrm{j}\omega\tau} s(\tau) h(\tau - t) \, \mathrm{d}\tau \tag{5-17}$$

因此，在时间 t 的能量密度频谱是

$$P_{\mathrm{SP}}(t,\omega) = |S_t(\omega)|^2 = \left| \frac{1}{\sqrt{2\pi}} \int \mathrm{e}^{-\mathrm{j}\omega\tau} s(\tau) h(\tau - t) \, \mathrm{d}t \right|^2 \tag{5-18}$$

对于每一个不同的时间，都可以得到一个不同的频谱，这些频谱的总体就是时频分布 $P_{SP}(t, \omega)$，一般我们称作"频谱图"。

因为我们关心的是分析围绕着时间 t 的信号，所以假定已选择了一个围绕着 t 具有峰值的窗函数，因而改变的信号是短的，其傅里叶变换方程 (5-17) 就叫做短时傅里叶变换。

2. 时频分析图特性

频谱图的特征函数可以简单地得到

$$M_{SP}(\theta, \tau) = \iint |S_t(\omega)|^2 e^{j\theta(\tau-t)\omega} dt d\omega = A_s(\theta, \tau) A_h(-\theta, \tau) \qquad (5\text{-}19)$$

式中，

$$A_s(\theta, \tau) = \int s^*\left(t - \frac{1}{2}\tau\right) s\left(t + \frac{1}{2\tau}\right) e^{j\theta t} dt \qquad (5\text{-}20)$$

式 (5-20) 是信号的模糊度函数，而 A_h 是以同样方式定义的窗的模糊度函数，除了使用 $h(t)$ 代替 $s(t)$ 之外，注意 $A(-\theta, \tau) = A^*(\theta, -\tau)$ 是后面将要使用的关系式。

通过在全部时间和频率范围内积分，就可以得到信号的总能量。然而，我们知道在零点 (0,0) 计算特征函数也可以得到，因此使用式 (5-19) 和式 (5-20) 有

$$\begin{aligned} E_{SP} &= \iint P_{SP}(t, \omega)\, dt d\omega = M_{SP}(0, 0) \\ &= A_s(0, 0) A_h(0, 0) = \int |s(t)|^2\, dt \times \int |h(t)|^2\, dt \end{aligned} \qquad (5\text{-}21)$$

因此，如果窗的能量取为 1，那么频谱图的能量就等于信号的能量。由此可以看出，对辐射 EMI 噪声信号进行时频分析，可以对应其频谱图的信号能量分析该噪声信号的能量。

5.2 辐射源溯源的时频分析方法

5.2.1 溯源方法原理

针对被测设备，采集 N 组 EUT 的辐射噪声时域信号 $z_1(t), z_2(t), \cdots, z_N(t)$，对采集的时域信号 $z(t)$ 分别进行连续短时傅里叶变换[3-7]：

$$\text{STFTz}(t, f) = \int_{-\infty}^{\infty} [z(t')\gamma^*(t' - t)] e^{-2\pi f t'} dt' \qquad (5\text{-}22)$$

式中，$\gamma(t)$ 为一时间宽度很小的可滑动时窗，* 表示复数共轭。该变换即信号 $z(t)$ 乘上一个以 t 为分布中心的"分析时窗 $\gamma^*(t' - t)$"所作的傅里叶变换。因为信号

$z(t')$ 乘以一个短窗函数 $\gamma^*(t'-t)$ 等价于取出信号在分析时间点 t 附近的一个切片，所以短时傅里叶变换 $\mathrm{STFT}(t,f)$ 可以理解为信号 $z(t')$ 在时间点 t 附近的傅里叶变换，即 "局部频谱"。

STFT 频谱 (SPEC)，即 STFT 的时间-频率能量分布 (瞬时功率谱密度)，定义为 $\mathrm{STFT}(t,f)$ 模值的平方，即

$$\mathrm{SPEC}(t,f) = |\mathrm{STFT}(t,f)|^2 \tag{5-23}$$

由式 (5-19)、式 (5-20) 不难得到 STFT 及其频谱的数字算法：

$$\mathrm{STFT}(n,k) = \sum_{i=0}^{N-1} [(x_1)\gamma^*(i-n)] \exp\left(-\mathrm{j}\frac{2\pi ki}{N}\right) \tag{5-24}$$

$$\mathrm{SPEC}(n,k) = |\mathrm{STFT}(n,k)|^2 \tag{5-25}$$

式中，N 表示 FFT 长度，n,k 表示 STFT 频谱所表示时频面中的离散时间和频率网格 "节点"。实际应用中，一般用 FFT 实现式 (5-25) 的快速算法。

通过短时快速傅里叶变换，将采集的辐射电磁干扰噪声的时域信号转换成频域，并且用时频分析图来提取该信号的特征，比对被测设备电路原理图后，定位诊断出辐射电磁干扰噪声超标的源头，为解决辐射噪声超标问题提供参考和基础。

5.2.2　溯源方法描述

本章中对辐射噪声源的定位诊断方法除了使用短时快速傅里叶变换 (STFFT) 时频联合分析，还需要采用独立分量分析算法配合完成，其实现步骤如下。

(1) 录入数据。对被测设备采用高速示波器进行近场测试，得到 N 组辐射噪声的混合时域信号，并组成混合信号矩阵 $Z(t)$。

(2) 对混合矩阵 $Z(t)$ 进行独立分量分析。将近场测得的时域混合信号矩阵 $Z(t)$，经过独立分量算法分析，将混合信号分离成 N 个独立的辐射噪声信号源 $z_1(t), z_2(t), \cdots, z_N(t)$，作为备选的辐射噪声源。

(3) STFFT 时频分析。对分离后得到的独立噪声源 $z_1(t), z_2(t), \cdots, z_N(t)$ 进行 STFFT 变换，通过时频分析方法，提取出超标频点的信号特征。

(4) 定位诊断。将时频分析后得到的辐射噪声特征与被测设备的元器件进行比对，找出符合该特征的元器件，则为引起辐射超标的主要器件。

由上文可见，基于独立分量分析 ICA 算法可以将 EUT 测得的时域总噪声信号分离成若干个噪声源；另一方面，通过短时快速傅里叶变换可以将分离后的独立噪声源信号特征提取出来，最终确定引起辐射噪声超标的噪声源，再与 PCB 原理图进行比对，最终确定引起超标的器件。具体研究流程如图 5-1 所示。

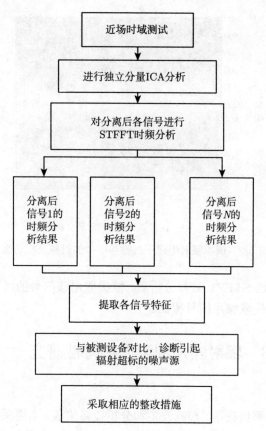

图 5-1 基于 STFT 算法的辐射电磁干扰噪声源定位诊断流程图

5.2.3 溯源方法实现

本节中的仿真实验在 MATLAB 中进行。

首先，建立一个 500Hz 的正弦波，模拟晶振信号，代入辐射噪声原理式中模拟共模辐射噪声信号，其时域波形如图 5-2(a) 所示，经时频分析后得到该噪声的时频联合分布图，如图 5-2(b) 所示。

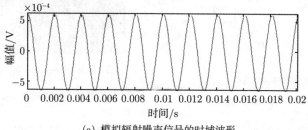

(a) 模拟辐射噪声信号的时域波形

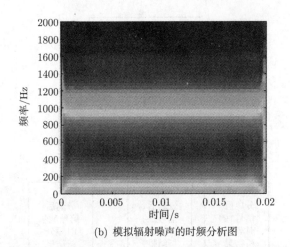

(b) 模拟辐射噪声的时频分析图

图 5-2　模拟辐射电磁干扰噪声信号的时频分析仿真

结果表明，经过 STFFT 时频分析后，能提取出该信号的时频特征，应用于辐射电磁干扰噪声可提取噪声信号特征。

5.3　辐射噪声溯源方法特性研究 [8-10]

5.3.1　模拟实验

本模拟实验由测量设备、被测设备和分析设备组成，主要采用高速示波器，通过多通道测试端口，配合近场磁场探头测量 EUT 的辐射噪声时域信号，图 5-3(a) 为实验布置示意图。

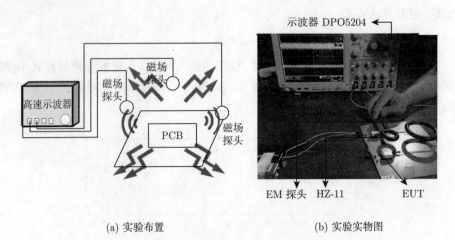

(a) 实验布置　　　　　　　　　　　　(b) 实验实物图

图 5-3　基于 STFFT 算法的辐射电磁干扰噪声源定位方法实验装置和设备

近场探头采用罗德与施瓦茨 (R&S) 公司生产的近场探头组 HZ-11，如图 5-3(b) 所示为探头组中的磁场探头环路 3cm，频率测量范围为 10kHz~2GHz。高速示波器采用泰克 DPO5204 型号产品，如图 5-3(b) 所示，其带宽达 2 GHz，有 4 个模拟通道，采样率为 5~10 GS/s，垂直解析度达到 1mV/div，最大捕获速率 >250 000 波形/s，具备 Fast Frame TM 分段存储器采集模式、FFT 分析功能。实验中，将示波器 DPO5204 的采样率设置为 1GS/s，即可满足实验需要。

1. 模拟实验一：双共模源辐射干扰实验

在双共模源噪声模型实验中，首先用两个探头通过示波器同时测 PCB 板上的噪声信号，得到 PCB 板的两个混合噪声信号，实验布置如图 5-4 所示。该 PCB 板上有 6MHz 和 20MHz 两个晶振，组成两个共模模型，在暗室测试辐射噪声有多个频点超标，如图 5-5(a) 所示。

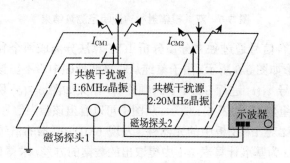

图 5-4 双共模辐射噪声模型近场测试实验示意图

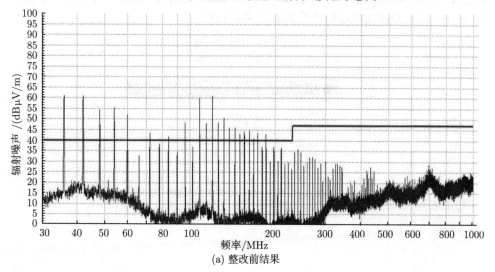

(a) 整改前结果

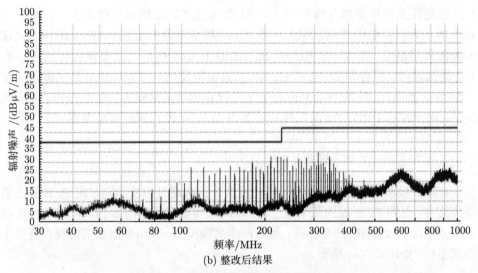

(b) 整改后结果

图 5-5　双共模辐射噪声源暗室测量结果

将测得的混合信号通过独立分量分析 ICA 算法分离成两个独立的信号 $z_1(t)$,$z_2(t)$,其结果波形如图 5-6 所示。由于单纯从时域波形图中看不出该噪声的特征,需要对分离后的信号 $z_1(t)$ 进行 STFFT 时频分析,结果如图 5-7(a) 所示,提取该图中能量最强的若干组数据,如表 5-1 所示。从图中可以看出该噪声信号在 130~135MHz 信号强度最大,比对 PCB 板中的元器件,发现 6MHz 晶振的倍频为 132MHz。接下来,以 132MHz 为基准计算表 5-1 中提取出的数据的方差,求得标准差 $S=0.007$,趋近于 0,可以得出信号 $z_1(t)$ 在频率为 132MHz 处信号强度最大,为 PCB 板中的 6MHz 晶振通过共模辐射产生的辐射噪声信号。

经ICA分离后的信号

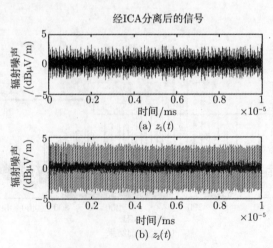

图 5-6　双共模辐射电磁干扰噪声模型分离后时域波形

同样地, 对分离后的信号 $z_2(t)$ 进行时频分析, 结果如图 5-7(b) 所示, 提取该图中能量最强的若干组数据如表 5-2 所示。从图中可以看出该噪声信号在 19~21MHz 信号强度最大, 比对 PCB 板中的元器件, 假设为 20MHz 晶振产生的。以 20MHz 为基准计算表 5-2 中提取出的数据的方差, 趋近于 0, 可以得出信号 $z_2(t)$ 在频率为 20MHz 处信号强度最大, 为 PCB 板中的 20MHz 晶振通过共模/差模辐射产生的辐射噪声信号。

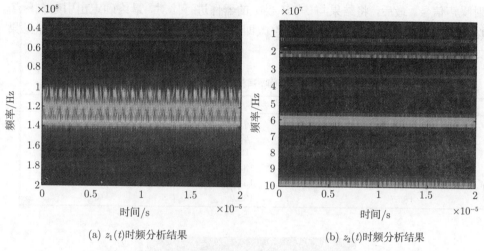

(a) $z_1(t)$时频分析结果　　　　　　　　(b) $z_2(t)$时频分析结果

图 5-7　独立辐射电磁干扰噪声信号的时频分析结果

表 5-1　分离后的辐射噪声信号 $z_1(t)$ 的时频分析数据

时间/$\times 10^{-6}$s	频率/MHz	能量强度
0.891	131.9	2.191
3.584	132.4	2.155
5.366	131.5	3.769
7.703	132.3	2.195
13.68	131.7	2.752
16.53	1.305	2.759

表 5-2　分离后的辐射噪声信号 $z_2(t)$ 的时频分析数据

时间/$\times 10^{-6}$s	频率/MHz	能量强度
1.049	19.9	1.21
4.891	20.19	1.026
7.703	19.71	1.168
11.9	19.95	1.151
14.87	20.1	1.166
19.7	20.1	1.295

最后对混合时域信号进行时频分析, 混合信号进行 STFFT 时频分析后结果如图 5-8 所示, 提取该时频分析图得到数据如表 5-3 所示。从图中可以看出该噪声信号在 125~135MHz 信号强度最大, 比对 PCB 板中的元器件, 132MHz 为 6MHz 晶振的倍频, 假设该信号主要为 6MHz 晶振影响产生的。接下来, 以 132MHz 为基准计算表 5-3 中提取出的数据的方差, 求得方差趋近于 0, 可以得出信号 $z_2(t)$ 在频率为 132MHz 处信号强度最大, 为 PCB 板中的 6MHz 晶振通过共模辐射产生的辐射噪声信号。最后, 将结果与 PCB 板上的器件进行比对, 最终确定出引起辐射超标的为 6MHz 晶振, 对该器件进行整改即可。整改后, 该 PCB 板的暗室测量结果如图 5-5(b) 所示。

表 5-3　双共模辐射噪声混合信号的时频分析数据

时间/$\times 10^{-6}$s	频率/MHz	能量强度
0.732	131.8	13.18
3.91	131	10.25
8.376	132	12.77
12.38	132.5	12.62
15.9	131.5	11.96
18.67	132.2	10.89

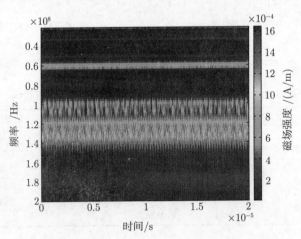

图 5-8　双共模辐射噪声源混合信号的时频分析结果

2. 模拟实验二: 双差模源辐射干扰实验

双差模源 PCB 板是由 20MHz 和 32MHz 两个晶振的差模模型所构成的, 实物如图 5-9 所示。该 PCB 板在暗室中的测量结果如图 5-10(a) 所示, 低频有多个频点超标, 因此需要快速有效地找出引起辐射超标的主要因素。

通过高速示波器采集两组混合信号, 将这两组混合信号组成矩阵, 进行独立分量分析, 分离成两组独立的噪声信号 $x_1(t), x_2(t)$, 其时域波形如图 5-11 所示。分

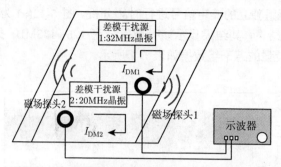

图 5-9 双差模辐射噪声模型近场测试实验示意图

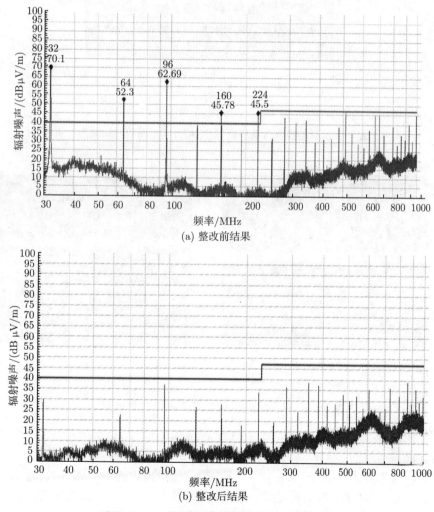

(a) 整改前结果

(b) 整改后结果

图 5-10 双差模辐射噪声模型暗室测量结果

离后，分别对这两组独立的噪声信号进行时频分析。图 5-12(a) 为分离后独立信号 $x_1(t)$ 的时频分析结果，其结果显示该噪声信号在 125~135MHz 处信号强度最强，提取该图中能量最强的若干组数据如表 5-4 所示。

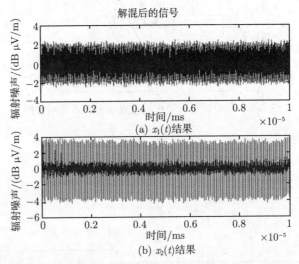

图 5-11　双差模辐射噪声模型 ICA 分离后两组时域波形

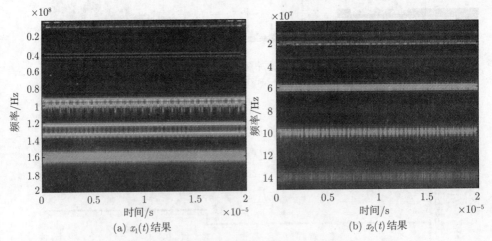

图 5-12　双差模辐射噪声模型的时频分析结果

比对 PCB 板上的芯片，其中 32MHz 晶振的倍频为 128MHz，假设该信号为 32MHz 晶振产生的，以 128MHz 为基准计算表 5-4 中数据，方差为 0.0065，趋近于 0，则该信号主要为 32MHz 晶振通过差模辐射产生的辐射噪声。图 5-12(b) 为分离后独立信号 $x_2(t)$ 的时频分析结果，由此可看出该信号在 20MHz 左右信号强度最强，提取该图中能量最强的若干组数据如表 5-5 所示。PCB 板上有 20MHz 晶振，假设该信号为 20MHz 晶振产生的，以 20MHz 为基准计算表 5-5 中数据，方差趋近于 0，则该信号主要为 20MHz 晶振通过差模辐射产生的辐射噪声。

表 5-4　分离后的辐射噪声 $x_1(t)$ 的时频分析数据

时间/$\times 10^{-6}$s	频率/MHz	能量强度
4.97	127.1	2.504
8.02	128.6	2.264
12.93	127.6	2.448
14.16	128.1	2.265
16.34	127.6	2.437
19.27	128.1	2.069

表 5-5　分离后的辐射噪声 $x_2(t)$ 的时频分析数据

时间/$\times 10^{-6}$s	频率/MHz	能量强度
0.692	20.08	1.087
3.703	19.44	1.117
7.901	19.58	1.188
11.86	19.58	1.388
16.8	20.01	1.174
19.51	19.94	1.308

最后对采样的两组混合噪声其中一组进行时频分析，结果如图 5-13 所示，可以看出该信号在 60MHz、96MHz、128MHz 处信号都很强，但是明显在 128MHz 左右的噪声信号更强一些。提取该图中能量最强的若干组数据如表 5-6 所示。在板上的两个晶振中，32MHz 晶振的倍频为 128MHz。假设该信号为 32MHz 晶振产生的，以 128MHz 为基准计算表 5-6 中数据，方差趋近于 0，因此可得出该双差模 PCB 板的辐射噪声主要是由 32MHz 晶振影响产生的。所以在整改过程中，只需针对 32MHz 晶振处线缆信号进行整改即可，整改结果如图 5-10(b) 所示，通过辐射测试标准。

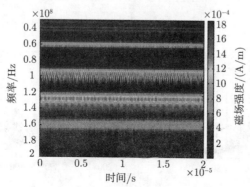

图 5-13　双差模辐射噪声模型混合噪声的时频分析结果

表 5-6　　双差模辐射噪声源混合噪声的时频分析数据

时间/×10^{-6}s	频率/MHz	能量强度
1.287	127.8	12.4
4.653	1.278	12.13
9.842	1.274	13.72
13.41	1.278	12.79
14.12	1.282	14.46
19.47	1.278	13.77

3. 模拟实验三：共差模混合源辐射干扰实验

如图 5-14 所示为共模差模混合模型 PCB 板，分别是由 32MHz 和 6MHz 的晶振产生的信号，在暗室测量其辐射噪声后，发现该噪声超标，如图 5-15(a) 所示。

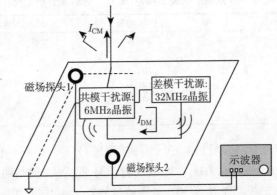

图 5-14　共差模辐射噪声混合模型近场测试实验示意图

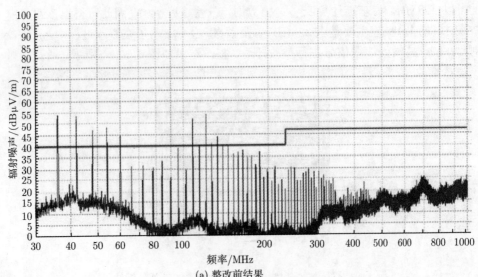

(a) 整改前结果

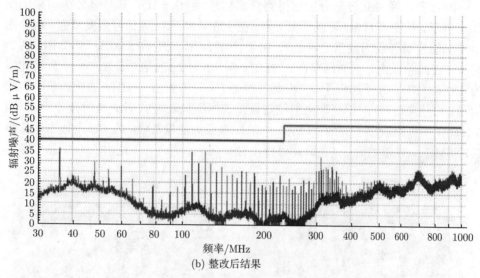

(b) 整改后结果

图 5-15　共差模辐射噪声混合模型暗室测量结果

用两个磁场探头连接高速四通道示波器之后,在两个不同点测量辐射噪声信号,得到两个混合信号。

将两个混合噪声组成一个混合噪声矩阵,应用独立分量分析算法 ICA 将混合噪声分离成两个独立的信号 $y_1(t), y_2(t)$,如图 5-16 所示。由于在测噪声信号的时候取的时间段较长,所以从时域来看较难分辨出两个信号的特征。因此在此基础上再采用 STFFT 对分离后的信号进行时频分析,从时频角度分析两个信号的特征,对该 PCB 板的辐射噪声进行诊断。

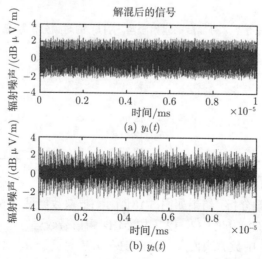

图 5-16　共差模辐射噪声混合模型混合信号分离后的时域波形

混合噪声经独立分量分析后得到分离信号 $y_1(t), y_2(t)$，其时频分析结果如图 5-17 所示。从图 5-17(a) 可以看出 $y_1(t)$ 在 125~135MHz 处信号强度最强，从该图中提取能量最强点的数据见表 5-7，由于已知 PCB 板中有 32MHz 和 6MHz 两个晶振，在此频段内，它们都存在 132MHz 和 128MHz 的倍频。表 5-7 中数据均值为 127.84MHz，方差趋近于 0，由此可得 $y_1(t)$ 为主要由 32MHz 晶振影响产生的信号。由分离信号 $y_2(t)$ 提取出的能量最强数据组见表 5-8，首先从时频分析图 (图 5-17(b)) 中可以看出 $y_2(t)$ 在 125~135MHz 频段内能量最强。表 5-8 中数据均值为 131.85MHz，方差趋近于 0，因此可得出分离后的信号 $y_2(t)$ 是由 6MHz 晶振影响产生的。

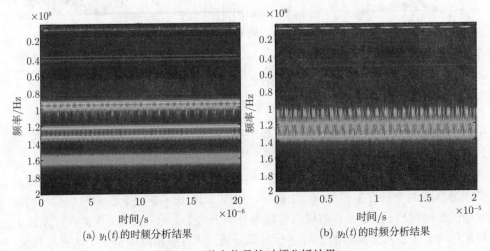

(a) $y_1(t)$ 的时频分析结果   (b) $y_2(t)$ 的时频分析结果

图 5-17 独立信号的时频分析结果

表 5-7 分离后的辐射噪声 $y_1(t)$ 的时频分析数据

时间/$\times 10^{-6}$s	频率/MHz	能量强度
1.46	127.6	2.353
3.65	127.6	2.497
7.604	127.6	2.569
12.91	128.6	2.197
14.15	128.1	2.236
18.58	127.7	2.417

在确定出 PCB 中混合信号是由 6MHz 和 32MHz 两个晶振影响产生的之后，对混合信号进行时频分析，结果如图 5-18 所示，提取数据见表 5-9。从图中可以看出，该混合信号在 90~100MHz、125~135MHz 内信号较强，其中在 125~135MHz 处信号最强。表 5-9 中数据均值为 128.1MHz，方差趋近于 0，由此可以看出，在该混合信号中，32MHz 晶振产生的共模信号在辐射噪声中为主要影响因素。因此若

要减小 PCB 板辐射噪声，则主要需要减小 32MHz 晶振所产生的差模辐射，可以通过减小其线缆长度来实现，整改后其暗室测试结果如图 5-15(b) 所示，通过辐射噪声标准。

表 5-8 分离后的辐射噪声 $y_2(t)$ 的时频分析数据

时间/$\times 10^{-6}$ s	频率/MHz	能量强度
0.89	131.5	2.525
4.416	1.318	2.501
7.86	1.324	2.3
13.76	1.321	2.51
15.39	1.319	2.72
18.95	1.321	1.77

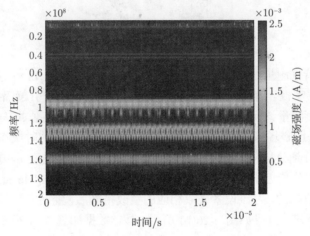

图 5-18 共差模辐射噪声混合模型的时频分析结果

表 5-9 共差模模型混合噪声的时频分析数据

时间/$\times 10^{-6}$ s	频率/MHz	能量强度
3.58	1.286	21.23
8.06	1.281	20.84
10.55	1.276	22.59
12.5	1.276	19.76
15.5	1.281	19.9
19.07	1.281	21.24

5.3.2 溯源方法应用

本节中将基于 STFFT 算法的辐射源噪声定位诊断方法应用于复杂电子设备，

应用对象是某科技公司生产的开关电源 (工业型)JMD20-90，如图 5-19 所示。经过暗室标准测试，结果如图 5-20(a) 所示，该设备辐射噪声水平超出相应的电磁兼容标准限值。

图 5-19　开关电源 JMD20-90 实物图

　　首先根据暗室测量结果我们可以判断出该产品是在 60MHz 频点附近超标，观察该设备的 PCB 板，容易发现板上的 6MHz 晶振很可能是引起辐射超标的主要原因，所以直接测量该元器件附近的辐射噪声进行分析。根据本书的辐射噪声诊断方法，首先采用磁场探头配合高速示波器，测量被测设备的时域噪声信号，对其噪声信号进行时频分析，其结果如图 5-21 所示，提取数据见表 5-10，其数据均值为 42.2MHz，方差趋近于 0，由此可诊断出该设备噪声在 42MHz 处信号最强，是由 6MHz 晶振引起的，对该设备采取相应的整改措施后，经暗室测量，该设备成功通过辐射噪声标准，结果如图 5-20(b) 所示，具体数据如表 5-11 所示。

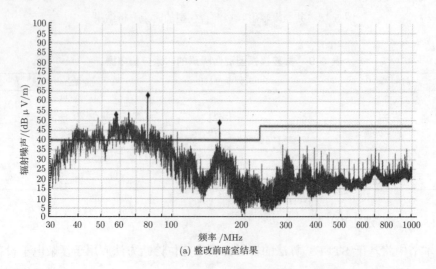

(a) 整改前暗室结果

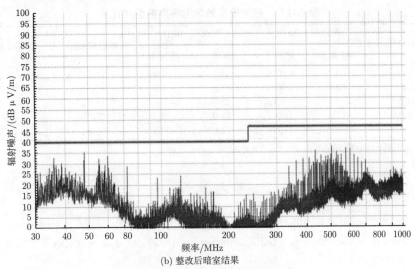

(b) 整改后暗室结果

图 5-20　开关电源的暗室测量结果

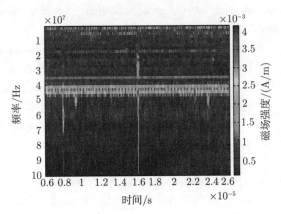

图 5-21　开关电源的辐射噪声时频分析结果

表 5-10　开关电源的时频分析数据

时间/$\times 10^{-6}$s	频率/MHz	能量强度
6.617	42.2	2.912
10.79	42.1	2.858
13.18	42.3	2.813
16.41	42.2	2.736
18.88	42.2	2.916
22.21	42.1	2.97

应用案例表明，本书中的辐射源噪声定位诊断方法能快速准确地诊断噪声超标原因，定位引起辐射噪声超标器件，成功为设备的后期整改提供可靠依据。

表 5-11　被测设备的辐射噪声前后对比表

频率/MHz	整改前/dBμV		整改后/dBμV		辐射抑制值	抑制比例/%
	幅值	超标 *	幅值	超标 *		
44.24	57.82	+17.82	31.1	−8.9	26.72	46.2
55.32	49.64	+9.64	35.8	−4.2	13.84	27.9
60.8	48.13	+8.13	32.7	−7.3	15.43	32.1
136.04	46.20	+12.2	18.9	−21.1	27.3	59
272.44	51.46	+4.46	12.6	−34.4	38.86	75.5

*"+"表示辐射噪声超过标准；"−"表示辐射噪声低于标准。

参 考 文 献

[1] Aouine O, Labarre C, Costa F. Measurement and modeling of the magnetic near field radiated by a buck chopper. IEEE Transactions on Electromagnetic Compatibility,2008 50(2): 445-449.

[2] Sarikhani A, Barzegaran M, Mohammed O A. Optimum equivalent models of multi-source systems for the study of electromagnetic signatures and radiated emissions from electric drives. IEEE Transactions on Magnetics, 2012, 48(2): 1011-1014.

[3] Zhao Y, Luo Y C.Rapid analysis and prediction method of radiation interference of high frequency circuit.Chinese Journal of Radio Science,2010,25(3):6-13.

[4] Zhao Y, Dong Y H, Lu X Q, et al. EMI noise analysis and process for large-power switched reluctance motor.Proceedings of the CSEE, 2011, 31(21): 135-141.

[5] Wang Q D, An Z Y. Electromagnetic interference pattern recognition for vehicle wiper motor based on wavelet packet decomposition. International Journal of Electric and Hybrid Vehicles, 2012, 4(2): 186-196.

[6] Wefky A M, Espinosa F, de Santiago L, et al. Modeling radiated electromagnetic emis-sions of electric motorcycles in terms of driving profile using MLP neural networks. Progress in Electromagnetics Research, 2013, 135: 231-244.

[7] Li X, Wang L F, He J G. Research of the electromagnetic compatibility design technology of battery management system on electric vehicle. International Journal of Electric and Hybrid Vehicles, 2013, 5(1): 69-78.

[8] Nam Y J, Moon Y J, Park M K. Performance improvement of a rotary MR fluid actuator based on electromagnetic design. Journal of Intelligent Material Systems and Structures, 2008, 19(6): 695-705.

[9] Lloyd J R, Hayesmichel M O, Radcliffe C J. Internal organizational measurement for control of magnetorheological fluid properties. Journal of Fluids Engineering, 2007, 129(4): 423-428.

[10] Walid H E. Finite element analysis based modeling of magneto rheological dampers. Blacksburg, Virginia: Virginia Polytechnic Institute and State University, 2002.

第 6 章 电磁抗扰度问题机理分析

6.1 静电放电抗扰度 (ESD) 问题分析

静电存在于我们生活中的方方面面，它是日常生活中的一种常见的现象。静电的实质是一种存在于物体表面的电能，由于正负电荷的局部失衡而产生的一种现象。静电现象就是电荷在产生和消失过程中所产生电现象的总称。一方面，静电在我们生活中有诸多运用，例如平时使用的静电除尘、静电喷涂、静电分离、静电复印等。但是，另一方面，静电放电也会对电子产品、线路和设备装置造成一定危害，使其损坏或者造成其功能的不稳定性。

例如，一个操作员在正常的设备操作中都有可能因衣服或皮肤有危害的电荷而使机器运行紊乱，甚至损坏硬件设备。现代半导体器件的集成规模越来越大，工作电压越来越低，导致半导体器件对外界电磁干扰敏感程度大大提高。静电放电对于电路引起的干扰，对元器件及接口电路造成的破坏等问题越来越引起人们的重视。电子设备的静电放电也开始作为电磁兼容性测试的一项重要内容写入国家标准和国际标准。

本节就静电放电的形成机理及存在危害、执行标准与测试方法，以及对静电放电的应对策略进行探讨。

6.1.1 静电放电形成机理及危害分析

1. 静电的产生

静电的起电方式分为以下四种 [1-3]。

1) 摩擦起电

摩擦起电实质上是接触又分离导致物体正负电不平衡的现象。摩擦就是一个不断接触与分离的过程，这也是产生静电最普通的方法。材料的绝缘性越好，越容易摩擦生电。

2) 接触分离起电

两个不同材质的物体接触后再分离，即可产生静电。当两个不同的物体相互接触时就会使得其中一个物体失去电荷，例如电子转移到另一个物体使其带正电，而另一个物体则得到电子带负电。若在分离时，电荷难以中和，电荷就会积累使物体带上静电。

3) 感应起电

对于导电体，因电子能在它的表面自由流动，如将其置于一电场中，由于同性相斥，异性相吸，正负电荷就会转移。

4) 传导起电

对于导电体，由于电子能在其表面自由流动，如与带电物体接触，将发生电荷转移。

2. 静电放电

静电放电 (electrostatic discharge, ESD) 是两个具有不同静电电位的物体，由于直接接触或者静电场感应而引起的物体间的静电电荷转移。而在静电场的能量达到一定程度后，击穿其间介质而进行放电的现象就叫做静电放电。

静电源跟其他物体接触时，依据电荷中和的原则，存在着电荷流动，会传送足够的电量以抵消电压。这个高速电量的传送过程中，将产生潜在的破坏电压、电流及电磁场，严重时会将被接触物体击毁，这就是静电放电。国家标准是这样定义的："静电放电是具有不同静电电位的物体互相靠近或直接接触引起的电荷转移"，静电放电会导致电子设备严重损坏或操作失常，半导体专家及设备用户都在想办法抑制静电放电。

在电子电器产品的生产和使用过程中，操作者是最活跃的静电源，当人们穿着绝缘材料的织物，并且其鞋子也对地绝缘时，人在地面上运动就可能积累一定数量的电荷，当人体接触与地相连的元器件、装置时就会产生静电放电。

当距静电放电位置较近时，无论是电场还是磁场都是很强的，因此，在静电放电位置附近的电路一般会受到影响。图 6-1 显示了一个 4kV 的静电放电在不同位置上产生的电磁场。由图可以看出，ESD 产生的电磁场不仅上升时间很短，上升沿也很陡。

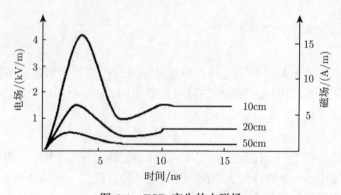

图 6-1　ESD 产生的电磁场

因此, 大多数半导体器件都很容易受静电放电损坏, 特别是大规模集成电路器件更为脆弱。通常以半导体器件中引脚与绝缘层被静电放电击穿的静电电压值来表示半导体器件的易损性。常见的半导体器件对静电放电的易损值为 100~300V。表 6-1 列出了常见器件的易损性参考值。

表 6-1 常见器件易损性参考值

器件类型	易损值/V
肖特基二极管	300~2500
肖特基 TTL	1000~2500
双极晶体管	380~7000
ECL	500~1500
晶闸管	680~1000
JFET	140~7000
CMOSFET	100~200
CMOS	250~3000
GaAsFET	100~300
EPROM	100

静电对器件造成的损坏有显性的和隐性的两种。隐性损坏在当时看不出来, 但器件会变得更脆弱, 在过压、高温等条件下极易损坏。

3. 静电放电的破坏机制和干扰机理

ESD 两种主要的破坏机制是: 一是由于 ESD 电流产生热量导致设备的热失效; 二是由于 ESD 感应出高的电压导致绝缘击穿。两种破坏可能在一个设备中同时发生, 例如, 绝缘击穿可能激发大的电流, 这又进一步导致热失效。

除容易造成电路损坏外, 静电放电也极易对电子电路造成干扰。静电放电对电子电路的干扰有两种方式。一种方式是传导, 即静电放电电流直接流过电路, 对电路造成损坏。若电路的某个部分构成了放电电路, 即静电放电电流直接侵入设备内的电路, 如人手去触摸印制板上的轨线、引脚、设备的 I/O 接口端子、同轴插座的芯线等, 静电放电电流流过集成片的输入端, 造成干扰。另一种方式是辐射干扰, 即静电放电时伴随火花产生了尖峰电流, 这种电流中包含有丰富的高频成分, 从而产生辐射磁场和电场, 磁场能够在附近电路的各个信号环路中感应出干扰电动势。由于在很短时间内发生较大的电流变化, 所以在信号环路中产生的干扰电动势很可能超过逻辑电路的阈值电平, 引起误触发。辐射干扰的大小还取决于电路与静电放电点的距离。静电放电产生的磁场随距离的平方衰减。静电放电产生的电场可以被印制板上的轨线或设备的 I/O 线接收, 从而产生干扰。电场的瞬时峰值很高, 可以达几百千伏/米至几千千伏/米, 但随距离的立方衰减。当距离较近时, 无论是电场还是磁场都是很强的。因此在静电放电位置附近的电路一般会受到影响。

电磁噪声可通过传导或辐射方式进入电子设备、电路。辐射耦合的基本方式可以是电容或电感方式，这取决于 ESD 源和接收器的阻抗。在高阻电路中，电流信号很小，信号用电压电平表示，此时电容耦合占主导地位，ESD 感应电压为主要问题。在低阻电路中，信号主要为电流形式，因而电感耦合占主导地位，ESD 感应电流将导致大多数电路出现问题。在远场，则存在电磁场耦合。

与 ESD 相关的电磁干扰能量上限频率可以超过 1GHz，这取决于电平、相对湿度、靠近速度和放电物体的形状。在这个频率上，典型的设备电缆甚至印板上的走线会变成非常有效的接收天线。因而，对于典型的模拟或数字电子设备，ESD 会感应出高电平的噪声。

使设备产生损坏比导致它失常所需要的电压和电流要大 1 ~ 2 个数量级，损坏更有可能在传导耦合时产生。这就是说，造成损坏，ESD 电火花必须直接触及电路，而辐射耦合通常只导致失常。

在 ESD 作用下，电路中的器件在通电条件下比不通电条件下更易损坏。

4. 执行标准与测试方法

静电放电测试的标准是 GB/T 17626.2、IEC 61000-4-2，它对不同环境条件下的电气与电子设备的电磁兼容性有不同的要求，此外标准对仪器性能校验方法，以及配置等都有详细描述。

IEC 61000-4-2 标准考核要求分成不同的严酷度等级，静电放电的严酷度等级见表 6-2。其中 "X" 是一个未定级，根据实际情况由设备制造厂与用户商量决定。

表 6-2   静电放电的严酷度等级

严酷度等级	接触放电测试电压/kV	气隙放电测试电压/kV
1	2	2
2	4	4
3	6	8
4	8	15
X	特殊	特殊

静电放电发生器的组成简图见图 6-2。测试仪放电时脉冲波形并不取决于高压电，主要是决定于放电器内的储能电容、放电电阻和外部负载的种类。图 6-3 给出了静电放电发生器的放电电流波形，其中 I_m 表示电流峰值，上升时间 $t_r=0.7\sim1ns$。

IEC 61000-4-2 标准对静电放电发生器的主要性能要求见表 6-3。表中 C_d 为分布电容 (存在于发生器与被试设备之间、参考接地板和耦合板之间)，在储能电容上测得的开路电压称为输出电压，测试仪器一般放电速率至少要达到每秒 20 次的功能。

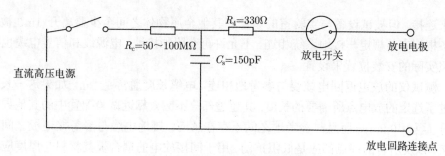

图 6-2　静电放电测试仪线路简图

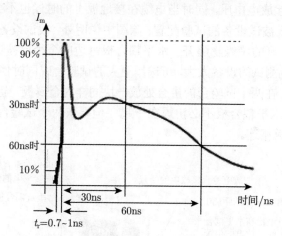

图 6-3　静电放电发生器的放电电流波形

表 6-3　静电放电测试仪的主要性能要求

项目	参数要求
储能电容 $(C_s + C_d)$	150pF±10%
放电电阻 (R_d)	330Ω±10%
充电电阻 (R_c)	50~100MΩ
输出电压: 8kV(额定值)	用于接触放电
输出电压: 15kV(额定值)	用于气隙放电
输出电压指示偏差	±5%
输出电压极性	正或负
保持时间	至少 5s
放电方式: 单次	至少 1s

　　实验室地板上要有一块最小厚度为 0.25mm 的铜材或铝材构成的参考接地板 (如用其他金属板材，其厚度至少为 0.65mm)。它的最小面积为 1m²，但实际尺寸要取决于被试设备的外形尺寸，它在每一边上至少要超出被试设备或试验桌上水平耦合板 0.5m，同时还要使它与保护接地系统相连。被试设备要根据它的工作情

况来连接，但被试设备与实验室的墙壁和其他金属物体之间至少要离开 1m。被试设备根据安装规定与接地系统相连，不允许再有附加接地，电源线和信号电缆也要按照实际的安装位置来设置。

测试仪的放电返回电缆要与参考地相连，电缆长度通常是 2m。如果这一长度超过了选定的放电点所需要的长度，其超过部分不应太靠近试验配置中的其他导电部分 (至少 0.2m)，而且与参考地之间不存在感应。接地电缆与参考接地板之间的连接，以及所有的焊点都应是低阻抗的。用于间接放电的耦合板其材料与厚度应和接地板是一致的，并通过每一端上均带有 470kΩ 电阻的电缆与参考接地板相连接，这些电阻要经得起放电电压，同时当电缆在接地板上的时候也不会引起短路。

图 6-4 是台式被试设备的试验配置，除图中说明外，被试设备和电缆与耦合板之间要用 0.5mm 厚的绝缘物隔开。水平耦合板每边应至少比被试设备长出 0.1m 规定距离，如果被测试的设备太大，可选用更大的试验台或同时使用两张相同的试验台 (拼在一起)，在两个试验台的拼合处放一块同样的金属板，金属板各压住每个台面 0.3m 以上 (水平耦合板不必拼焊在一起)。但要求两个试验台分别用带电阻的电缆与参考接地板相连。

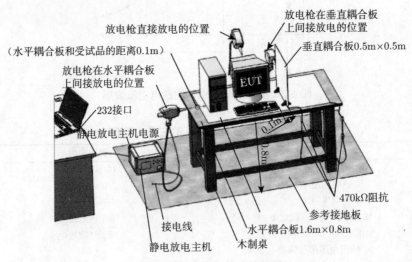

图 6-4　台式设备的试验配置

图 6-5 为某一电子产品的静电放电试验现场照片，采用接触式放电测量，所用 ESD 设备为某科技有限公司的 MODEL ESD-20 静电放电仪。

对电子元器件进行静电防护的基本思想是，在可能产生静电的地方阻止静电的积累或迅速可靠地泄放已存在的电荷。泄放静电电荷的手段，随电荷带电体是导体还是非导体 (绝缘体) 而定。

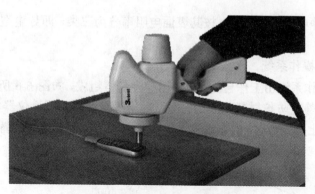

图 6-5　实验室放电试验现场照片

对电子仪器或设备进行静电防护的措施,主要是通过两条途径来进行:①设计难以引起误动作以及元器件难以击穿的逻辑回路,同时在仪器或设备的组装上加以必要的考虑;②从运用的方面,将仪器或设备置于难以发生静电的场所或者难以受到静电影响的场所。前者属于电子回路中一般的防噪声危害的问题;后者属于设置和运用方面的问题。一般措施包括如下几个方面。

1) 基本要求

(1) 防止静电的产生。

(2) 防止静电场,在可能产生静电的地方阻止静电的积累,迅速可靠而又有控制地泄放已存在的电荷,要求静电电位泄放至 100V 以下的时间小于 1s。

(3) 防止由于同带电的人或物体接触而引起的直接放电。

(4) 绝缘体上静电采用中和法。

(5) 为保证静电放电操作人员安全,整个防护系统的泄漏电流不允许超过 5mA。

(6) 运动或感应而带电的设备,其导电部分必须进行接地,不包括安装时的接地 (如设备埋设在地下或安装在接地桩上)。

(7) 利用工具操作或修理有带静电危险的设备时,工具应接地。

(8) 由于润滑油是绝缘体,所以旋转部分必须接地。必要时应采用接触电刷或导电润滑剂以保证接地。

(9) 在管道、设备的法兰盘之间连接至少两个良导体的螺栓保证电传导性,否则应有专用的分路跨接线。

2) 静电防护材料的主要性能

(1) 静电防护材料的主要性能有以下三个。

①防止由于带电的人体或物体接触引起直接放电。

②防止摩擦起电的产生。

③防止静电场。

(2) 用于静电防护的材料，按其表面电阻率分为三类，即导电型、绝缘型和耗散型。

3) 防静电操作系统

防静电操作系统由工作台、限流电阻与台垫等组成，如图 6-6 所示。台垫的材料是由上述的静电防护材料组成的，不得用绝缘材料。因测量仪器等是使用交流电源的，为防止人员触电，必须使安全电流小于 5mA。因此，从台垫接限流电阻至地，称为软接地。限流电阻通常取 $10^6\Omega$。

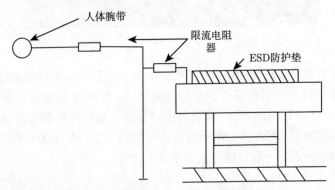

图 6-6　典型的静电放电 (ESD) 防护工作台

4) 湿度的考虑

湿度对静电的积累和消散的影响很大，湿度较低时，静电电位高；湿度较高时，静电电位低。这主要因为湿度较高时，绝缘材料表面吸附了水分子 (有时还有导电杂质) 而降低了绝缘性，便于静电泄漏。不同物质受湿度影响不同，吸湿性大的，容易被水分润湿，受湿度影响较大；吸湿性小，受湿度影响也小。其次，当湿度增高时，空气中离子的浓度有所增加，也能促进静电的中和与消散。从消除静电危害的角度考虑，保持相对湿度在 70% 以上较为适宜。当相对湿度低于 30% 时，产生的静电放电 (ESD) 是比较强烈的。

5) 采用静电消除器

静电消除器有：感应式静电消除器、高压静电消除器、离子流 (离子风) 静电消除器。

感应式静电消除器使空气电离，是最简单、最便宜的设备，适用于电位很高的带电物体 (如 10 000V 以上)；高压静电消除器是用外电压使放电管针尖周围的空气电离，适用于任意电位的带电物体，且均有良好效果；离子流 (离子风) 静电消除器是利用高压电源接引放电针，放电针产生电晕放电使空气电离，再用压缩空气将离子经过喷嘴送到带静电的物体，使电荷中和，适用于防爆的场所、电子元器件与设备制造场所。

6) 仪器和设备的防静电措施

(1) 一般要求

① 优先选用静电放电敏感度不低于 2 级的电子元器件。

② 若必须采用静电放电敏感度为 1 级的元器件时，其保护电路应设置在仪器或设备的最低层次上，并要求静电放电电压值不低于 2 级。

③ 在设计文件和图样中应明确标明：混合电路和仪器设备的静电放电 (ESD) 敏感度的级别和标志；电子元器件静电放电敏感度级别要求；对生产方和使用方静电放电 (ESD) 控制和保护的技术要求。

(2) 通常采取的措施

① 在 MOS 器件的每个输入端外部串联电阻器。

② MOS 器件所有不同的输入端引线不能悬空，应视不同电路接到电源地、电源 (源极)U_{SS} 或电源 (漏极)U_{DD} 上。

③ CMOS 器件的输出端 (模拟开关除外) 可用一个电阻器把每个输出端与电缆线路隔开，并用两个高速开关二极管把电路钳位在 U_{SS} 或 U_{DD} 上。

④ 使用长输入电缆时，应采用滤波网络。

⑤ 在静电放电敏感双极元器件的输入端，外接由一个电阻值较大的电阻器和一个容量不小于 100pF 的电容器组成的 RC 网络，以降低静电放电的影响。当电路特性有规定时，也可用两个并联二极管在每个极性上钳位 0.5V 电压，将输入分流到地。

⑥ 不准将安装在印制电路板上的静电放电敏感元器件的引线不经任何保护电路直接与电连接器端子相连。

⑦ 仪器和设备的接口电路尽量采用静电放电敏感度为三级或不敏感的元器件。

⑧ 与静电放电敏感电路连接的仪器和设备外接电连接器上应有静电放电保护帽 (盖)。

⑨ 与静电放电敏感产品连接的键盘、控制面板、手控装置、开关及锁定装置等，应设计成能通过机壳地线直接释放人体上的静电荷。

⑩ 元器件和混合电路布置应将静电放电敏感元器件远离产生静电场的部件，如排风扇等，必要时应采用静电抑制技术和静电屏蔽技术。

⑪ 静电放电敏感产品应设置与大地或船舰、航天飞行器、火箭及导弹的金属壳体相连接的接地端子。

⑫ 机箱壳体如有搭接，即使为 0.1Ω 的搭接电阻，如有放电电流 30A，搭接处就有 3V 电压，即不同电路的参考电位会相差 3V。解决办法为采用单点接地，尽量避免搭接。

7) 防静电保护区

① 对静电放电敏感的电子产品应在防静电保护区内操作，该区域内是一个配

备有各种防静电设备和器材、能限制静电电位、具有确定边界和专门标记的适于从事防静电操作的场所。

② 防静电保护区应具有为控制或减少静电电荷 (静电电压) 所需的器材、设备和程序。

③ 防静电保护区是限制静电电压电平的，在该区域内操作最敏感的静电放电敏感产品时，使其静电电压降至安全阈值以下。

④ 设计防静电保护区的考虑因素包括适当的接地措施，人员、电气安全和与操作程序相联系的研究的改进要求。

⑤ 当静电放电敏感产品在去掉静电放电防护罩或防护包装的情况下，若必须在防护区之外接受操作时，需要规定更详细的静电放电防护操作程序。

⑥ 减少与防静电保护区相关的要素，如尽量减少人体服装、头发和动作所产生的静电荷。

⑦ 应有清晰的防静电保护区标志和接地连接点的标志。

⑧ 防静电保护区入口处应设置接地杆，人员进入防静电保护区前，先触摸接地杆，以泄放人员带的静电。

8) 接地考虑

防静电电保护区和防静电操作系统的安全和接地的考虑如下。

① 通过足够高的阻抗接地，把电流限制在人身安全的电平 5mA 以下。电缆和电阻器应具有足够的载流能力，由于工作台地线仅为泄放静电电荷用，通常用 0.5W 电阻器已足够。

② 接地电缆连接应该是连续的、永久性的。

③ 考虑到所有并联通路，对地电阻应足够大，以便根据工作人员可接近的最高电压源，把泄漏电流限制在 5mA 或 5mA 以下，上述电压源包括电源和试验设备。

④ 接地电缆和接线的材料应具有足够的机械强度，以避免偶然断开。

⑤ 在由于反射动作可能引起问题的地方，可以采用保护措施使电流小于 5mA。

⑥ 工作台表面、地垫、接地搭扣和其他用来耗散静电的防静电保护区，均应通过电阻接到大地或电源系统地，或者是其他适合的安全地线上。腕带应通过操作系统的工作台表面接地点与连接，如图 6-6 所示。工作台不应该相互串联，因为串联电阻能引起较长的静电放电耗散时间。此外，一条接地电缆有断开，会引起另外工作台接地电缆断开。

⑦ 接地手腕带和脚腕带的佩戴应直接与人体的皮肤接触，不得戴在衣服上，工作台表面应该通过一接地电缆与地连接。考虑到在接地的人体所能触及的范围内的最高电压源和所有诸如腕带、工作台表面及导电地板等与地平面的电阻，表面接地电缆内的电阻要放置在 (或靠近) 与工作台表面相接触的点上，并且应足够大，以便把泄漏电流限制在 5mA 或 5mA 以下。

⑧ 在静电放电敏感元器件从一个地方转移到另一个地方之前，运输工具、夹具或容器应按电气连接方式连接在一起。

6.1.2 ESD 防护中的过冲电压模型与应用 [4−10]

在我国的标准中："静电放电是具有不同静电电位的物体互相靠近或直接接触引起的电荷转移"，ESD 会导致电子设备功能失常，甚至是设备损坏，现在专家学者以及企业工程师都在想办法抑制静电放电的危害。ESD 对器件造成的损坏有直接的和间接的两种。间接损坏在当时表现并不明显，但元器件使用寿命会缩短，在过压、高温等条件下极易损坏。

1. ESD 机理分析

由 IEC 61000−4−2:2008 给出的静电放电波形的数学表达式为

$$i(t) = \frac{i_1}{k_1} \cdot \frac{\left(\frac{t}{t_1}\right)^n}{1 + \left(\frac{t}{t_1}\right)^n} \cdot \exp\left(\frac{-t}{t_2}\right) + \frac{i_2}{k_2} \cdot \frac{\left(\frac{t}{t_3}\right)^n}{1 + \left(\frac{t}{t_3}\right)^n} \cdot \exp\left(\frac{-t}{t_4}\right) \quad (6-1)$$

$$k_1 = \exp\left[-\frac{t_1}{t_2}\left(\frac{nt_2}{t_1}\right)^{1/n}\right], k_2 = \exp\left[-\frac{t_3}{t_4}\left(\frac{nt_4}{t_3}\right)^{1/n}\right]$$

式中，k 为标准 ESD 的补偿系数；k_1 为波前系数，ns；k_2 为波长系数，ns。

下面针对该 ESD 波形进行频谱分析。

利用 MATLAB 对静电放电波形进行频谱分析，结果如图 6-7 所示。在 FFT analysis 的图中，横坐标为频率，纵坐标为幅值。

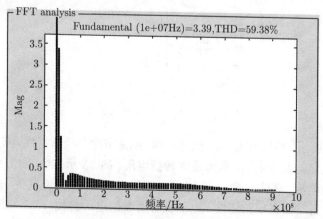

图 6-7 静电放电波形频谱分析

　　由图 6-7 我们可以发现，在 0 时，幅值为 5V，计算直流分量幅值时还需要除以 2，为 2.5V。电流频谱分布在 500MHz 内，在 30MHz 内下降明显。但在电路频域变换中我们看到静电放电电流有将近 1GHz 的带宽，可见静电放电干扰含有大量高频成分，主要分布在 1GHz 内，高频部分由第一尖峰产生。静电放电电流的能量主要集中在低频，如果不通过地线释放，会对后面的电子设备造成过荷损坏，而丰富的高频成分会干扰到设备的正常工作。

　　在本节中，采用的 ESD 保护器件为 TVS，由特殊的 PN 半导体结组成，是一种对 ESD 防护具有工程意义的二极管形式器件。当瞬态高能量冲击 TVS 的反向两端时，它能以 10^{-12}s 的时间，将两端的高阻值变为低阻值，使两极间的电压维持在一个预设值，可以有效地保护元器件。

2. TVS 管保护电路的工作机理

　　TVS 分为单极型和双极型两种结构，单极型 TVS 有一个 PN 结，双极型 TVS 有两个 PN 结。一般在针对单一反向的 ESD 电流时，采用单极型的 TVS 进行保护；而针对交流干扰噪声时，采用双极型的 TVS 进行保护。

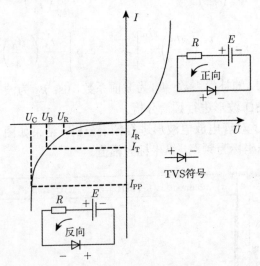

图 6-8　TVS 管的 I-U 曲线图

　　如图 6-8 所示，TVS 和稳压二极管一样，都是应用其反向特性。其中 U_R 是在发生反向击穿之前的临界电压，称为最大转折电压。U_B 表示 TVS 的击穿电压，I_T 为其对应的反向电流，其值一般为 1mA。U_C 表示 TVS 最大钳位电压，I_{PP} 表示 TVS 的峰值电流。当工作在反向特性，电子设备两端的电压会被 TVS 钳制在 $U_B \sim U_C$ 的范围内。与稳压管二极管存在区别的是，I_{PP} 的大小有可能达到几百安培，并且 TVS 的响应时间为 1×10^{-12}s。

TVS 的电压–时间和电流–时间的曲线示意图见图 6-9。在脉冲电流刺激下，TVS 中流过的电流由原来的漏电流 I_d 迅速上升到峰值脉冲电流 I_{PP}，其两端的电压稳定在最大钳位电压 U_C；当脉冲电流减小时，TVS 两端的电压也在不断下降；最后又降到 U_{BR}。

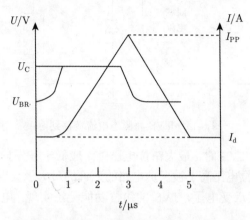

图 6-9　TVS 的电流–时间、电压–时间特性

TVS 在瞬态发生后立即开始钳位，将峰值电压限制在安全的范围内的功能见图 6-10、图 6-11。当瞬态电压大于其击穿电压时，TVS 的电阻就会减小，使瞬态电流流过 TVS，减小被保护设备中的瞬态干扰电流，同时使其两端的电压稳定在到 TVS 的钳位电压；当过压条件消失后，TVS 又恢复到高阻抗状态。

TVS 主要可以按极性分为单向性和双向性两种。抑制反向的用单通 TVS，抑制交流的用双通 TVS。具体的 TVS 的选用原则包括以下五个。

(1) 了解被保护电路的最大直流工作电压，如果工作在交流电下，应推算出交流电压的最大值。

(2) 考虑 TVS 的工作电压 U_{RWM}，在选择正确 TVS 保护器件时，其 U_{RWM} 等于或大于被保护电路的最大工作电压。

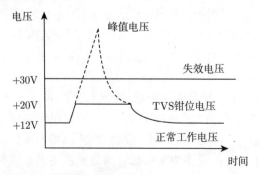

图 6-10　TVS 将有害的瞬态钳制在安全范围内

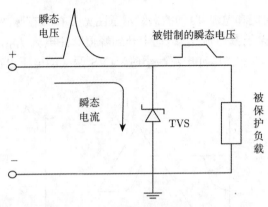

图 6-11　TVS 将瞬态电流转移到地

(3) 选择正确的 TVS 时，最大钳位电压 U_C 应低于被保护电路的允许的最大承受电压。当最大钳位电压高于被保护电路的允许的最大承受电压时，干扰电压大于电路的允许的最大承受电压，TVS 的钳位功能无法实现，电路将受到干扰甚至导致电路的损坏。

(4) TVS 的最大脉冲峰值功耗 P_M，如果能够了解电路的干扰脉冲情况，工程师就能很好地采用相应的解决措施。包括干扰脉冲的波形、脉冲持续时间、上升时间、峰值数据、频率和周期等因素。

(5) 根据干扰信号的类型来选择适当的 TVS。一般如果干扰信号是直流信号，那适当钳位电压的单通 TVS 就可以有很好的抑制作用；如果干扰信号是交流信号或是极性变化的信号，那只有采用适当的双通 TVS 来抑制干扰从而保护电路。

TVS 管常用的主要参数包括以下五项。

(1) 最大反向电流 I_R 和最大反向电压 U_{RWM}。当 TVS 工作在反向状态时，规定的 TVS 中反向电流最大值为 I_R，称为最大反向电流；TVS 两端的电压的最大值为 U_{RWM}，称为最大反向电压。当 TVS 两端的电压为最大反向电压时，TVS 将处于反向关断状态，同时 TVS 中的电流应不大于 I_R。

(2) 击穿电压 U_{BR} 和击穿电流 I。当 TVS 流过 1mA 的击穿电流时，测得 TVS 两端的电压称为最小击穿电压 U_{BR}。按 TVS 的击穿电压 U_{BR} 与标准值的离散程度，可把 TVS 分为两种：对于 $\pm5\%U_{BR}$ 来说，$U_{RWM}=0.85U_{BR}$；对于 $\pm10\%U_{BR}$ 来说，$U_{RWM}=0.81U_{BR}$。

(3) 最大钳位电压 U_C 和最大反向脉冲峰值电流 I_{PP}。I_{PP} 为触发脉冲峰值电流，在脉冲电流的作用下，TVS 两端为 TVS 的最大钳位电压 U_C。在反向工作状态下，脉冲峰值电流 I_{PP} 流过 TVS 时，会使 TVS 两端电压保持在 U_C。

(4) 电容量 C_{PP}。C_{PP} 是由 TVS 雪崩结截面决定的，在频率为 1MHz 下测得。C_{PP} 的大小正比于 TVS 的电流承受能力，如果 C_{PP} 过大将使信号衰减。因此，在数据接口电路选用 TVS 时，需要注意考虑电容量 C_{PP}。

(5) 最大脉冲峰值功耗 P_M。P_M 是 TVS 能承受的最大脉冲峰值下的耗散功率。在给定的 U_C 下，功耗 P_M 越大，其浪涌电流的承受能力越大；类似地，在给定的功耗 P_M 下，U_C 越低，其 ESD 冲击承受能力越大。

以下列出 TVS 典型应用实例，如图 6-12 所示。图 6-12(a) 为 TVS 管作为稳压管稳压输出保护器件，图 6-12(b) 为 TVS 管作为 TTL 电路的保护器件，图 6-12(c) 为 TVS 管作为直流线性电源的保护器件，图 6-12(d) 为 TVS 管作为场效应管的保护器件，图 6-12(e) 为 TVS 管作为集成电路的保护器件，图 6-12(f) 为 TVS 管作为设备防雷的保护器件。

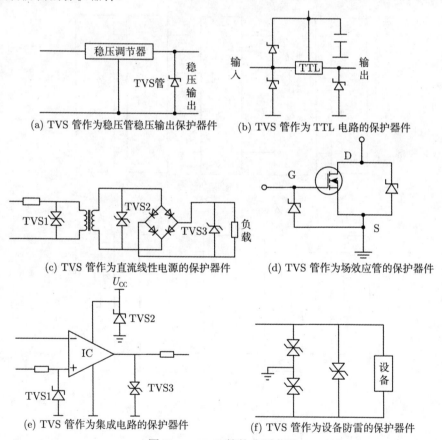

(a) TVS 管作为稳压管稳压输出保护器件   (b) TVS 管作为 TTL 电路的保护器件

(c) TVS 管作为直流线性电源的保护器件   (d) TVS 管作为场效应管的保护器件

(e) TVS 管作为集成电路的保护器件   (f) TVS 管作为设备防雷的保护器件

图 6-12 TVS 管的典型应用

6.1.3 ESD 防护中的负载阻抗匹配与应用 [11]

1. LNA 阻抗匹配条件

在高频领域，达到阻抗匹配指的是高频信号能完整到达负载端，无反射波，从而提升增益和能源利用率。LNA 所需的匹配网络大小需根据不同的应用频率来选择,因此在 LNA 放大器电路与源端和负载端之间需要加入外置式匹配网络。放大器与源的匹配有两种方式:一是以获得最小噪声为目的;二是以获得最大增益为目的。一般来说,绝大多数的射频小信号放大器在满足最大增益的基础上优化噪声系数,以提高能量利用率。

如图 6-13(a) 所示,放大器的阻抗网络结构分为信号源、输入匹配网络、LNA 放大电路、输出匹配网络、负载五部分。G 是该网络功率增益,Γ 是反射系数。其中 Γ_{S},Γ_{L} 是源端/负载端方向的反射系数;Γ_{in},Γ_{out} 是晶体管 (或 IC) 输入端/输出端方向的反射系数。图 6-13(b) 是 LNA 的电路模型。

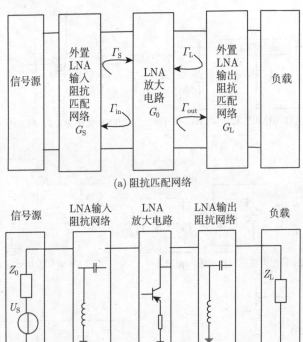

(a) 阻抗匹配网络

(b) 电路分析模型

图 6-13   LNA 系统

输入匹配网络的功率增益 G_{S} 可表示为

$$G_{\mathrm{S}} = \frac{1 - |\Gamma_{\mathrm{S}}|^2}{|1 - \Gamma_{\mathrm{S}}\Gamma_{\mathrm{in}}|^2} \tag{6-2}$$

当放大器输入阻抗与源阻抗共轭匹配时,则

$$Z_{\mathrm{in}} = Z_{\mathrm{S}}^* \tag{6-3}$$

即 $\varGamma_{\text{in}} = \varGamma_{\text{S}}^*$ 时，放大器的输入功率为最大。

由于 LNA 晶体管或 IC 的 S_{11} 参数已知，对于单向且稳定的 LNA，有 $\varGamma_{\text{in}} = S_{11}$，于是晶体管 (IC) 与源端实现阻抗匹配的条件为

$$\varGamma_{\text{S}} = S_{11}^* \tag{6-4}$$

此时 G_{S} 达到最大值，G_{S} 最大值表示为

$$G_{\text{S max}} = \frac{1}{1 - |\varGamma_{\text{S}}|^2} \tag{6-5}$$

2. TVS 管引起的 LNA 阻抗失配的分析与仿真

由图 6-13 可知，LNA 的电路模型分为信号源、输入阻抗网络、LNA 放大电路、输出阻抗网络、负载。当匹配阻抗网络在 LNA 应用频率处取得合适的大小时，LNA 工作在最佳性能，即最大增益、低噪声与良好的线性和带宽要求。

LNA 工作在微波频段，因此任何二极管保护器件的等效电路模型都需考虑半导体物理特性和封装寄生电容与杂散电感等。TVS 器件由齐纳二极管构成，非击穿状态下的小信号模型如图 6-14(a) 所示。L_{pkg} 为封装的串联寄生电感，C_{pkg} 为封装的并联寄生电容，R_{S} 为串联体电阻。U_{th} 为击穿时的门限电压。

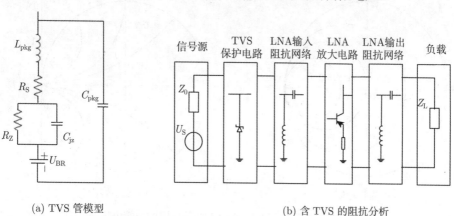

(a) TVS 管模型　　　　　　　　　　　　　(b) 含 TVS 的阻抗分析

图 6-14　TVS 管引起的阻抗失配

不同型号的 TVS 的寄生参数取值是不尽相同的。这与它们的制造材料、PN 结掺杂浓度、耗尽区宽度、封装类型等有关。其计算过程比较复杂，在工程中不适宜准确描述其参数大小。对于 SMC 封装的 TVS，一般串联寄生电感在 $1\sim10\text{nH}$，并联寄生电容在 1pF 左右。在高频区，内部结电容的作用会相对明显。非击穿下结电容大小从 1pF 到几百皮法不等。这些寄生参数一般与射频电路的阻抗网络属于同一数量级，不可忽略。

　　考虑到 ESD 防护是在 LNA 输入端安装，为达到 LNA 的输入阻抗匹配，对其阻抗匹配条件进行分析，找到源端等效匹配阻抗与源端反射系数的具体关系。

　　Smith 圆图是解决负载阻抗匹配问题的有效工具。Smith 圆图由等电阻圆和等电抗圆组成，它是由传输线反射系数基本关系式得出：

$$\Gamma = \frac{Z_{\mathrm{L}} - Z_0}{Z_{\mathrm{L}} + Z_0} = \Gamma_r + \mathrm{j}\Gamma_i \tag{6-6}$$

式中，Γ_r 和 Γ_i 是 Γ 的实部和虚部。将 Z_{L} 进行归一化处理，消除 Z_0，分别计算 Z_{L} 的实部 r 与虚部 x，得到等电阻与等电抗圆关系式：

$$
\begin{aligned}
\left(\Gamma_r - \frac{r}{1+r}\right)^2 + \Gamma_i^2 &= \left(\frac{1}{1+r}\right)^2 \\
(\Gamma_r - 1)^2 + \left(\Gamma_i - \frac{1}{x}\right)^2 &= \left(\frac{1}{x}\right)^2
\end{aligned}
\tag{6-7}
$$

它们分别表示位于 Γ_r 和 Γ_i 平面上的等电阻圆与等电抗圆 (图 6-15)。由式 (6-4) 可知，当源端的反射系数已知时，便可利用该曲线求出达到匹配时源端的等效阻抗。

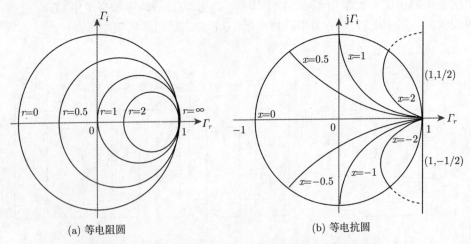

(a) 等电阻圆　　　　　　　　　　(b) 等电抗圆

图 6-15　位于 Γ_r 和 Γ_i 平面上的等电阻圆与等电抗圆

　　下面分析 TVS 管的寄生参数对源端匹配阻抗网络的影响。根据式 (6-3)，当放大器的源阻抗与输入阻抗达到共轭时，放大器能获得最大增益。在 LNA 应用频率上，令输入匹配网络的计算阻抗为 Z_{m}。TVS 在考虑高频寄生参数后，其等效阻抗表示为 Z_{tvs}。加入 TVS 保护电路后，其等效电路如图 6-14(b) 所示。未加入 TVS 保护前，输入端处于匹配状态的源端等效阻抗表示为

$$Z_{\mathrm{S}} = Z_{\mathrm{m}} \| Z_0 \tag{6-8}$$

此时，在 Smith 圆中 Z_S 对应的源端反射系数为 $\varGamma_S$，

$$\varGamma_S = \frac{Z_S - Z_0}{Z_S + Z_0} \tag{6-9}$$

加入 TVS 后，其源端等效阻抗变为 Z'_S，

$$Z'_S = \frac{Z_m Z_{tvs}}{Z_m + Z_{tvs}} \| Z_0 \tag{6-10}$$

此时，在 Smith 圆中对应的源端反射系数变为 $\varGamma'_S$

$$\varGamma'_S = \frac{Z'_S - Z_0}{Z'_S + Z_0} \tag{6-11}$$

此时 $\varGamma'_S$ 发生变化，不再满足式 (6-4)，LNA 输入端处于阻抗失配状态。

本书中利用 ADS(advanced design system) 仿其软件设计了一种典型 LNA 前置放大电路，工作于 500MHz。运放器件采用 2sc3356(NEC85633) 晶体管来实现低噪声放大。仿真中 2sc3356 的静态工作点为：I_c=12mA，V_{ce}=3V，特性阻抗为 50Ω。为了提高系统热稳定性，采用电阻性偏置。输入与输出端采用 L 型阻抗匹配网络。

ADS 提供了许多的匹配工具，这里采用史密斯图匹配 (DA Smith chart match) 进行阻抗网络匹配，该功能可以自动生成 L 型匹配网络及各参数值。阻抗变换在 Smith 图中的表示如图 6-16(a) 所示，其变换的阻抗网络参数如图 6-16(b) 所示。图中右侧上方和下方曲线分别表示该网络的 S_{11} 参数与 S_{21} 参数。可以看到源端插入匹配阻抗网络后，在 500MHz 处拥有最大的增益与最小的反射。元件参数与功能如表 6-4 所示。

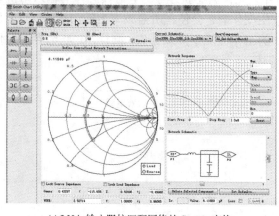
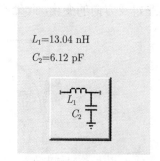

(a) LNA 输入阻抗匹配网络的 Smith 变换　　　　(b) 输入阻抗匹配网络参数

图 6-16　LNA 阻抗匹配网络的仿真

表 6-4　阻抗匹配网络元件参数与功能

元件编号	参数	功能
L_4	14nH	输入匹配
C_9	6pF	输入匹配
C_{10}	1.2pF	输出匹配
L_5	6.8nH	输出匹配
L_2	50nH	输入匹配，隔离偏置电路
L_3	18nH	输出匹配，隔离偏置电路
C_3	1000pF	输入匹配，隔离偏置电路
C_4	1000pF	输出匹配，隔离偏置电路

为了观察 TVS 管对 LNA 工作性能的影响，通过 ADS 对 LNA 电路输入/输出端的 S_{21} 参数和噪声系数进行了仿真，结果如图 6-17 所示。LNA 的应用频率 $f_0=500$MHz，仿真起始频率 10MHz，截止频率 1GHz，步长 10MHz。仿真结果图中的四条曲线从上到下分别是：①在 LNA 入口处不并联任何元件；②并联 $L=5$nH 的电感；③并联 $L=2.5$nH 的电感；④并联 $L=1$nH 的电感。图中可看出，$L=5$nH 时，S_{21} 曲线与没有电感时重合，此时 500MHz 处增益大于 15dB，噪声系数近似 0，接近阻抗匹配状态。随着 L 的不断下降，增益不断减小，噪声系数不断增大，LNA 的阻抗失配程度越来越严重。表 6-5 列出了在 500MHz 处不同电感失配程度的比较。

由此可见，并联感性元件，会使增益不同程度地下降，感抗越小，增益的损失越大。当电感超过 5nH 时，增益和噪声水平基本恢复正常。造成这种现象的原因是 LNA 的输入阻抗是一个定值。当并联元件的感抗越小时，对其总体的输入阻抗影响就越大。当 LNA 的输入阻抗发生变化时，会使在所需频率上的源端与 LNA 放大电路处于不匹配状态，使 LNA 的工作性能下降或丢失。同样，并联电容性元件会呈现反方向的变化，此处不再论述。

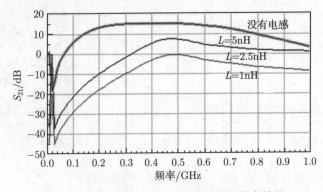

图 6-17　TVS 管对 LNA 阻抗影响的仿真结果

表 6-5　失配程度比较($f_0 = 500\mathrm{MHz}$)

并联电感	S_{21}/dB	噪声系数 NF	匹配分析
1nH	0.612	1.910	差
2.5nH	7.058	0.341	较好
5nH	11.736	0.092	好
无 ($L=\infty$)	15.029	0.041	最好

3. TVS 引起的 LNA 阻抗网络失配补偿方法

1) 补偿原理

图 6-18 是加入补偿网络后的 LNA 电路模型。由式 (6-10)，补偿的目的是使补偿后源端的等效阻抗等于未加入 TVS 保护前的源端等效阻抗。设补偿后的 TVS 保护电路阻抗大小为 Z'_{tvs}，则 Z'_{tvs} 需满足关系式

$$\frac{Z_{\mathrm{m}}Z'_{\mathrm{tvs}}}{Z_{\mathrm{m}} + Z'_{\mathrm{tvs}}} \parallel Z_0 = Z_{\mathrm{S}} \tag{6-12}$$

从式 (6-12) 中可以看出，当 $Z'_{\mathrm{tvs}} = \infty$ 时，由式 (6-10)，LNA 输入端重新回到阻抗匹配状态。

确定补偿网络前，需要对 TVS 管的等效阻抗 Z_{tvs} 进行初步的估算。TVS 的等效阻抗大小可用试验法进行估算。如图 6-13(a) 所示，当 LNA 处于阻抗失配状态时，输入网络增益 G_{S} 下降为 G'_{S}。然而，LNA 放大电路的增益 G_0 与输出网络的增益 G_{L} 是不变的。通过矢量网络分析仪 (VNA) 的测试，可以得到 TVS 保护前后功率增益的比值 K。联立式 (6-2)、(6-10)、(6-11)，得

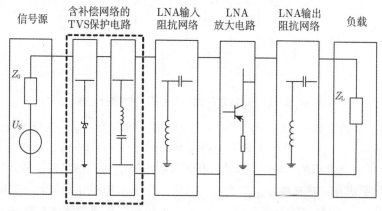

图 6-18　TVS 管引起的 LNA 阻抗失配的补偿原理

$$
\begin{cases}
K = \dfrac{G_{\text{S}}}{G_{\text{S}}'} = \dfrac{1 - |\varGamma_{\text{S}}|^2}{1 - |\varGamma_{\text{S}}'|^2} \dfrac{|1 - \varGamma_{\text{S}}' S_{11}|^2}{|1 - \varGamma_{\text{S}} S_{11}|^2} \\[2mm]
\varGamma_{\text{S}}' = \dfrac{Z_{\text{S}}' - Z_0}{Z_{\text{S}}' + Z_0} \\[2mm]
Z_{\text{S}}' = \dfrac{Z_{\text{m}} Z_{\text{tvs}}}{Z_{\text{m}} + Z_{\text{tvs}}} \parallel Z_0
\end{cases}
\tag{6-13}
$$

式中，S_{11} 为 LNA 晶体管 (或集成电路) 的反射系数；$\varGamma_{\text{S}}$ 可根据 Smith 圆图求得；已知 K，则可求得 $\varGamma_{\text{S}}'$。再利用 Smith 圆图可求得 Z_{S}'；最终可估算 Z_{tvs} 的大小。

2) 基于阻抗消除的阻抗失配补偿方法

该补偿方法可将 TVS 负载隐藏在工作的 LNA 电路当中，如图 6-19 所示。由于 TVS 可等效为一个电抗元件，利用并联谐振可消除 TVS 负载。谐振频率的计算式为

$$
f = \frac{1}{2\pi\sqrt{LC}}
\tag{6-14}
$$

该方法通过并联谐振来降低 TVS 的寄生参数。由于 TVS 在匹配网络中等效为电抗，我们并联一个合适大小的电容 C。在理想情况下，该回路在工作频点上的传输系数为 1，不会对 LNA 的匹配网络产生影响。

利用式 (6-13)，可通过试验求得 TVS 的负载特性和 LNA 的应用频率，从而来选择额外的谐振电容。

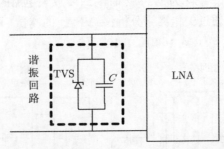

图 6-19   基于阻抗消除的 LNA 阻抗失配补偿模型

在接下来的试验中，可求得 TVS 管在 500MHz 应用频率处的负载等效为 2.6nH 电感。根据式 (6-14)，并联的电容大小需求为 40pF。仿真中取 $L_{\text{tvs}}=2.6$nH。图 6-20 是加入补偿电容前后的 ADS 仿真结果和无保护电路的仿真结果对比图。图上方是 LNA 的 S_{11} 仿真，下方是 S_{21} 仿真。从上到下的 S_{21} 曲线分别是无保护电路、阻抗消除补偿后、阻抗消除补偿前的曲线。表 6-6 是应用频率处的 S_{21} 参数大小与噪声系数。

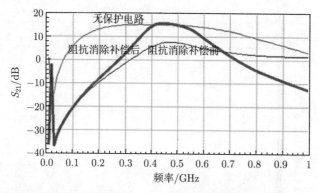

图 6-20　基于阻抗消除的 LNA 阻抗失配补偿的模型仿真结果

从仿真结果中可以看出,当 TVS 的负载电感与补偿电容共振后,LNA 的增益曲线有了明显好转。在 500MHz 处,有大约 14.959dB 的增益,而 S_{11} 反射系数也在 500MHz 左右达到最小。在 500MHz 处噪声系数下降了 0.29dB。但是与无 TVS 保护的仿真结果相比,通频带有所减小,大约只有 200MHz 的通频带。对于带宽比较高的信号,容易产生失真。

表 6-6　补偿方法有效性分析 ($f_0 = 500$MHz)

ESD 保护电路	S_{21}/dB	噪声系数 NF	匹配分析
单 TVS 保护	7.544	0.332	差
加入补偿电路后	14.959	0.045	较好
无保护电路	15.029	0.041	好

当 TVS 并联一个电容时,在 LNA 的应用频率处是被消除的,但需要考虑的是此回路在 ESD 发生时 TVS 能否运作。电容的导通优先级是高于 TVS 的,这是由于电容是瞬响应滤波电路,而 TVS 必须达到反向击穿 U_{th} 之后才能导通。因此需要验证并联电容是否会对 ESD 产生滤波作用。

设源阻抗和负载阻抗为 50Ω,单电容滤波的电压传输系数可以表示为

$$IL = \frac{1}{\sqrt{1 + \left(2\pi f \dfrac{Z_0}{2} C\right)}} \tag{6-15}$$

图 6-21 是 ESD 时域电流经 MATLAB 仿真的频谱图,可见 ESD 电流幅值较高的成分集中在 100MHz 内。由式 (6-15) 可推导,当 f=100MHz,$IL = 1/\sqrt{2}(-3)$dB 时,C=660pF;当 f 从 100MHz 减小时,IL 不断增大;当 C 从 660pF 减小时,IL 也不断增大。因此,40pF 的电容与 TVS 并联,电容并不会起到 ESD 滤波作用。

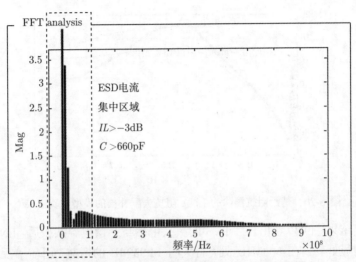

图 6-21　阻抗补偿电路中电容对 TVS 管的影响

3) 基于阻抗隔离的阻抗失配补偿方法

如图 6-22 所示，该方法通过并联谐振来隔离 TVS 的寄生参数。额外的 LC 谐振回路串联在 TVS 与地之间，提供高阻抗阻断 TVS 的负载效应。同时为了给 TVS 提供低阻抗的泄放路径，L 的取值应尽可能小，以免在 ESD 发生形成过冲电压对后续电路造成损害。理想情况下，该回路在工作频点上的 S_{21} 参数为 0，不会对 LNA 的匹配网络产生影响。

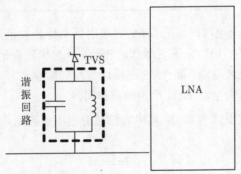

图 6-22　基于阻抗隔离的 LNA 阻抗失配补偿模型

在后文的试验中，可求得某一 TVS 管在 500MHz 应用频率处的负载等效为 2.6nH 电感。根据式 (6-14)，选用 2nH 电感和 39pF 电容。图 6-23 是加入谐振隔离前后的 ADS 仿真结果和无保护电路的仿真结果对比图。从上到下的 S_{21} 曲线分别是无保护电路、阻抗消除补偿后、阻抗消除补偿前的曲线。表 6-7 是应用频率处的 S_{21} 参数大小与噪声系数。

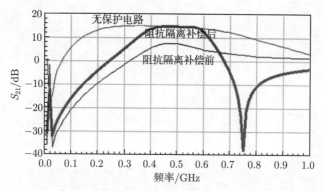

图 6-23 基于阻抗隔离的 LNA 阻抗失配补偿的模型仿真结果

表 6-7 补偿方法有效性分析 ($f_0 = 500\mathrm{MHz}$)

ESD 保护电路	S_{21}/dB	噪声系数 NF	匹配分析
单 TVS 保护	7.544	0.332	差
加入补偿电路后	14.778	0.037	较好
无保护电路	15.029	0.041	好

阻抗隔离仿真结果与阻抗消除的仿真结果类似，当 TVS 额外增加的谐振回路共振后，LNA 的增益曲线有了明显好转。在 500MHz 处，有接近 14.778dB 的增益，而 S_{11} 反射系数也在 500MHz 左右达到最小，在 500MHz 处噪声系数下降了 0.3dB。但是与无 TVS 保护的仿真结果相比，通频带有所减小，约有 220MHz 的通频带。对于带宽比较高的信号，容易产生失真。

由于谐振回路与 TVS 串联，当 ESD 发生时该回路并不会影响 TVS 到达击穿电压后的导通，但 TVS 路径上额外的寄生参数会对干扰电压波形产生过冲或者延迟效应。因此需要关注的是加入谐振回路后，后续电路是否会产生过冲电压和不稳定的电压钳位，这在后文试验中会提及。

4. 试验结果与分析

1) 试验系统设计

本节通过仪器测量试验及静电放电试验，对 LNA 的实际工作性能和 TVS 引起的阻抗失配现象进行测试评估，并根据 TVS 负载大小的计算值，为阻抗网络提供补偿，以消除 TVS 负载的影响。

试验方案如图 6-24(a) 所示，试验系统图示与照片如图 6-24(b) 所示。ESD 测试实验需在符合 IEC 61000-4-2 的标准试验台上进行。

2) 试验操作与分析

实验一：TVS 管对 LNA 阻抗网络影响的对比实验

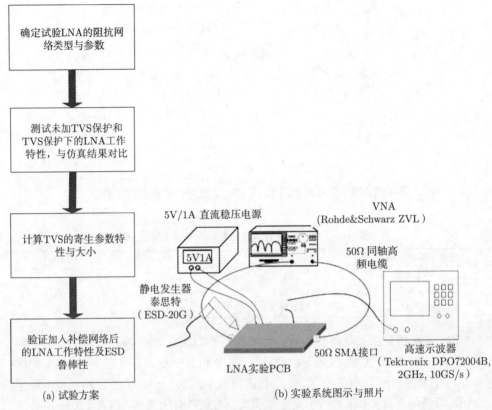

(a) 试验方案　　　　　　　　　　　　(b) 实验系统图示与照片

图 6-24　试验系统

　　本试验以 LNA 的 ADS 仿真模型为参照，取接近仿真参数大小的元件，光刻成一个简易的 PCB 版，两端焊接 SMA 接口，与 VNA 端口对接。工作频率为 470MHz 左右。LNA 放大器的偏置网络、输入/输出匹配网络的布局与仿真设计相同。并联 TVS 的晶体管 LNA 放大器如图所示。在 LNA 入口处并联的 TVS 抑制管型号为 SMBJ6.8A 双向。

　　图 6-25 是经 VNA 测试得到的 S 参数的对比分析。

　　在原频段 470MHz 处增益为 14.9dB，使用 TVS 管保护后，增益下降至接近 0。而反射在 470MHz 处增大至 0，接近全反射。因此可以断定 TVS 导致该电路阻抗失配。

　　实验二：基于消除阻抗的阻抗失配补偿实验

　　根据式 (6-13)，可求得该 TVS 管的等效负载为 2.6nH 的电感。根据式 (6-14)，可求得并联的电容大小需求为 39pF。选用 0805 封装的陶瓷电容，并联在 TVS 两端。图 6-26 是 VNA 测量得到的补偿后的放大器 S_{21} 参数。可以看到，经过阻抗网络的补偿后，LNA 在应用频率 470MHz 处的增益回到了 12.560dB，且反射达到最小值。

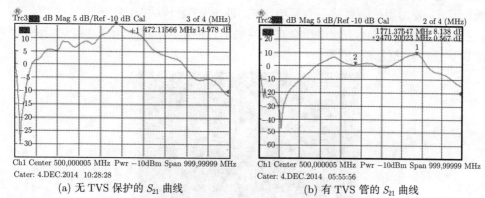

(a) 无 TVS 保护的 S_{21} 曲线　　　　(b) 有 TVS 管的 S_{21} 曲线

图 6-25　TVS 管对 LNA 阻抗网络影响的对比实验结果

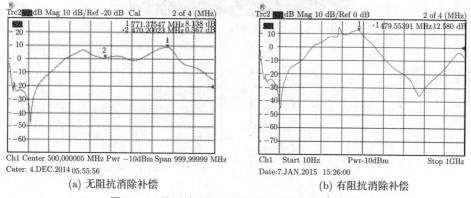

(a) 无阻抗消除补偿　　　　(b) 有阻抗消除补偿

图 6-26　基于消除阻抗的阻抗失配补偿实验结果

本试验使用 GB/T 19626.2 标准的 ESD 测试方法进行 LNA 的 ESD 鲁棒性测试。在 LNA 端口加入补偿后的 TVS 保护电路后通过高速示波器测量负载两端 ESD 干扰电压，得到干扰电压如图 6-27 所示。电压等级为 2kV。可以看到 TVS 仍然具有抑制 ESD 电流和钳位作用，并联电容不影响 TVS 的导通与泄流，使用 pF 级的电容的阻抗消除法不会影响 LNA 的 ESD 鲁棒性能。

实验三：基于阻抗隔离的阻抗失配补偿实验

根据式 (6-14)，选用 2nH 电感和 39pF 电容，选用 0805 封装的陶瓷电容和贴片电感，组成谐振回路与 TVS 管串联。图 6-28(a) 是 VNA 测量得到的补偿后的放大器 S_{21} 参数。可以看到，经过阻抗网络的补偿后，LNA 在应用频率 470MHz 处的增益回到了 12.629dB，且反射达到最小值。

在 LNA 端口加入补偿后的 TVS 保护电路后通过高速示波器测量负载两端 ESD 干扰电压，得到干扰电压如图 6-29 所示。电压等级仍为 2kV。可以看到 TVS

仍然具有抑制 ESD 电流和钳位作用，增加的谐振回路没有对 TVS 的保护产生影响。因此，使用阻抗隔离法不会影响 LNA 的 ESD 鲁棒性能。相比于阻抗消除法，阻抗隔离法中的 ESD 干扰电压会产生略高的过冲电压，这是由于在 TVS 路径上增加了额外的感性元件所致。

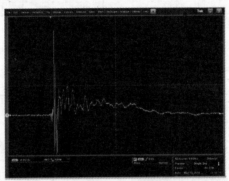

图 6-27　阻抗消除的 ESD 鲁棒性测试

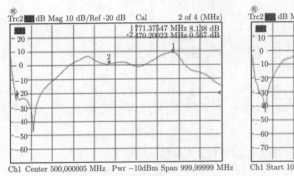

(a) 无阻抗隔离补偿

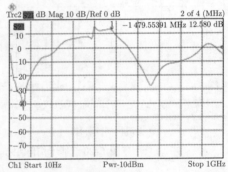

(b) 有阻抗隔离补偿

图 6-28　基于阻抗隔离的阻抗失配补偿实验结果

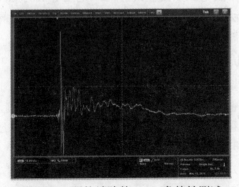

图 6-29　阻抗消除的 ESD 鲁棒性测试

6.1.4 结论

本节探讨了用 TVS 进行 LNA 片外防护过程中 TVS 负载效应带来的影响，并给出简易的改善方法。首先，通过典型的 LNA 阻抗网络的仿真、设计与实验，验证了 TVS 对 LNA 阻抗网络造成的额外负载效应。本节借助 ADS 仿真软件，设计了一种典型的 LNA 晶体管电路，并以此为实验对象，通过对所需阻抗网络的计算分析，评估了 TVS 对阻抗网络的负载作用，并对负载大小变化时的仿真结果分析对比。

本节又以射频理论为基础，评估了 TVS 负载的射频特性。实验中，TVS 等效为一个 2.6nH 的感性负载。仿真和实验结果表明，TVS 引入的负载与 LNA 阻抗网络处于同一数量级，会对 LNA 的正常工作造成不稳定的影响。

本节还提出了两种补偿方法：阻抗消除法和阻抗补偿法。同时验证了该方法能有效地降低 TVS 的负载效应，且维持 TVS 的正常工作。其中给出的改善措施，虽然不能完全地恢复 LNA 的增益水平，但也能为工程师在 ESD 保护电路设计时提供思路。

6.2 电快速瞬变脉冲群抗扰度 (EFT) 问题分析

长期的电子电气设备抗扰度测试的经验表明，有必要对具有较高重复频率的快速瞬态试验进行模拟以考察敏感设备的抗扰性能，为了保证试验结果具有准确性和可比性，IEC 制定了相关的电快速瞬变脉冲群抗扰度试验标准 IEC 61000-4-4《电磁兼容试验和测量技术 电快速瞬变脉冲群抗扰度试验》(我国将该标准等同转化为国家标准 GB/T 17626.4)。该标准对 EFT 的定义、工作原理、测量方法及试验发生器等进行了详细规定，成为其他标准对该项目测量引用和参考的基础。EFT 抗扰度作为产品电磁兼容的重要项目，已列入大多数产品或产品簇标准中。本节就电快速瞬变脉冲的形成机理及存在危害、执行标准与测试方法以及应对策略进行深入探讨。

6.2.1 EFT 机理与危害分析

1. 产生机理

电快速脉冲群的全称是电快速瞬变脉冲群，其代表的是电感性负载在断开/接通时，由于开关触点间隙的绝缘击穿或触点弹跳等原因，在开关处产生的一连串的暂态脉冲 (脉冲群) 干扰。电快速脉冲群是由继电器、马达、变压器等电感器件产生的。通常，这些元器件构成系统的一部分，因此干扰往往在系统内部产生 [12,13]。

当电感性负载多次重复开关时，脉冲群会以相应的时间间隙多次重复出现。产生的此类脉冲包括小型感性负载的切换产生的脉冲、继电器触电跳动产生的脉冲、高压开关装置的切换产生的脉冲。

借助图 6-30 分析其形成的电路原理。L_0，R_0，C_0 分别为回路的杂散电感、导线电阻和杂散电容。在开关断开电感性负载电路的过程中，由于电感电流不能突变，此电流流向杂散电容 C_0，对其反向充电，形成反向电动势。

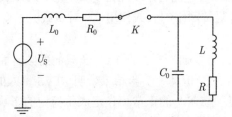

图 6-30　电快速脉冲形成的原理电路

而对于暂态的放电回路来说，由初始电压和基尔霍夫电压定律对电感电容回路，可以写出二阶动态电路方程

$$\begin{cases} LC_0 \dfrac{\mathrm{d}^2 U_c}{\mathrm{d}t^2} + RC_0 \dfrac{\mathrm{d}U_c}{\mathrm{d}t} + U_c = 0 \\ U_c(0_+) = U_c(0_+) \\ \dfrac{\mathrm{d}U_c}{\mathrm{d}t}(0_+) = \dfrac{\mathrm{d}U_c}{\mathrm{d}t}(0_-) = I_S \end{cases} \tag{6-16}$$

式中，$I_S = \dfrac{U_S}{R}$ 为开关闭合时回路中的电流。

求解式 (6-16) 所示的电路方程，则电容 C_0 两端的暂态电压为

$$U_c = \frac{U_S}{\omega C_0 R} \mathrm{e}^{-\sigma t} \sin \omega t = \frac{I_S}{\omega C_0} \mathrm{e}^{-\sigma t} \sin \omega t \tag{6-17}$$

式中，$\omega = \sqrt{\dfrac{1}{LC_0} - \dfrac{R^2}{4L^2}}$ 为自由谐振角频率；$\tau = R/2L$ 为衰减系数。

电感负载两端出现暂态过电压，此过电压与电源电压叠加后加在开关触头两端，当触头两端电压高于介质击穿电压时，触头间形成电弧，开关重燃。开关导通后，C_0 放电，形成高频电流，触头间的重燃电弧熄灭，两端又出现过电压。上述过程重复发生，直至电容上电压不能使开关的动、静触头击穿为止。在电弧重燃和熄灭的过程中，开始时，脉冲电压幅值低、上升时间快、频率高。随着开关动、静触头间距离增大，脉冲电压幅值逐渐升高，脉冲前沿变缓，脉冲重复频率下降。

如图 6-31(a) 所示为单个电快速脉冲群的典型波形，结合式 (6-17) 的描述，可

以定义单个的电快速脉冲群脉冲为双指数脉冲信号源，双指数单个脉冲表达式为

$$U(t) = k_{\mathrm{p}}V(\mathrm{e}^{-t/\tau_1} - \mathrm{e}^{-t/\tau_2}) \tag{6-18}$$

式中，U 为电压幅值，V；k_{p} 为标准 EFT 脉冲的补偿系数；τ_1 为波前系数，ns；τ_2 为波长系数，ns。

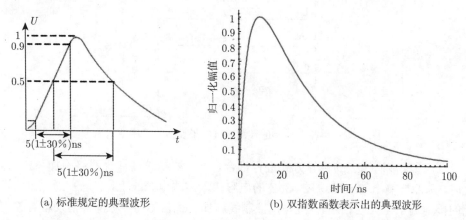

(a) 标准规定的典型波形 (b) 双指数函数表示出的典型波形

图 6-31 单个 EFT 脉冲波形

为了满足单个脉冲的上升时间 $t_{\mathrm{r}}=5(1\pm30\%)$ns，保持时间为 $50(1\pm30\%)$ns 的标准 EFT 脉冲，式 (6-18) 的参数取值为：$k_{\mathrm{p}}=1.875$，$\tau_1=25$ns，$\tau_2=5$ns，U 则归一化表示 (根据标准规定取 4kV/2kV/1kV/0.5kV) 得到的单个脉冲，如图 6-31(b) 所示，与图 6-31(a) 基本一致，满足了标准波形的要求。同时单个脉冲的持续时间远远小于整个脉冲群的持续周期，所以一般可以忽略脉冲间的相互影响。

2. 干扰机理和危害

电感负载开关系统断开时，会在断开处产生瞬态干扰，这种干扰是由大量的脉冲组成的。测量表明，对于 110V/220V 电源线，其脉冲群的幅值在 100V 至数千伏，具体大小由开关触点的机电特性决定，脉冲重复频率在 1kHz~1MHz。就单个脉冲来说，其上升沿在纳秒级，脉冲持续期在几十纳秒至数毫秒之间。可见这种干扰信号的频谱分布很广。因此，数字电路对它比较敏感，容易受到干扰。

基于 GB 17626.4—2008 的规定，不难发现电快速脉冲群的特点是脉冲群而非单个脉冲。单独一个脉冲的上升时间短暂、能量很小，即使存在噪声也不会对被测设备造成噪声损坏。但是重复着高频率的成群脉冲，对被测设备中集成电路中的半导体器件的结电容不断地充电，长时间地积累到一定程度，便会引起器件或者控制芯片的误动作。其使得电气电子产品失效的原因就分为很多情况。

如图 6-32 所示的是单相三线制的被测电气电子设备的简化结构图。左侧是电

快速脉冲群发生器，能够产生标准 GB 17626.4—2008 规定的 5~100kHz 频段范围内的脉冲群。通过 3 根长度为 50cm 的电源线缆，将测试中的脉冲群传递到右侧的被测设备的电源端口处。此时，电快速脉冲测试对被测设备的干扰可以存在以下三种干扰情况。

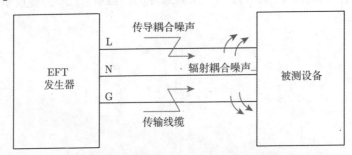

图 6-32　单相三线制的被测电气电子设备的简化结构图

(1) 通过传输线上的传导方式进行耦合。对电源线通过耦合网络施加 EFT 干扰时，脉冲群输出的一端通过 33nF 的电容注入被测电源线上，另一端通过耦合单元的接地端子与大地相连。对信号/控制线施加干扰信号时，脉冲群借助耦合夹与被测线缆之间的分布电容进入被测设备。这些注入传导噪声的方式都是对大地的共模噪声。

(2) 传输线引起的近场辐射噪声。由于脉冲群的单个脉冲波形前沿 t_r 达到 5ns，这就注定了脉冲群干扰具有极其丰富的谐波成分。在通过 50cm 长度的传输线缆时，会向空间辐射，这些辐射能量感应到邻近的电缆上，通过电缆进入设备内部对电路形成近场辐射 EMI 干扰，并且这种空间辐射以典型的共模方式进入被测设备电源线。

(3) 以上两种干扰的叠加。信号在线上的传输过程中，一部分噪声干扰源自于线缆耦合的传导干扰噪声，另一部分则从线上逸出，成为辐射信号进入受试设备，造成近场辐射干扰。

正是面临着以上三种可能使被测电气电子产品出现失效的可能，电快速脉冲群测试的噪声来源就变得复杂了，直接影响了电气电子产品设计、制造、认证等各个阶段的难度和成本考量。其中，噪声的传输还和空间的电磁场耦合相关，就更加增加了机理分析的难度。

6.2.2　执行标准与测试方法

IEC 61000-4-4 是针对电瞬变快速脉冲群专门制定的标准。由于这个标准应用范围广，所以很多国际组织和国内一些相关部门都引入此标准作为其产品的测试标准。标准对 EFT 的定义如图 6-33 所示。《电磁兼容试验和测量技术　电快速瞬变脉冲群抗扰度试验》标准认为 EFT 是电感性负载在断开/接通时，由于开关触点间隙的绝缘击穿或触点弹跳等原因，在开关处产生的一连串的暂态脉冲 (脉冲群)干扰。当电感性负载多次重复开关时，脉冲群会以相应的时间间隙多次重复出现。产生的此类脉冲包括小型感性负载的切换产生的脉冲、继电器触电跳动产生的脉冲 (此类脉冲主要通过传导方式干扰敏感设备)、高压开关装置的切换产生的脉冲 (此类脉冲主要通过辐射方式干扰敏感设备)。这类瞬态干扰的显著特点是上升时间快，持续时间短，能量低但具有较高的重复频率。这种暂态干扰能量较小，一般不会引起设备的损坏，但由于较快的上升时间和较高的重复频率使其频谱分布较宽，所以会对电子、电气设备的可靠工作产生影响。

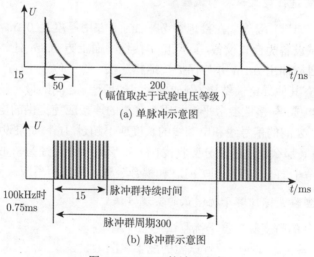

(a) 单脉冲示意图

(b) 脉冲群示意图

图 6-33 EFT 的波形定义

标准规定的参数值通常都是典型值，符合统计规律。实际电磁环境下脉冲群的重复频率从 10kHz~1MHz。对于上升时间，如果紧邻 EFT 源测量，其上升时间与静电通过空气放电而产生的脉冲上升时间相差无几 (约 1ns)；如果离 EFT 源一定距离测量，则由于传输损耗、反射等作用，上升时间将延长。标准中规定的上升时间为 5ns，就是在考虑了众多因素后的折中值。实验时要求受试设备和 EFT 源之间的电缆长度短于 1m 就是考虑了这一因素。

1. 试验设备

试验配置包括下列的设备：①接地参考平面：接地参考平面应为一块最小厚度为 0.25mm 的金属板 (铜或铝)，也可以使用其他的金属材料，但它们的最小厚度应为 0.65mm。接地平面最小尺寸为 1m×1m，实际尺寸与 EUT 的大小有关。②耦合装置 (网络或电容耦合夹)。③试验发生器。图 6-34 为某一电子产品的瞬变脉冲群

(EFT) 干扰测试试验现场照片。

图 6-34　实验室瞬变脉冲群 (EFT) 干扰试验现场照片

2. 在实验室进行型式试验的试验配置

被测设备 (EUT) 应放置在接地参考平面上, 并用厚度为 0.1m 的绝缘支座与之隔开, 若被试设备为台式设备，则应位于接地平面上方 0.8m 处。接地平面至少应比 EUT 的四周伸出 0.1m 并与保护接地相连接，除了位于 EUT 下方接地平面外, EUT 和所有其他导电性结构 (例如屏蔽室的墙壁) 之间的最小距离大于 0.5m。试验设有接地电缆, 与接地参考平面和所有接头的连接应使提供的电感最小。在耦合装置和 EUT 之间的信号线和电源线的长度应不超过 1m。如果设备的电源电缆的长度超过 1m，那么超过的部分应收拢在一起形成一个直径为 0.4m 的扁平线圈并位于接地参考平面上方0.1m处, EUT和耦合装置之间的距离应保持在1m以下。

3. 几种典型瞬变脉冲群干扰测试的实现方法

1) 台式设备的瞬变脉冲群干扰测试
(1) 台式设备电源线抗干扰性试验的配置见图 6-35。

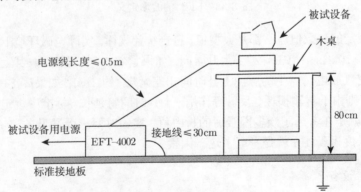

图 6-35　台式设备的电源线抗干扰性试验

被试设备按生产厂的安装要求与接地系统相连接, 不允许有额外的接地, 它的电源线长度如果超过 1m，应把电源线弯成直径为 40cm 的平坦环路，然后按 10cm 的高度与参考接地板平行放置。

(2) 台式设备信号线抗干扰性试验的配置如图 6-36 所示。

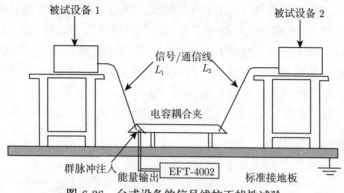

图 6-36 台式设备的信号线抗干扰性试验

试验时采用电容耦合夹。如果试验是针对两台被试设备来说的, 则在被试设备与电容耦合夹之间露出的信号线长度 L_1 及 L_2 必须均小于 1m; 如果试验是针对某一台被试设备 (如被试设备 1), 则 L_1 必须小于 1m, 而 L_2 要在 5m 以上, L_2 的伸出部分应弯成平坦环路, 然后按 10cm 高度与参考接地板平行放置。

2) 地面设备的瞬变脉冲群干扰测试

(1) 地面设备电源线抗干扰性型式试验的配置见图 6-37。接线的要求与台式设备相同。

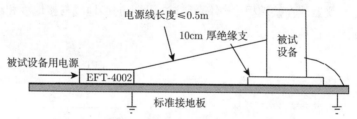

图 6-37 地面设备的电源线抗干扰性型式试验

(2) 地面设备信号线抗干扰性型式试验的配置见图 6-38。接线的要求与台式设备相同。

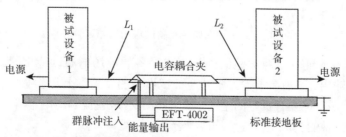

图 6-38 地面设备的信号线抗干扰性型式试验

3) 台式设备的现场电源瞬变脉冲群干扰测试

设备或系统在现场条件下进行电源试验时，为了尽可能真实地模拟现场干扰，试验时应不用耦合/去耦网络，而是通过 33nF 的耦合电容直接进行脉冲耦合 (直接给被试设备的电源线插头加脉冲，此时电源线的长度为 1m)。如果试验过程中发现被试设备外的其他设备或系统也受到试验的影响时，可考虑改用耦合/去耦网络如 EFT-4002 等，以保证其他设备工作的可靠性。图 6-39 是台式非固定安装设备的现场电源试验，试验电压应加在各个电源线与连接被试设备的保护接地线之间。

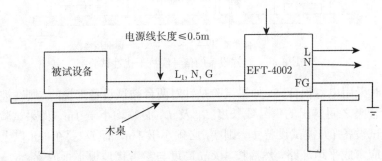

图 6-39　台式非固定安装设备的现场电源试验

4) 地面设备的现场电源瞬变脉冲群干扰测试

地面固定设备现场电源的配置见图 6-40。设备附近要放一块 1m×1m 的参考接地板。EFT 仪器放在接地板上，外壳通过短而粗的接地线与接地板相连，接地板则与主电源的保护地相连。

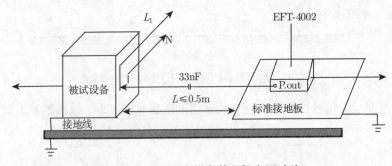

图 6-40　地面固定设备的现场电源试验

地面设备的现场电源试验原则与台式设备的现场电源试验相同。试验时从 P. out(能量输出) 同轴端子输出脉冲至被试设备的试验点上，连线不一定加屏蔽，长度不超过 1m，但要有良好的绝缘，如果要用交流/直流隔离电容器，电容量应为 33nF。被试设备的其他电源连线均应符合其功能要求。

5) I/O 线和通信线路的现场瞬变脉冲群干扰测试

在 I/O 线和通信线路上做现场试验时,应尽可能采用电容耦合夹把干扰信号耦合到线路上去。如果因为信号线或通信线的尺寸及敷设等结构上的原因而不能使用此耦合夹时,也可采用金属箔或金属带子包裹被试线路来代替,但此时产生的耦合电容应当与电容夹有相当的电容量。此时 EFT-4002 的 Pout 同轴输出芯线与金属箔相连,由电缆的屏蔽层与被试设备的外壳相连,注意连线要尽可能地短。这种试验方法的配置见图 6-41。

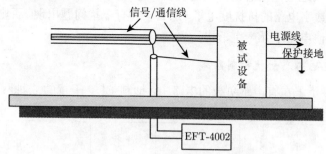

图 6-41 I/O 线和通信线的现场试验

6.2.3 EFT 干扰问题应对策略 [14,15]

1. 减小 PCB 接地线上的公共阻抗

EFT 干扰信号通常由电源线或信号线传入受干扰设备,它是一组快速变化的脉冲信号。如果受干扰设备在电源端或信号输入输出端没有良好的滤波性能,则 EFT 信号会有一部分进入受干扰设备的后续电路。现代电子设备很少有不含数字电路的,而数字电路对脉冲干扰比较敏感。侵入到后续电路的 EFT 信号通过直接触发或空间耦合,会使数字电路工作异常。图 6-42 表示通过空间耦合而使数字电路受干扰的情形。在 IC 输入端,EFT 对寄生电容充电,通过众多脉冲的逐级累积,最后达到并超过 IC 的抗扰度限值。

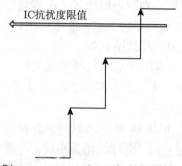

图 6-42 EFT 对 IC 寄生电容充电

　　另外，侵入的 EFT 信号还会通过 PCB 的公共地线干扰受试设备，此处的地线是指电子设备中各电路和单元电位基准的连接线，即信号地线。由于任何地线既有电阻又有电抗，所以当有电流流过时，必然会产生压降。对于 EFT 信号，其电流变化极快，含有大量高频分量。根据

$$U = -L\frac{\mathrm{d}i}{\mathrm{d}t} \tag{6-19}$$

可知在公共地线上很容易产生电位差，电压大小正比于 L 值和 $\mathrm{d}i/\mathrm{d}t$ 值。如果此压降低于数字电路的抗扰度电平，那么不会有干扰问题出现，否则有可能对共用该地线的其他电路单元产生干扰。

2. EFT 电感瞬态干扰抑制网络

图 6-43 显示了在有电感负载的电路中，抑制 EFT 干扰的 6 种网络结构。

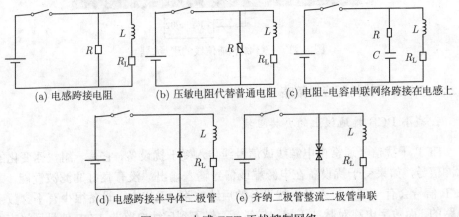

(a) 电感跨接电阻　　　(b) 压敏电阻代替普通电阻　　　(c) 电阻-电容串联网络跨接在电感上

(d) 电感跨接半导体二极管　　　(e) 齐纳二极管整流二极管串联

图 6-43　电感 EFT 干扰抑制网络

　　(1) 如图 6-43(a) 所示，在电感上跨接一只电阻，当开关断开时，电感使原来流过它的电流流过电阻。瞬态电压峰值随着电阻的增加而增加，但不会超过稳态电流乘以电阻的值。如果 $R = R_L$，则瞬态电压等于电源电压，这时触点上的电压等于电源电压加上线圈上的感应电压。这个电路的效率很低，因为电阻要消耗能量。如果 $R = R_L$，则电阻与负载消耗相同的能量。

　　(2) 如图 6-43(b) 所示，用压敏电阻代替普通电阻，当压敏电阻上的电压较低时，其阻值较大，但当其电压较高时，其阻值较小。压敏电阻的截止电压要高于工作电压。

　　(3) 如图 6-43(c) 所示，用电阻-电容串联网络跨接在电感上，当电路稳态工作时，不消耗能量；当触点断开时，电容起始为短路，电感驱动电流流过电阻。触点闭合时，电感阻抗很大，电流主要从电阻流过，这时电阻要限制电流，电阻越大，开

关闭合时限流作用越好，使之不能发生弧光放电，这要求电阻较大。触点断开时，电阻要提供能量泄放通路，电阻越小，开关断开时反充电压越小，因此电阻越小越好，折中值为 $U_{峰}/I_A < R < R_L$，R_L 是弧光电阻。

(4) 如图 6-43(d) 所示，在电感上跨接一只半导体二极管，二极管的连接方式使短路稳态工作时没有电流流过，但是当开关断开时，二极管上的电压为相反极性，于是二极管导通，使电感上的电压被限制在很小的数值。这个电路的缺点是，电感中的电流衰减很慢，如果电感是继电器，会延长释放时间。二极管峰值方向电压要高于电源电压，正向电流要大于负载电流。如果在二极管上串联一电阻，能够缩短继电器的释放时间，但也限制了二极管的作用。

(5) 如图 6-43(e) 所示，用一只齐纳二极管与整流二极管串联起来，可以缩短电感上电流的衰减时间，因为当电压低于齐纳二极管的导通电压时，电流就中断，触点上的电压等于电源电压加上齐纳二极管上的电压。

3. 抑制 EFT 的其他方法

以上根据 EFT 干扰的特点，提出了一些针对性较强的对策措施，这些对策措施主要是在 EFT 注入端口及外壳和接口上采取相应的抑制措施。除了这些外部抑制措施外，提高被测设备内部电路的抗干扰能力也是非常必要的。如何提高电子产品内部的抗干扰能力是产品电磁兼容设计中一个非常重要的内容，这是所有电磁兼容设计书籍文章的主要组成部分，此处不再仔细介绍，本节主要针对设备内部电路 EFT 干扰抑制特点提出以下几个设计要点。

(1) PCB 引出的模拟信号传输端口，建议对其数字化，采用平衡传输或使用变压器隔离；

(2) PCB 引出的数字信号线，建议采用光耦隔离，或变压器隔离，或直接换光纤传输；

(3) 在模拟电路中，对称平衡放大器比单极性放大器具有更强的共模干扰抑制能力；

(4) 在数字电路中，所有的未使用的输入端口与地或电源连接，不可悬空；

(5) 对智能芯片，电平触发比边缘触发抵抗脉冲干扰的能力强得多；

(6) 与外部连接的接口，带选通功能的接口芯片比不带选通功能的接口芯片具有更强的抗干扰能力；

(7) 对有 CPU 的智能电路，在软件中加入抗干扰指令并采用"看门狗电路"是必要的；

(8) 任何时候都不要让外部信号线没有经过接口芯片隔离直接进/出 CPU。

6.3　其他电磁抗扰度问题分析

6.3.1　射频电磁场抗扰度 (RS) 问题机理

射频辐射干扰就是通过空间辐射传递的电磁干扰。射频测试干扰通过空间辐射来施加到 EUT 上, 施加的干扰是 80MHz~2GHz 的射频连续波信号, 干扰场强为 1~30V/m, 调制方式为 1kHz 正弦波 80% 的幅度调制。这些干扰进入 EUT 内部电路, 会导致模拟信号的输入、输出与预期效果偏离, 造成数字电路的控制失效或误动作。本节就其形成机理及存在危害, 执行标准与测试方法以及应对策略进行深入讨论。

1. RS 机理与危害分析

常见的射频辐射干扰包括操作维修及保安人员使用的小型手持无线电收发机、固定的无线广播、电视台的发射机、车载无线电发射机、无线电通信设备、无线电测控设备和各种工业电磁源等。这些射频辐射充斥着人们周围的环境, 并以某种方式影响大多数的电子设备。近年来, 无线电话及其他无线电收发装置如蓝牙设备, Wi-Fi 设备等的使用越来越广泛, 这些设备的使用频率在 0.8~3GHz。这些射频辐射也逐渐成为我们身边辐射的主要组成部分。这些射频辐射对外的辐射能量是设备正常工作的必要元素, 但是也会成为其他电气、电子设备的电磁干扰源。

除去以上举例的有意产生的电磁能之外, 还有一些设备内部正常工作时需要使用高频/射频信号, 如开关电源, 通过高频开关信号进行内部能量转换和传递; 信息技术设备和智能控制设备, 其内部的智能控制芯片需要通过时钟信号来协调所有的内部工作。但该射频信号也会无意中通过机壳或各类接口线向外泄漏发射, 通过空间辐射, 成为其他电气和电子设备的电磁干扰源。

这些空间辐射一方面会通过被测设备 (EUT) 的外壳直接进入, 被其内部电路所接收; 另一方面, 这些空间辐射会被被测设备的各类接口线所接收, 转化为通过这些端口传递的传导干扰, 并通过这些接口线进入被测设备内部。由于 EUT 的内部电路不平衡, 这些通过空间辐射而来的共模干扰信号会在 EUT 内部转换为差模干扰, 并叠加在内部电路的输入或输出端, 若超过内部电路的噪声容限, 就会影响 EUT 的正常工作, 对 EUT 形成干扰。

通常情况下, 频率较低的辐射电磁干扰, 由于其波长较长, 主要是被 EUT 的接口线接收进入设备内部的, 通过设备外壳直接进入 EUT 的效率会非常低; 频率较高的辐射电磁干扰, 除通过 EUT 接线口进入 EUT 内部, 也可以通过 EUT 外壳直接被 EUT 内部电路接收, 两种进入被测设备的方式都很有效。而要产生合适的空间电场强度, 频率越低, 则测量系统的成本和体积就越大。综合考虑辐射电磁干扰的传播方式和测量系统的成本，对低于 80MHz 的射频辐射干扰的抗扰度，则主要将射频干扰通过被测设备端口线以传导注入方式进行测量。

2. 执行标准与测试方法

1) 基于 GTEM 室的辐射抗扰度 (RS) 测试系统及测试方法

建立稳恒电磁场的环境，标准中推荐的设备有两种：电波暗室和横电磁波小室。

其中电波暗室分为 3m 法和 10m 法两种，是六面贴有吸收电磁波材料的屏蔽室，用双锥天线和对数周期天线产生电磁场，适合大尺寸的产品试验，其造价高昂，经济性不强。而带状线和横电磁波小室是同轴传输线的扩展，体积小，造价低，其缺点是可用的试验空间小，只适合极小尺寸的产品试验。

GTEM 室 (giga transverse electric and magnetic field transmission cell) 是传统横电磁波小室在频带上的扩展设备。它在原理上是锥形的同轴线结构，在馈入点具有空气介电常数和 50W 特性阻抗，在同轴线的终端是分立电阻和吸波材料，可以保证宽带匹配。小室输入射频信号后，在芯板周围激励出横电磁波，场强与输出电压和芯板到地的距离成比例。GTEM 室可以在给定的工作空间区域内提供非常好的场均匀性和场的再现性。

这里介绍的 GTEM 室又称吉赫兹 (GHz) 横电磁波室，是近十几年才发展起来的新型电磁兼容测试设备，它的工作频率范围可以从直流至数吉赫兹以上，内部可用场区较大，尤其可贵的是小室本身与其配套设备的总价不算过于昂贵，能为大多数企事业单位所接受。因此 GTEM 室在国内取得了长足发展，成为企业对于外形尺寸不算太大的设备开展射频辐射电磁场抗扰度测试的首选方案。

(1) GTEM 工作原理

GTEM 室是根据同轴及非对称矩形传输线原理设计而成的设备。为避免内部电磁波的反射和谐振，GTEM 室在外形上被设计成尖锥形，其输入端采用 N 型同轴接头，随后中心导体展平成为一块扇形板，称为芯板。在小室的芯板和底板之间形成矩形均匀场区。为了使球面波 (严格地说，由 N 型接头向 GTEM 小室传播的是球面波，但由于所设计的张角很小，因而该球面波近似于平面波) 从输入端到负载端有良好的传输特性，芯板的终端因采用了分布式电阻匹配网络，从而成为无反射终端。GTEM 小室的端面还贴有吸波材料，用它对高端频率的电磁波作进一步吸收。因此在小室的芯板和底板之间产生了一个均匀场强的测试区域。试验时，被测物被置于测试区中，为了做到不因被测物置入而过于影响场的均匀性，被测物以不超过芯板和底板之间距离的 1/3 高度为宜。

GTEM 小室中的电场强度与从 N 型接头输入信号电压 U 成正比，与芯板距

底板垂直距离 h 成反比，即

$$E = U/h \tag{6-20}$$

在 50Ω 匹配的系统里，芯板对底板的电压与 N 型接头的信号输入功率 P 之间的关系满足

$$U = \sqrt{RP} = \sqrt{50P} \tag{6-21}$$

故场强为

$$E = \sqrt{50P}/h \tag{6-22}$$

如考虑实测值与理论值之间的差异，上式还应乘一个系数 k，因此实际的电场强度是

$$E = k\sqrt{50P}/h \tag{6-23}$$

从式 (6-23) 可见，若在 GTEM 小室注入同样的功率，芯板的位置距底板的距离越近，则可获得较大的场强；若产生相同的场强，较大空间处需要的输入功率亦较大。

上述结论表明，对于较小的被测物，我们可以把被测物放在 GTEM 小室中比较靠前的位置，这样用比较小的信号输入功率，就可以得到足够高的电场强度。这里要注意，被测物的高度不能超过选定位置芯板与底板间距的 1/3，否则不能保证场强的稳定和均匀。

(2) 基于 GTEM 室的辐射抗扰度测试系统构建

基于 GTEM 室的射频电磁场辐射电磁场抗扰度试验构建示意图见图 6-44，除了 GTEM 室外，射频电磁场抗扰度测试系统主要组成部分还包括：射频信号发生器、功率放大器、三通连接器、射频功率计、功率探头及监视器、计算机等。

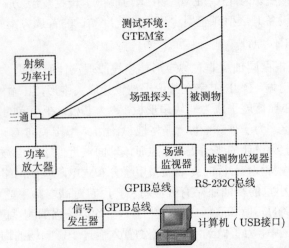

图 6-44 基于 GTEM 室的辐射抗扰度测试系统构建示意图

在图 6-45 中，当射频信号发生器发出信号，经过放大后注入 GTEM 室的一端 (通过 N 型同轴接头，同时用射频功率计监控信号大小，防止过大过小的信号电平产生)，就能在芯板和底板之间形成很强的均匀电磁场，放置在被测物位置的电场监视探头监测此场强，再经由计算机得到输入信号电平值，直接调节信号源以求达到所需的场强值。

测控软件控制信号源以一定的步长进行辐射场的频率扫描。另有视频监视器 (摄像头安装在 GTEM 小室里面) 图 6-43 中未画出，试验人员在 GTEM 小室外通过视频监视器观测被测物在射频电磁场干扰下的工作情况。

图 6-45　实际构建的测试系统布置图

该测试方法的大体步骤如下。

① 闭环校准 (closed-loop calibration)，利用射频信号发生器产生所要求频率范围 (一般为 80kHz~1000MHz，以前一个频率值的 1% 的步长递进) 的射频信号，通过功率放大器后馈入 GTEM 小室内，通过场强探头、场强监视器得到当前场强值后与所要求的场强值 (3V/m、10V/m 或其他值) 进行比较，自动调节射频信号发生器的输出，根据此反馈闭环功能能把小室内的场强值调节至所要求的大小，接着把调节好的信号发生器输出值自动记录下来，当所有频率都调整结束后，校准工作结束，得到对应于各频率的信号发生器输出值列表。

② 扫频测试 (sweeping test)，把被测物放入 GTEM 室内探头同一位置，同时调用扫频程序，使 GTEM 室内复现校准达到的各频率点的场强值，通过外置监视器或被测物监视器观察被测物有无异常工作情况发生，若有异常则把当前频率点记入敏感频率点列表。

③ 点频测试 (freezing test)，点频测试是半自动化测试。该测试中调用敏感频率点列表，在每一个频率点定点上仔细观察被测物的工作情况，判断被测物是否测试合格。

采用 GTEM 室构建射频电磁场辐射电磁场抗扰度测试系统有如下突出优点。

① 用 GTEM 室产生的电场强度要远大于天线产生的场强，所以用比较小的射频功率放大器可以产生很强的电场，使得整个测试系统的价格大大降低。这对尺寸不太大的设备来说，是一个非常好的射频辐射电磁场抗扰度试验方案。

② 由于用 GTEM 室做射频辐射电磁场抗扰度试验不需要用天线，所以可方便地用于自动测试，大大减少了测试时间，也降低了对测试操作人员的技术要求。

(3) 测试系统软件介绍

从图 6-46 看出，测试系统软件主要由信号产生、数据读取、数据分析、数据显示、数据保存及报告生成等模块组成。

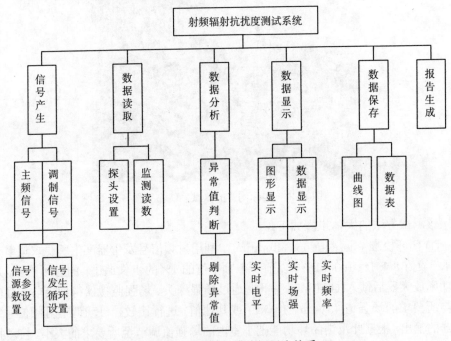

图 6-46　系统软件模块间层次关系

闭环校准程序的作用是使 GTEM 小室内的电磁场保持试验所需要的场强均匀性和大小。这一校准过程是每次试验前都需进行的。试验步骤如下：首先，使所有仪器设备通电预热，确保仪器设备都处于打开和程控状态，然后进行仪器配置 (图 6-47)，包括进行仪器的选择和程控地址的配置，最后点击 "仪器连通性测试"，查看系统内仪器是否连接正常 (界面中的灯亮即连接通过，灯灭即连接未通过)。如果连接未通过，则检查各仪器是否处于正常工作状态，程控 (remote) 方式是否打开，仪器配置是否正确，直至连接通过。

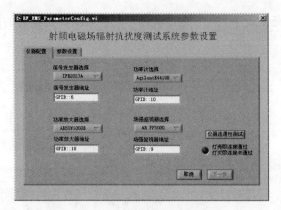

图 6-47 测试系统参数设置示意图 1

其次，把场强探头置于被测物将要放置的位置 (也就是已经校准的"均匀域"平面上)。参数设置界面如图 6-48 所示，按照被测物的相关标准要求，选择合适的校准场强 (1V/m、3V/m、10V/m 或自定义) 以及场强校准允许的误差 (如 5%)，同时选择测试的起止频率、扫描步长、频率步进方式 (线性或对数递增)、每频率点驻留时间，校准完毕后各参数及校准数据 (各频率点及对应信号发生器射频电平输出) 存放在数据库里，以供下一步测试时调用。

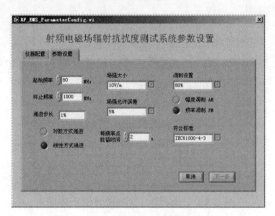

图 6-48 测试系统参数设置示图 2

(4) 测试系统场强均匀性校准

在测试系统所有硬件仪器设备搭建起来后，此时需要进行 GTEM 室内部的场强均匀性 (field uniformity，FU) 校准工作。场强均匀性校准的目的是为了确保被测物周围的场是充分均匀的，以保证试验结果的有效性。在校准过程中，不进行射频信号调制，以保证全向场强探头指示正常。

这里使用了"均匀域"的概念。这是一个假想场的垂直平面，如图 6-49 所示，在该平面内场的变化最小。在布置试验时,应使被测物受辐射的面与垂直平面重合。

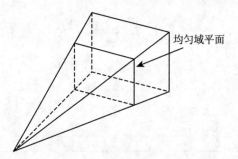

图 6-49　GTEM 室均匀域平面示意图

在规定区域内的 75%(即测量 16 个点中至少有 12 点) 的表面上,场的幅值在标称值的 ±3dB 偏差之内。校准程序包含以下七个步骤。

① 将场强探头置于方格中 16 个点中的任意一点 (图 6-50)。

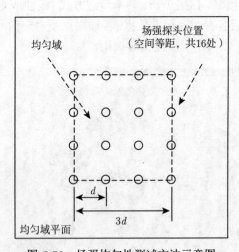

图 6-50　场强均匀性测试方法示意图

② 向 GTEM 中馈入能发送 3~10V/m 场强的射频功率,并同时记录两种读数(功率和场强)。

③ 用同样的发送功率,测量并记录其他 15 个点的场强。

④ 分析全部 16 个点的结果,剔除 25%(共 4 个点) 偏差较大的数据。

⑤ 保留点的场强应在 ±3dB 偏差之内。

⑥ 在保留点中,定出最低场强的位置作为参考 (确保在 −0 ~+6dB 偏差之内即满足要求)。

⑦ 从输入功率和场强的关系可推算出所需试验场强必须发送的功率 (如在一给定点, 1mW 功率产生的场强为 0.5V/m, 则 36mW 功率产生的场强为 3V/m), 这些都应记录。

这一过程在 GTEM 室设备新建或发生重大改变 (如拆迁、吸波材料重新粘贴) 后进行, 或系统运行较长时间后进行, 一般不需要每次试验前进行。

在场均匀性校准通过后, 可认为该测试系统是合格可靠的, 能进行 IEC 61000-4-3 所规定的射频电磁场辐射抗扰度测试。

移开场强探头, 将被测物放于该位置, 确保其处于正常工作状态, 这时可利用外置视频监视系统观察 EUT 在测试过程中的运行状况。闭环校准流程图如图 6-51 所示, 扫频测试流程图如图 6-52 所示。

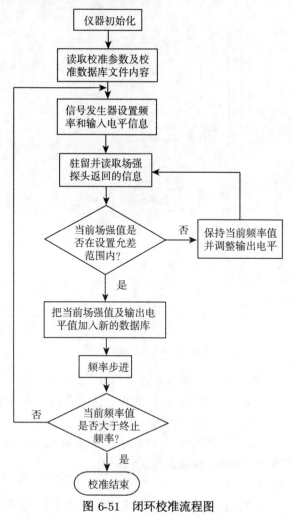

图 6-51 闭环校准流程图

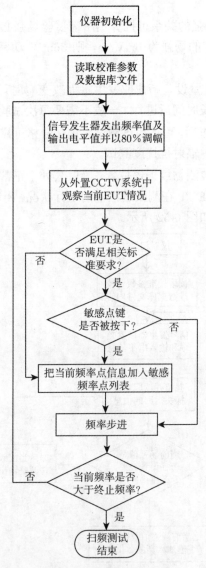

图 6-52　扫频测试流程图

　　图 6-53 中上部一条曲线代表各频率点射频电平输出, 下面一条曲线代表各频率点校准的场强大小 (处于选定校准场强的允许误差之内)。图中右侧是敏感频率点列表, 系统自动判断或当在监视系统中发现 EUT 在某频率点工作异常时, 点击下方的 "Catch it!" 按键即可把按键前方显示的当前频率值和射频输出值 (由校准数据库提供) 加入敏感点列表, 以供点频测试使用。

　　(5) 点频测试程序

　　点频测试是把被测物的主振频率点 (如被测物内部晶体振荡器的频率及其倍

频频率,这可以通过对被测物空间辐射场强的测试得到),以及扫频测试时所抓的敏感频率点进行单独的更仔细的测试,这时驻留时间由手工设置,这样可以发现在这些频率点上被测电能表运行的真实状态。点频测试流程图见图 6-54。

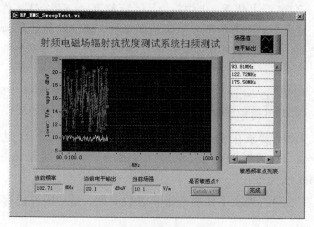

图 6-53 扫频测试界面

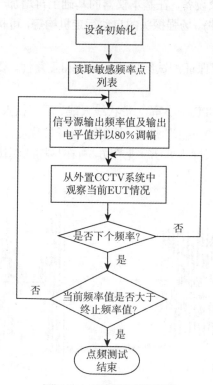

图 6-54 点频测试流程图

2) 基于电波暗室的辐射抗扰度 (RS) 测试系统及测试方法

射频辐射电磁场对设备的干扰往往是由设备操作、维修和安全检查人员在使用移动电话、无线电台、电视发射台、移动无线电发射机等电磁辐射源产生的 (以上属有意发射)，汽车点火装置、电焊机、晶闸管整流器、荧光灯工作时产生的寄生辐射 (以上属无意发射) 也都会产生射频辐射干扰。测试的目的是为了建立一个共同的标准来评价电气和电子产品或系统的抗射频辐射电磁场干扰的能力。其测试仪器包括：

(1) 信号发生器 (主要指标是带宽、有无调幅功能、能否自动或手动扫描、扫描点上的留驻时间是否可设定、信号的幅度能否自动控制等)。

(2) 功率放大器 (要求在 1m 法、3m 法或 10m 法的情况下，达到标准规定的场强。对于小产品，也可以采用 1m 法进行测试，但当 1m 法和 3m 法的测试结果有出入时，以 3m 法为准)。

(3) 天线 (在不同的频段下使用双锥和对数周期天线，国外已有在全频段内使用的复合天线)。

(4) 场强测试探头。

(5) 场强测试与记录设备。在基本仪器的基础上再增加一些诸如功率计、计算机 (包括专用的控制软件)、场强探头的自动行走机构等，可构成一个完整的自动测试系统。

(6) 电波暗室。为了保证测试结果的可比性和重复性，要对测试场地的均匀性进行校验。

(7) 横向电磁波室 (TEM 小室)、带状线天线、平行板天线。

按照标准 IEC 61000–4–3 的规定，辐射电磁场抗扰度测试时，要用 1kHz 正弦波进行幅度调制，调制深度为 80%，见图 6-55(在早期的测试标准中不需要调制)。

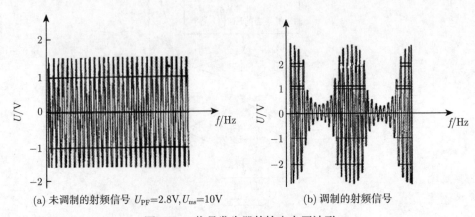

(a) 未调制的射频信号 $U_{PF}=2.8V, U_{ms}=10V$　　　　　(b) 调制的射频信号

图 6-55　信号发生器的输出电压波形

将来有可能再增加一项键控调频，调制频率为 200Hz，占空比为 1:1。

测试应在电波暗室中进行，如图 6-56 所示，用监视器监视试品的工作情况 (或从试品引出可以说明试品工作状态的信号至测定室，由专门仪器予以判定)。暗室内有天线 (包括天线的升降塔)、转台、试品及监视器。工作人员、测定试品性能的仪器、信号发生器、功率计和计算机等设备放在测定室里，高频功率放大器则放在功放室里。测试中，对试品的布线非常讲究，应记录在案，以便必要时重现测试结果。

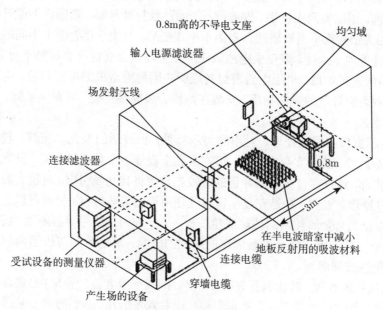

图 6-56 射频辐射电磁场抗扰度测试配置

3. RS 应对策略

从以上分析得知，为有效地解决被测设备中的辐射抗扰度问题，可以从外壳的屏蔽、外部连接电缆和内部电路的抗扰性三个方面考虑。

1) 外壳的屏蔽

(1) 金属机箱的处理。对于射频干扰，大部分金属材料制作的屏蔽壳体可以提供 100dB 以上的屏蔽效能。但在实际制作中，由于外壳上孔缝的存在，达到 80dB 以上的屏蔽效能都十分困难。就机箱的屏蔽设计来说，机箱本身导电结构的连续性是最重要的。影响机箱导电连续性的因素有：接缝的平整性、接缝表面污染油漆等绝缘性材料；机箱表面必需的孔缝，如显示、操作及通风孔等；与机箱屏蔽无关的导体在穿过机箱时也导致屏蔽效果降低。

(2) 外壳孔洞的处理。机箱屏蔽性能的高低取决于孔洞尺寸及通过孔洞的电磁波波长。当孔洞尺寸大于 $\lambda/2$(其中 λ 是指最高干扰频率对应的波长)，电磁波便能毫无衰减地通过。孔洞尺寸越小，孔洞对电磁波的衰减也越强。由于干扰的叠加效果，孔洞数目越多，机箱屏蔽效果越差；相邻孔洞间距越小，机箱屏蔽效果也越差。工业产品要避免开大于 $\lambda/20$ 的孔洞。

(3) 外壳连接中缝隙的处理。对机壳构建不必拆卸分离的场合，最好是沿着结合面进行连续缝焊。对机壳上不可避免的缝隙进行处理时应注意：在经济的前提下，接合表面应尽可能平整；去除搭接表面区域的绝缘层和装饰性外膜；铝制表面用铬盐处理，钢制表面应镀锡、镍或锌；紧固件数目要足够；紧固件不能过松或过紧，不能因为垫衬物不当造成接合表面不平或变形；要注意接合面上不同的金属材料电化学性能的一致性，避免原电池效应产生金属表面腐蚀导致接触不可靠。

(4) 电磁密封处理。采用电磁密封衬底解决因缝隙造成的屏蔽问题。电磁密封衬底是一种表面导电的弹性物质，安装在两块金属的接合处，可充满缝隙，消除导电不连续点。

① 显示窗口的屏蔽处理。对小的显示器件，如普通的发光二极管，较少影响外壳的屏蔽性能。若确实存在影响，可在小孔上设计一个截止波导管，发光二极管缩回外壳内部，通过穿过截止波导管的塑胶光导管将其光线引出。对较大的显示器件，有两种处理方法：一种是在显示窗口处使用透明屏蔽材料，材料可以是导电薄膜，也可以是夹有金属丝网的玻璃或塑胶板。另一种仍是使用屏蔽隔舱，将显示单元做成一个与机箱内部完全屏蔽隔离的单独的隔舱，显示单元与机箱内部的连接线均通过壁滤波器隔离。

② 通风孔的处理。若通风孔开孔不当 (如圆弧形或者百叶窗形) 会破坏外壳屏蔽的完整性。此时可将开口改为密布小圆孔或者六角形孔。必要时可安装适当的电磁防护罩，如防尘屏蔽通风板、截止波导通风板等。防尘通风板由多层金属丝网组成，必要时再用过滤媒质夹在网层之间。高性能的铜质或钢质截止波导通风板由带框架的蜂窝状介质构成，以确保有最好的屏蔽性和通风效果。

③ 控制轴的处理。损害设备机壳导电连续性的另一类孔洞是由电位器和控制元器件的轴造成的。潜在的电磁干扰可以通过这些轴所起的天线作用进行发送和接收。为了达到屏蔽的完整性，可用非金属的轴代替金属轴，若还存在开孔的泄漏，可在非金属轴与外壳之间使用圆柱形截止波导管。

(5) 非金属机壳的处理。对于射频干扰测试敏感的被测设备尽量不要采用非金属机箱，建议直接换为金属机箱。若无法换成金属机箱的，可以为非金属机箱内部的电路加上金属外壳，使其成为实际上的金属机箱。若因为内部空间有限，无法为内部的电路加上合适的金属外壳，可以考虑在非金属外壳内表面喷涂高导电性能涂料，使其满足必要的屏蔽要求。无论是加内部金属外壳还是内壁导电喷涂，均要处理好壳体上的孔洞问题。若是被测设备内部局部电路敏感，也可以考虑只是针对内部局部敏感电路的屏蔽从而降低处理成本。有时为了满足内外部滤波要求,可能需要在非金属外壳被测设备内设置一块大的金属参考接地平面。

2) 隔离连接电缆的射频干扰感应

电缆感应是射频辐射干扰进入被测设备内部电路的主要通道,当被测设备有外部电缆时,射频辐射干扰在屏蔽电缆的屏蔽层,非屏蔽电缆的所有导体上感应出射频共模电流。因此,要提高被测设备射频辐射抗扰性,首先要考虑各种电路的天线效应。

(1) 对低频控制或数字信号传输电缆的处理。若测试不合格问题出现在低频控制线缆或低频数字信号传输线上,可在电缆进入机箱处加装共模扼流圈。若 EUT 为金属机箱或非金属机箱内部加装有金属参考接地板,此时,可在共模扼流圈的两端安装对机箱或金属参考接地板的高频滤波电容,以构成 π 型滤波器。若接口处原有滤波器,可通过增加共模扼流圈和对地的共模滤波电容的方式改善其高频特性。通过将单极信号传输方式改为双线平衡传输,并加上必要的共模滤波,也可解决此类问题。

(2) 对中低频敏感信号传输电缆的处理。若测试不合格的问题出现在中低频敏感电缆上,可按以下方式处理。

对金属机箱或内部可加装有金属参考接地板的非金属机箱:应将非屏蔽电缆改为屏蔽电缆;若为屏蔽电缆,则应提高电缆屏蔽层的屏蔽效能;电缆进入金属机箱时屏蔽层应与金属外壳在入口处 360° 环接且不得留有空隙;电缆在进入非金属机箱后用金属环将屏蔽层紧固在金属参考接地板上。将屏蔽电缆内信号改为双线平衡传输可进一步提高其抗扰性。对于无法加装金属参考接地板的非金属机箱,应将电缆内信号传输方式改为双线平衡传输或同轴电缆传输。

(3) 对高频信号传输电缆的处理。若测试不合格的问题出现在高频电缆上,可将其他传输方式的传输电缆改为同轴电缆,应提高同轴电缆屏蔽层的屏蔽效能。单层屏蔽的同轴电缆在穿过金属机箱时,屏蔽层与机箱 360° 环接,穿过机箱后依然用同轴电缆连接到内部 PCB 上,必要时可在内部同轴电缆接近接口处加装共模磁环。

3) 提高内部电路的抗扰性

当 EUT 的金属外壳和连接电缆经过屏蔽处理仍然无法解决射频干扰敏感性问题,或者被测设备为非金属外壳时,可能需要通过提高内部电路的抗扰性,以使被测设备通过射频干扰测试。当射频电磁干扰以一次或二次方式进入被测设备内部电路时,被测设备内部任何一根互连电缆和 PCB 走线导体都可以看成是一根电磁感应天线感应出射频干扰电压,任何一个电路环路都可以看成是一个环形天线感应出环路射频干扰电流。这些连线长度或环路直径与射频辐射波长的 1/4 越接近,感应现象越严重。

(1) 被测设备内部互连电缆的处理

① 所有进出 PCB 较长连接线在接口处均应滤波;

② 所有较长高频信号连接线均应采用同轴电缆;

③ 所有较长小信号敏感设备连接线均应使用屏蔽电缆;

④ 对数字和控制连接线缆可以让输出线和返回线两两以双绞方式连接;

⑤ 所有互连电缆在满足连接的情况下尽可能短,且尽量不要互相捆扎在一起;

⑥ 电缆原理金属外壳上的缝隙、开口;

⑦ 所有互连电缆走线尽量贴紧金属外壳或大金属参考接地平板布置;

⑧ 扁平电缆尽量在每根信号线旁边配一根地线,条件不允许时,至少每两根信号线配一根地线。

(2) 被测设备内部电路的处理

① 模拟电路的措施。PCB 布线时在特别敏感的信号线旁边紧邻铺设一条地线并尽量缩短其连接线,以减小敏感信号回路的环路面积;对敏感电路采用平衡传输信号可以有效抑制共模干扰对放大器输出的影响;应设计和选用自身抗干扰能力强的电子线路作为电子设备的单元电路;对于一般小信号放大器,应尽可能增加放大器的线性动态范围,提高电路的过载能力,减少非线性失真,以避免出现对 RFI 进行调节;对 PCB 引出的模拟信号传输端口建议进行数字化处理或变压器隔离。

② 数字电路的措施。对数字 IC、所有未使用的输入端口与地或电源连接,不可悬空;对智能芯片,电平触发比边沿触发抵抗脉冲干扰能力强很多;对有 CPU 的智能电路,在软件中加入抗干扰指令并采用 "看门狗电路" 是必要的;与外设连接的接口,带选通功能的接口芯片比不带选通功能的接口芯片具有更强的抗干扰能力;尽量使用大规模集成电路,这样可以获得较小的环路面积,提高抗扰性,减小辐射;对 PCB 引出的数字信号线建议采用光耦隔离或者变压器隔离,或直接更换为光纤来进行信号传输。

6.3.2　浪涌 (冲击) 抗扰度问题分析

雷击是指带电云层之间或带电云层和地面某处之间相互靠近产生的一种直接放电现象,如图 6-57 所示,这个放电的过程会产生强烈的闪电和巨大的声响,并产生大量的能量传递。雷击的形式主要有直击雷、传导雷和感应雷三种。随着人们对雷电形成机理的了解,人们通过在建筑物顶和雷电敏感区域上端安装避雷针、引雷器等装置将靠近地面云层的电荷引入大地进行中和,从而有效避免了直击雷的发生,将直击雷的危害大大降低。雷电灾害问题由过去的雷电直击地面上的人和物为主,发展成为以通过金属导线传输的雷电波为主。本节就雷击浪涌的形成机理及存在危害,执行标准与测试方法以及应对策略进行深入研讨。

图 6-57   雷击现象

1. 浪涌 (冲击) 机理与危害分析

虽然人们对直击雷和传导雷的灾害性破坏已经有较好的防护措施, 但间接雷 (如云层内、云层间的雷击, 或邻近物体遭到的雷击) 仍然可以在户外架空线上感应出浪涌电压和电流。此外, 在电站或开关站中, 大型开关切换瞬间, 也会在供电线路上感应出大的浪涌电压和电流。这两种浪涌的共同特点是能量特别大 (用能量进行比较, 静电放电为皮焦耳级, 快速脉冲群为毫焦耳级, 雷击浪涌则为几百焦耳级, 是前两种干扰能量的百万倍), 但波形较缓 (微秒级, 而静电放电与快速脉冲群是纳秒级, 甚至亚纳秒级), 重复频率低。随着科学技术的发展, 半导体集成电路和微控制技术渗透到几乎所有的领域, 由于半导体集成电路不能承受过电压和过电流冲击, 凡是使用这些元器件的设备, 如智能家电、办公自动化成品、工业控制器、电子计算机、有线和无线通信系统等电子设备的浪涌冲击损坏事故显著增加。雷灾已由对人和环境的灾害性破坏, 转移到对微电子器件设备的损坏上。

电磁兼容领域所指的浪涌一般来源于开关瞬态和雷击瞬态。开关瞬态与以下内容有关: 主电源系统切换干扰, 如电容器组的切换; 配电系统内在仪器附近的轻微开关动作或负荷变换; 与开关装置有关的谐振电路, 如晶闸管; 各种系统故障, 如对设备组接地系统的短路和电弧故障。雷击瞬态即雷电产生浪涌 (冲击) 电压的主要来源如下: 直接雷击于外部电路 (户外), 注入的大电流流过接地电阻或外部电路电阻阻抗而产生浪涌电压; 在建筑物内、外导体上产生感应电压和电流的间接雷击; 附近直接对地放电的雷电入地电流耦合到设备组接地系统的公共接地路径。如有雷击保护装置, 当保护装置动作时, 电压和电流可能发生迅速变化, 并耦合到内部电路, 依然会产生瞬态冲击。

雷击电子设备的途径可分为两种: 第一种是高能雷击冲击波通过户外传输线路、设备间的连接线及电力线侵入设备, 使串接在线路中间或终端的电子设备遭到损坏。第二种是雷击大地或接地导线, 引起局部瞬间地电位上升, 搏击附近的电子设备, 对设备产生冲击, 损坏其对地绝缘。

　　一般浪涌脉冲的上升时间较长, 脉宽较宽, 不含有较高的频率成分, 多通过传导方式进入设备内部。纵向 (共模) 冲击对设备平衡电路元部件的影响有: 损坏跨接在线与地间的元部件或其他绝缘介质; 击穿在线路和设备间起阻抗匹配作用的变压器匝间、层间或线对地间的元部件或其他绝缘体等。横向 (差模) 冲击则同样可在电路中传输, 损坏内部电路的电容、电感及耐冲击能力差的半导体器件。

　　设备中元部件遭受浪涌损坏的程度, 取决于该部件的绝缘水平及冲击的强度, 对具有自恢复能力的绝缘介质, 击穿只是暂时的, 一旦冲击消失, 绝缘很快便得到恢复。有些非自恢复的绝缘介质, 如果击穿后只流过很小电流, 一般不会立即中断设备的运行, 但随时间的推移, 电极与发射极或发射极与基极之间发生反向击穿, 常出现永久性损坏。对易受能量损坏的元器件, 受损坏程度主要取决于流过其上的电流及持续时间。

2. 执行标准与测试方法

　　雷击是很普通的物理现象, 自然界每秒钟至少有 100 次雷击发生。此外, 输电线路中的开关动作也能产生许多高能量脉冲, 它们对电子设备的可靠性有很大影响。因此, 国际和国内许多标准都规定了雷击浪涌试验。工业过程测量与控制装置的抗浪涌试验 GB/T 17626.5(IEC 61000–4–5)。

　　工业过程测量与控制装置的抗浪涌性能试验, 主要是模拟设备在不同环境与安装条件下可能遇到的雷击或开关切换过程中所造成的电压和电流浪涌。它为评定设备的电源线、输入/输出线, 及通信线路在遭受高能量脉冲干扰时的抗干扰能力建立一个共同的标准依据。

　　雷击瞬变主要是模拟间接雷击, 如雷电击中户外线路, 大量雷击电流流入外部线路或接地电阻, 产生干扰电压; 间接雷击 (如云层间或云层内的雷电) 在外部线路或内部线路上感应出电压或电流; 雷电击中线路邻近物体, 在其周围形成电磁场, 使外部线路上感应出电压; 雷电击中附近地面, 地电流通过公共接地系统引进干扰。

　　切换瞬变是模拟主电源系统切换 (如电容器组) 时的干扰; 同一电网, 设备附近一些开关跳动时形成干扰; 切换有谐振线路的可控硅设备; 各种系统性故障, 如设备接地网络或接地系统间短路或飞弧等。

　　组合波发生器如图 6-58 所示。U 为高压源, R_c 为充电电阻, C_c 为储能电容, R_{s1}/R_{s2} 为脉冲持续时间形成的电阻, R_m 为阻抗匹配电阻, L_r 为上升时间形成的电感。

　　组合波雷击浪涌试验电磁兼容试验和测量技术满足 GB/T 17626.5—1999 标准, 浪涌 (冲击) 抗扰度试验满足 IEC 61000–4–5: 1995 标准。

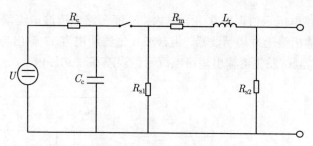

图 6-58　组合波雷击浪涌发生器电路原理示意图

开路电压波形和短路电流波形如图 6-59(a)、(b) 所示，1.2/50μs 波形参数规定如表 6-8 所示。

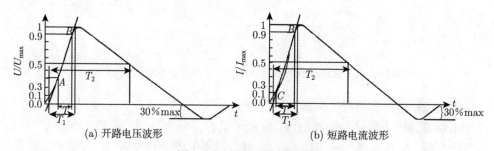

(a) 开路电压波形　　　　　(b) 短路电流波形

图 6-59　开路、短路波形图

表 6-8　1.2/50μs 波形参数规定

标准	GB/T 16927.1		IEC 469-1	
	波前时间/μs	半峰值时间/μs	上升时间 10%~90%/μs	持续时间 50%~50%/μs
开路电压	1.2	50	1	50
短路电流	8	20	6.4	16

组合波电源线电容耦合试验方法包括单相交流/直流电源线电容耦合试验 (差模)，单相交流/直流线电容耦合试验 (共模)，三相交流电源线电容耦合试验 (差模) 以及三相交流电源线电容耦合试验 (共模)。

其中，单相交流/直流电源线电容耦合试验 (差模) 步骤如下。

首先，按产品技术条件规定检查被测设备功能性能是否正常，并按图 6-60 连接设备。

按产品 (EUT) 技术条件规定/确定的试验类别和试验等级设置试验开路电压和短路电流波形参数；接着验证开路电压波组合波信号发生器经电容 C 输出开路，500MHz 示波器，100/1 衰减探头接电容 C 开路端，运行组合波发生器，测试发生器输出开路电压示值误差在 ±10% 内；验证短路电流波电流耦合钳套在组合波信号发生器输出线上并接示波器，组合波发生器经电容 C 输出与地短路，运行组合波发生器，测试发生器输出短路电流示值误差在 ±10% 内。

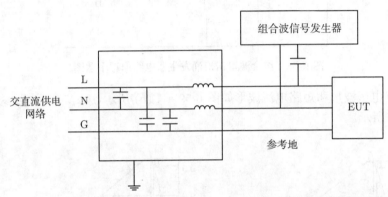

图 6-60　组合波试验设备连接示意图 (交流或直流电源线–差模)

重新连接组合波信号发生器，但不运行它，断开试品 EUT，检查去耦/耦合网络输出端电源线上的残余脉冲电压，应低于试验开路电压波形峰值的 15%；再断开供电电源，检查去耦/耦合网络输入端电源线上的残余脉冲电压，应低于试验开路电压波形峰值的 15% 或不超过电源电压峰值的 2 倍。

再重新连接试验设备和试品 EUT，组合波信号发生器不工作，试品 EUT 施加标称额定电压，检查 EUT 功能是否正常；接着，运行组合波信号发生器，对 EUT 施加浪涌脉冲 (对交流电源，浪涌脉冲加在供电电压波上的注入角度可以是 0°～360°；如产品标准无特殊规定，试验浪涌干扰脉冲通常可同步在交流电源波形过零点和正负峰值点)，试验 1 次/min；同时观察/检查 EUT 功能是否正常；在产品标准规定的每个选定试验部位，施加正/负极性的干扰脉冲，至少各试验 5 次或按技术条件规定 (供需双方确定)；再断开所有连接，重新检查 EUT 功能性能是否正常；接着，按产品标准规定的试验功能状态等级评判试验现象和结果，记录试验结果，编制提交试验报告。

其他三种试验的试验方法可参照单相交流/直流线电容耦合试验 (差模)。

非屏蔽互连线电容耦合试验方法包括线–线 (差模) 试验，线–地 (共模) 试验。其中线–线 (差模) 试验应按图 6-61 布置和连接设备；试验方法参照单相交流 (或直流) 电源线电容耦合试验 (差模)，图中 S_1 和 S_2 的 1，2，3，4 两两组合分别进行试验。线–地 (共模) 试验也应按图 6-61 布置和连接设备；试验方法参照单相交流 (或直流) 电源线电容耦合试验方法 (共模)，图中 S_2 的 1，2，3，4 分别对参考地进行试验。

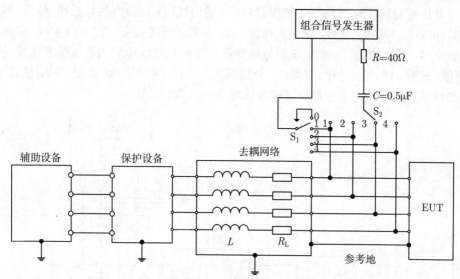

图 6-61 非屏蔽互连线电容耦合试验设备连接示意图

非屏蔽不对称工作线路气体放电管耦合试验方法也包括线–线 (差模) 试验和线–地 (共模) 试验。其中，线–线 (差模) 试验应按图 6-62 布置和连接设备；试验方法参照非屏蔽互连线电容耦合试验方法线–线 (差模) 试验，图中 S_1 和 S_2 的 1, 2, 3, 4 两两组合分别进行试验。线–地 (共模) 试验也应按图 6-62 布置和连接设备；试验方法参照非屏蔽互连线电容耦合试验方法线–地 (共模) 试验，图中 S_2 的 1, 2, 3, 4 分别对地进行试验。

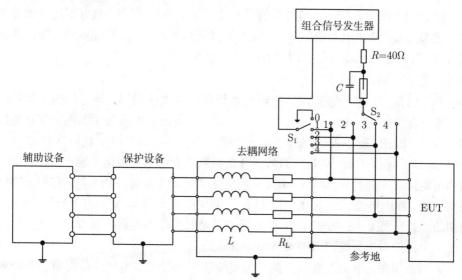

图 6-62 非屏蔽不对称工作线路气体放电管耦合试验设备连接示意图

　　非屏蔽对称工作线路气体放电管耦合 (通信线路) 试验方法包括线–线 (差模) 试验和线–地 (共模) 试验，试验应按图 6-63 布置和连接设备。其中，线–线 (差模) 试验中 S_1 置 0 位进行试验；试验方法参照非屏蔽互连线电容耦合试验方法线–线 (差模) 试验。线–地 (共模) 试验 S_1 分别置 1，2，3，4 位 (接地) 进行试验；试验方法参照非屏蔽互连线电容耦合试验方法线–地 (共模) 试验。

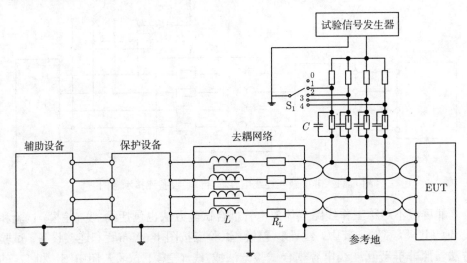

图 6-63　非屏蔽对称工作 (通信) 线路气体放电管耦合试验设备连接示意图

3. 浪涌 (冲击) 应对策略

　　对于低压供电系统，浪涌引起的瞬态过电压 (TVS) 保护，最好采用分级保护的方式来完成。从供电系统的入口 (比如大厦的总配电房) 开始逐步进行浪涌能量的吸收，对瞬态过电压进行分阶段抑制。

1) 通常采用三级保护

　　第一级保护，应是连接在用户供电系统入口进线各相和大地之间的大容量电源防浪涌保护器 (surge protection device，SPD)。一般要求该级电源保护器具备每相 100kA 以上的最大冲击容量，要求的限制电压应小于 1500V。我们称为 CLASS I 级电源防浪涌保护器。这些电源防浪涌保护器是专为承受雷电和感应雷击的大电流和高能量浪涌能量吸收而设计的，可将大量的浪涌电流分流到大地。它们仅提供限制电压 (冲击电流流过 SPD 时，线路上出现的最大电压称为限制电压) 为中等级别的保护，因为 CLASS I 级的保护器主要是对大浪涌电流的吸收，仅靠它们是不能完全保护供电系统内部的敏感用电设备的。

　　第二级保护，应该是安装在向重要或敏感用电设备供电的分路配电设备处的电源防浪涌保护器。这些 SPD 对于通过了用户供电入口浪涌放电器的剩余浪涌能量进行更完善的吸收,对于瞬态过电压具有极好的抑制作用。该处使用的电源防浪涌保护器要求的最大冲击容量为每相 45kA 以上,要求的限制电压应小于 1200V。我们称为 CLASS II 级电源防浪涌保护器。一般的用户供电系统做到第二级保护就可以达到用电设备运行的要求。

第三级保护,可在用电设备内部电源部分使用一个内置式的电源防浪涌保护器,以达到完全消除微小瞬态的瞬态过电压的目的。该处使用的电源防浪涌保护器要求的最大冲击容量为每相 20kA 或更低一些,要求的限制电压应小于 1000V。对于一些特别重要或特别敏感的电子设备,具备第三级的保护是必要的。同时也可以保护用电设备免受系统内部产生的瞬态过电压影响。

2) 共地保护

共地的接地方式如图 6-64 所示,对于直击雷防护方面能起到一个既经济而又能达到低接地电阻的效果,有利于雷电流的泄放,另一方面对于感应雷的防护,因电阻性耦合 (地电位差) 所产生的破坏也可减到最小。

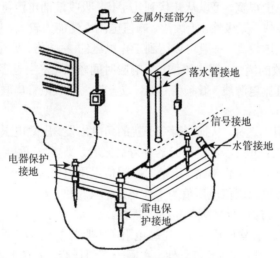

图 6-64 共地的接地方式

3) 浪涌抑制器件的使用

要有效地防止浪涌冲击对产品的危害,就必须在产品的交/直流电源端口和信号/控制端口安装浪涌抑制器件,对浪涌冲击加以吸收,阻止其进入产品内部对电路形成危害。浪涌 (冲击) 的最大特点是能量特别大,所以采用普通滤波器和铁氧体磁芯来滤波、吸收的方案基本无效,必须使用气体放电管、压敏电阻、硅瞬变吸收二极管和半导体放电管等专门的浪涌抑制器件。

浪涌抑制器件基本的使用方法是直接将浪涌吸收器件与被保护设备并联,以便对超过设备承受能力的浪涌电压进行吸收或能量转移。浪涌抑制器件的一个共同特性就是其阻抗在有浪涌电压出现时与没有浪涌电压时不同。正常电压下，它的阻抗很高，对电路的工作没有影响，而当有很高的浪涌电压加在它上面时，它的阻抗变得很低，将浪涌能量旁路掉。这类器件的使用方法是并联在线路与参考地之间，当浪涌电压出现时迅速导通，以将电压幅度限制在一定的数值上。

(1) 金属氧化物压敏电阻 (MOV)

压敏电阻由金属氧化物 (主要是氧化锌) 材料制成，属钳位型器件，其特性与两只背对背连接的稳压管非常相似，有着纳秒级的响应速度。压敏电阻对瞬变信号的吸收能力与其体积成正比，其厚度与阈值电压成正比，其面积与吸收电流成正比。压敏电阻是目前在电子产品中使用最广泛的浪涌抑制器件。当压敏电阻上的电压超过一定幅度 (阈值) 时，电阻的阻值大幅度降低，从而将浪涌能量泄放掉。在浪涌电压作用下，导通后的压敏电阻上的电压 (一般称为钳位电压) 等于流过压敏电阻的电流乘以压敏电阻的阻值，因此在浪涌电流的峰值处钳位电压达到最高。压敏电阻有如下特点。

优点：电压范围很宽，可以从几伏到几千伏，吸收浪涌电流可从几十安培到几千安培，反应速度快，无极性，无续流，峰值电流承受能力较大，价格低。

缺点：钳位电压较高，一般可以达到工作电压的 2~3 倍。另外，压敏电阻随着受到浪涌冲击次数的增加，漏电流增加。响应时间较长，寄生电容较大。

使用场合：直流电源线、低频信号线，或者与气体放电管串联起来用于交流电源线上。

对于压敏电阻的选择，从抑制瞬变干扰的角度出发，压敏电压要尽量降低到接近被保护电路的工作电压；从提高元器件寿命来看，又要拉开两者差距。一般折中的选取方案为：对交流工作电路，压敏电阻阈值电压值为工作电压的 2.2 倍；对直流工作电路，压敏电阻阈值电压值为工作电压的 1.5 倍。对交流 220V 的低压供电系统，压敏电阻宜选择 470V 阈值电压的规格。

通流量的选取：在实际应用中，压敏电阻所需吸收的最大浪涌电流应小于压敏电阻的最大通流量，以提高其可靠性。在同一应用场合，若最大通流量增加一倍，压敏电阻寿命也同步增加一倍。

(2) 硅瞬变电压吸收二极管 (TVS)

TVS 为电压钳位型工作方式，具有亚纳秒级的响应速度。TVS 有多种封装方式，可满足不同场合的需要。当 TVS 上的电压超过一定幅度时，器件迅速导通，通过 PN 结反向过压雪崩击穿将浪涌能量泄放掉。由于这类器件导通后阻抗很小，因此它的钳位电压很平坦，并且很接近工作电压。硅瞬变电压吸收二极管有如下特点。

优点：响应时间短，漏电流小，击穿电压偏差小，钳位电压低 (相对于工作电压)，动作精度高，无跟随电流 (续流)，体积小，每次经受瞬变电压冲击后其性能不会下降，可靠性高。

缺点：由于所有功率都耗散在二极管的 PN 结上，因此它所承受的功率值较小，允许流过的电流较小。一般的 TVS 器件的寄生电容较大，如在高速数据线上使用，要用特制的低电容器件，但是低电容器件的额定功率往往较小。

适用场合：浪涌能量较小的场合。如果浪涌能量较大，要与其他大功率浪涌抑制器件一同使用，将其作为后级防护。

对于硅瞬变电压吸收二极管的选择，最大钳位电压不大于被保护电路的最大允许安全电压。最大反向工作电压不低于电路的最大工作电压，一般略高于电路的工作电压。TVS 额定的最大脉冲功率必须大于电路中出现的最大瞬态浪涌功率。对小电流负载的保护，可在 TVS 之前串联适当的限流电阻，从而可选用小的峰值吸收功率的 TVS 来实现这一功能。对于数据接口电路的保护，还必须注意选取具有合适电容的 TVS 器件。

(3) 气体放电管 (GDT)

气体放电管采用陶瓷密闭封装，内部由两个或数个带间隙的金属电极充以惰性气体 (氩气或氖气) 构成。当加到电极两端的电压达到使气体放电管内的气体击穿时，气体放电管便开始放电，器件变为短路状态，使电极两端的电压不超过击穿电压。气体放电管一旦导通后，它两端的电压会很低。气体放电管有两极和三极之分，可分别用于线–线和线–地间的保护。气体放电管有如下特点。

优点：承受电流大，绝缘电阻高，漏电流小，寄生电容小。

缺点：点火电压高，残压较高，反应时间较长 (≥100ns)，动作电压精度较低，会慢性漏气、有光敏效应、离散型大，有跟随电流 (续流)，若跟随电流的时间较长，会导致放电管触点迅速烧毁，从而缩短放电管的使用寿命。

使用场合：信号线或工作电压低于导通维持电压的直流电源线上 (一般低于10V)；与压敏电阻组合起来用在交流电源线上。它具有很强的冲击电流吸收能力，但有着较高的起弧电压，所以比较适合用作一级粗保护。

对于气体放电管的选择，在直流电路中气体放电管的标称电压选择为工作电压的 1.8 倍；在交流电路中选择为工作电压有效值的 2.5 倍。气体放电管标称电流容量应大于被保护电路的可能最大浪涌冲击容量。由于有跟随电流 (续流)，气体放电管一般不可用于直流电路，除非直流工作电压低于气体放电管的击穿维持电压。

参 考 文 献

[1] 刘尚合, 武占成. 静电放电及危害防护. 北京: 北京邮电大学出版社, 2004.
[2] 刘建斌, 田智会. 静电对电子产品的危害及其防护. 装备环境工程, 2006, 3(6): 66-69.
[3] 李秀峰, 邱扬, 丁高. 静电放电及其防护设计. 国外电子测量技术, 2006, 25(2): 9-12.

[4] 周星, 魏光辉, 张希军. ESD 辐射场的计算及对传输线的耦合研究. 高电压技术, 2008, 34(4): 670-673.

[5] 国家质量技术监督局. GB/T17626.2—2006, 电磁兼容试验和测量技术静电放电抗扰度试验. 北京: 中国标准出版社, 2007.

[6] Caccavo G, Cerri G. ESD field penetration into a populated metallic enclosure a hybrid time-domain approach. IEEE Transactions on Electromagnetic Compatibility, 2002, 44(1): 243-249.

[7] 牛博, 宋政湘, 王建华, 等. 智能电器监控单元静电放电敏感性的实验研究. 高电压技术, 2007, 33(4): 61-64.

[8] Wang K, Pommerenke D, Zhang J M, et al. The PCB level ESD immunity study by using 3 dimension ESD scan system. IEEE International Symposium on Electromagnetic Compatibility, 2002, 44(1): 139-146.

[9] Cerri G, Chiarandini S, Costantini S. Theoretical and experimental characterization of transient electromagnetic fields radiated by electrostatic discharge (ESD) currents. IEEE Transactions on Electromagnetic Compatibility, 2002, 44(1): 343-348.

[10] 罗广孝, 崔翔, 张卫东, 等. TVS 静电抑制器等效电路参数估算及应用. 中国电机工程学报, 2013, 33(16): 204-211.

[11] 何丽娟, 高璞, 郝建红. 一种考虑屏蔽体表面情况的 ESD 电磁辐射效应模型分析. 石家庄学院学报, 2009, 11(6): 9-14.

[12] 王玉峰, 邹积岩, 廖敏夫. 一次回路形成电快速瞬变脉冲群骚扰的研究及防护. 电力自动化设备, 2007, 27(9): 22-27.

[13] 邵志和. 电源输入滤波器的设计及应用. 电力机车与城轨车辆, 2009, 32(3): 22-24.

[14] 肖家旺, 赵阳, 董颖华, 等. 称重控制器群脉冲测试案例分析. 南京师范大学学报 (工程技术版). 2011, 11(2): 9-12.

[15] 程利军, 邓慧琼. 微机保护抗电快速瞬变脉冲群干扰研究. 电力自动化设备, 2002, 22(6): 5-8.

第二篇

电磁兼容应对策略

第7章 传导电磁干扰问题应对策略

7.1 智能电网行业产品传导干扰问题应对策略

7.1.1 行业背景及测试标准

智能电网 (smart power grids)，即电网的智能化，也被称为 "电网 2.0"，它是建立在集成的、高速双向通信网络的基础上，通过先进的传感和测量技术、设备技术、控制方法以及决策支持系统技术的应用，实现电网的可靠、安全、经济、高效、环境友好和使用安全的目标，其主要特征包括自愈、激励用户、抵御攻击、提供满足 21 世纪用户需求的电能质量、容许各种不同发电形式的接入、启动电力市场以及资产的优化高效运行。

建立高速、双向、实时、集成的通信系统是实现智能电网的基础，没有这样的通信系统，任何智能电网的特征都无法实现，因为智能电网的数据获取、保护和控制都需要通信系统的支持，因此建立这样的通信系统是迈向智能电网的第一步。同时通信系统要和电网一样深入到千家万户，这样就形成了两张紧密联系的网络——电网和通信网络，只有这样才能实现智能电网的目标和主要特征。

我国致力于制定一套智能电网的标准和互通原则，其中包括相关的电磁兼容测试标准，具体标准为 GB 9254。

7.1.2 某型单相电表的传导干扰问题应对策略

1. 问题描述

如图 7-1 所示为某公司生产的某型单相电表，其主要是采用现代传感器技术、电子技术和计算机技术一体化的电子计量装置，该单相电表除了具备传统电能表基本用电量的计量功能以外，为了适应智能电网和新能源的使用，它还具有用电信息存储功能、双向多种费率计量功能、用户端控制功能、多种数据传输模式的双向数据通信功能、防窃电功能等智能化的功能，智能电表代表着未来节能型智能电网最终用户智能化终端的发展方向。

由于单相电表的用途十分广泛，因此如果其传导干扰超过标准限值，则会严重制约其设备的工作特性，影响设备的读取精度等，因此它的传导干扰需要满足我国 GB 9254 Class B 标准。为了检验其传导 EMI 噪声特性，利用江苏省电气装备电磁兼容工程实验室所拥有的德国 R&S 公司的人工电源网络 (ENV216) 和 EMI 接收机 ESL3 进行测试，其传导 EMI 测试结果如图 7-2 所示。根据表 7-1 所示的 GB 9254 Class B 标准限值和测试结果曲线对比，可得该电力集中器的传导发射严重超过标准限值。

图 7-1   某型单相电表实物图

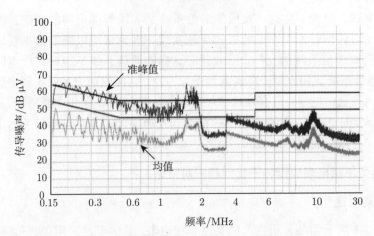

图 7-2   整改前单相电表传导 EMI 噪声

表 7-1   GB 9254 Class B 标准限值

频率范围/MHz	限值/dBμV	
	准峰值	均值
0.15～0.50	56～66	46～56
0.50～5	56	46
5～30	60	50

注 1：在过渡频率 (0.50MHz 和 5MHz) 处应采用较低的限制。

注 2：在 0.15～0.50MHz 频率范围内，限制随频率的对数呈线性减少。

2. 执行标准

在我国市场销售和使用的信息技术设备范围的电子设备均需要满足中国国家标准 GB 9254—2008《信息技术设备的无线电骚扰限值与测量方法》规定,信息技术设备条件如下: ① 其主要功能为对数据和电信消息进行录入、存储、显示、检索、传递、处理、交换或控制 (或几种功能的组合),该设备可以配置一个或多个通常用于信息传递的终端端口; ② 额定电压不超过 600V。根据该条件,信息技术设备包括数据处理设备、办公设备、电子商用设备、电信设备等,显然,单相电表是一种常规的信息技术设备,其传导发射需要满足 GB 9254 标准规定,且需符合 B 类标准。

3. 测试环境与测试条件

传导发射测试采用的是江苏省电气装备电磁兼容工程实验室的测量设备,如图 7-3 所示,测量设备采用的是德国 R&S 公司生产制造的人工电源网络 (ENV216)。测量接收机采用的是德国 R&S 公司生产制造的 ESL3,该接收机测试频段为 9kHz~ 2.7GHz,具备 0.5dB 的电平精度,1dB 压缩点 +5dBm,射频输入抗脉冲功率高达 10mW,平均噪声显示电平 (前置放大器打开)≤152dBm(1Hz),分辨率带宽 10Hz~10MHz (−3dB);200Hz、9kHz、120kHz(−6dB)、1MHz(脉冲带宽)。

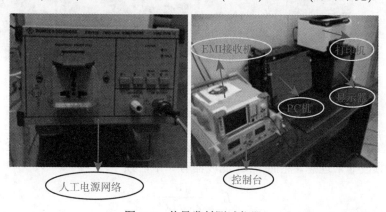

图 7-3　传导发射测试仪器

根据标准要求,试验场地应做到能区分来自 EUT 的干扰和环境噪声。有关这方面的场地适用性,可通过测量环境噪声电平 (EUT 不工作) 予以确定,应保证噪声电平至少低于标准限值 6dB。当环境噪声和源的干扰两者之合成结果不超过规定的限值时,则不必要求环境噪声电平比规定限值低 6dB。在这种情况下,可以认为源的发射满足规定限值的要求,而当环境噪声和源的干扰两者之合成结果超过规定的限值时,则不能判断 EUT 是否达到限值的要求,除非在超过限值所对应的每一个频率点上能表明同时满足下述两个条件：① 环境噪声电平至少比源干扰加上环境噪声电平低 6dB；② 环境噪声电平至少比规定的限值低 4.8dB。

采用的实验场地噪声电平低于 B 类标准限值 6dB 以上，满足测试环境要求。

4. 电磁兼容问题机理分析 [1,2]

根据图 7-2 测试结果分析可得，在整个 0.16~0.5MHz 以及 1.62~1.86MHz 频段的传导 EMI 噪声严重超标，平均超过 GB 9254 Class B 标准限值 5dBμV 以上，最大超标频点为 1.62MHz，超标 9.89dBμV。

利用书中方法分析单相电表产生的传导 EMI 噪声，发现存在如下问题。

(1) 通过在单相电表的电源入口卡铁氧体磁环处理，发现电源含有非常高的传导电磁干扰噪声，需要在该电源入口处添加 EMI 滤波器，如图 7-4(a) 所示。

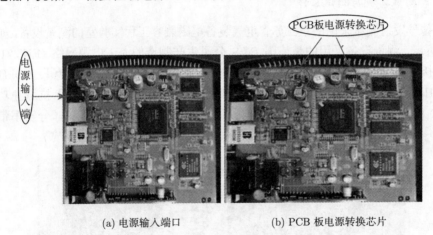

(a) 电源输入端口　　　　　　　　(b) PCB 板电源转换芯片

图 7-4　PCB 板级分析实物图

以绕制的共模扼流圈为电感的 EMI 滤波器如图 7-5 所示，其滤波特性在 0.15~0.3MHz 频段非常理想。然而 EMI 滤波器有一个谐频

$$f_r = \frac{1}{2\pi\sqrt{LC}} \tag{7-1}$$

图 7-5　EMI 滤波器

在这个谐频上，电源线中所传输的信号，比没有滤波时还要大。为此必须注意，将这个谐频降低到电路的通频带以下。在谐频时，滤波器的增益量与阻尼系数成反比。

$$\xi = \frac{R}{2}\sqrt{\frac{C}{L}} \tag{7-2}$$

为了把谐振时的增益限制在 2dB 以下，阻尼系数应大于 0.5。

(2) 发现 PCB 中各个芯片的供电电源同样具有非常大的传导干扰噪声，如图 7-4(b) 所示。根据谐频式与阻尼系数式，可以在各电源转换芯片处加上直流 EMI 滤波器。

5. 电磁兼容整改措施

首先，为了抑制单相电表电源输入端传导电磁干扰噪声超标的问题，在电源入口处添加了如图 7-5 所示的直流 EMI 滤波器。L_1，L_2 为绕制的共模扼流圈，电容 C_1，C_2 为陶瓷电容。其元器件参数如表 7-2 所示。

表 7-2　电源输入端 EMI 滤波器元器件参数

元件	大小
L_1	150μH
L_2	1.2μH
C_1	100μF
C_2	68μF

然后，在电源入口端针对电源 EMI 滤波器进行完善，在电源入口 EMI 滤波器的滤波电感后每线串联一个六孔磁珠，如图 7-6 所示。

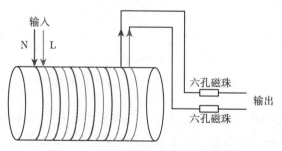

图 7-6　EMI 滤波器后串联六孔磁珠

最后，针对单相电表的电源转换芯片产生很强的高频干扰噪声的问题，设计一种直流 EMI 滤波器，如图 7-7 所示，其中 L_1 和 L_2 为 0.15mH 的色环电感，C_1 为 0.684μF 的陶瓷电容，C_2，C_3 为 0.22μF 的陶瓷电容。

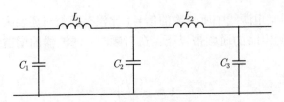

图 7-7 电源转换芯片处串接的直流 EMI 滤波器

通过上述措施的采用，该设备的传导 EMI 问题得到了有效解决，经测量后，传导噪声显著降低，如表 7-3 所示，噪声抑制效果可达 25.12dBμV，符合 GB 9254 Class B 标准，如图 7-8 所示。

表 7-3 某型单相电表传导 EMI 噪声

频点/MHz	抑制前/dBμV	超标/dBμV	抑制后/dBμV	安全裕量/dBμV
0.17	68	3	55	10
0.4	60	4	44	11
1.6	65	10	40	15
1.7	64	9	39	16

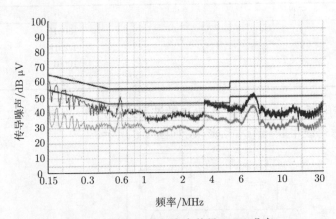

图 7-8 整改后单相电表传导 EMI 噪声

在进行电源设计时，需要对设备输入电源以及芯片工作电源进行适当滤波处理，以减小传导电磁干扰噪声。一般要经过多次滤波器结构的选择以及元器件参数的选择，以使得滤波器的性能最优。

7.1.3 某型电力集中器的传导干扰问题应对策略

1. 问题描述

如图 7-9 所示为某公司生产的某型电力集中器，集中器的作用就是把一批电表的数据，先通过载波或者 485 通信等方式采集到这个设备上来，再通过有线 (光纤) 或者无线网络等方式传输到主站上去，提高抄表的效率以及数据完整率。

图 7-9　某型电力集中器实物图

由于电力集中器的用途十分广泛，因此如果其传导干扰超过标准限值，则会严重制约其设备的工作特性，影响设备的读取精度等，因此它的传导干扰需要满足我国 GB 9254 Class B 标准，为了检验其传导 EMI 噪声特性，利用江苏省电气装备电磁兼容工程实验室所拥有的德国 R&S 公司的人工电源网络 (ENV216) 和 EMI 接收机 ESL3 进行测试，其传导 EMI 测试结果如图 7-10 所示。根据表 7-1 所示的 GB 9254 Class B 标准限值和测试结果曲线对比，可得该电力集中器的传导发射严重超过标准限值。

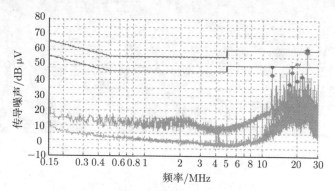

图 7-10　整改前电力集中器传导 EMI 噪声

2. 执行标准

在我国市场销售和使用的信息技术设备范围的电子设备均需要满足中国国家标准 GB 9254—2008《信息技术设备的无线电骚扰限值与测量方法》规定。

3. 测试环境与测试条件

传导发射测试采用的是江苏省电气装备电磁兼容工程实验室的测量设备,如图 7-3 所示,测量设备采用的是德国 R&S 公司生产制造的人工电源网络 (ENV216)。测量接收机采用的是德国 R&S 公司生产制造的 ESL3。

采用的实验场地噪声电平低于 B 类标准限值 6dB 以上,满足测试环境要求。

4. 电磁兼容问题机理分析

根据图 7-10 测试结果分析可得,在 12MHz、18MHz、24MHz 频点处的传导 EMI 噪声分别为 51dBμV、52dBμV、60dBμV,超过 GB 9254 Class B 标准限值 1dBμV、2dBμV、10dBμV,如表 7-3 所示,最大超标频点为 24MHz,超标 10dBμV。

分析电力集中器产生的传导 EMI 噪声,发现存在如下问题。

(1) PCB 上的平行导线由于流过高频的电流信号,因此会产生串扰问题,产生传导电磁干扰噪声,如图 7-11(a) 所示。在自由空间中,线缆中信号引起的射频电磁场为 [3]

$$E_\theta = \mathrm{j}\frac{IlZ_0\beta_0\sin\theta}{4\pi r}\mathrm{e}^{-\mathrm{j}\beta_0 r} \tag{7-3}$$

式中,Z_0 为自由空间波阻抗,Ω;l 为线缆长度,m;I 为线缆中电流,A;r 为测试距离,m;β_0 为 $2\pi/\lambda$,m^{-1}。

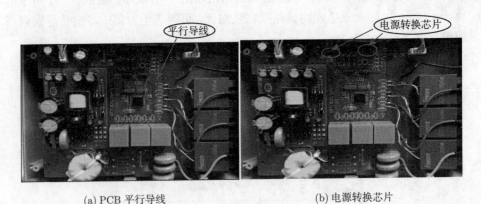

(a) PCB 平行导线　　　　　　　　　　　(b) 电源转换芯片

图 7-11　PCB 板级分析实物图

如图 7-12 所示,线缆 1 引起的射频电磁场 E 以空间位移电流形式耦合至线缆 2,从而在线缆 2 中产生共模噪声电流 I_{CM}。

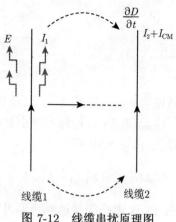

图 7-12 线缆串扰原理图

串扰是由于线缆附近噪声源 (包括其他线缆、晶振或芯片等) 产生的射频电磁场耦合至线缆中，从而引起的传导 EMI 噪声。因此，串扰的噪声源为空间射频电磁场，然而，在实际功能电路中，其他线缆、晶振或芯片的工作状态一般无法改变，而且线缆的电磁屏蔽措施也较难应用 (屏蔽效能较低且成本较高)。

(2) 电力集中器内部的电源转换芯片由于接地不良，会产生传导 EMI 噪声。对于相线/中线与地之间产生的共模噪声而言，如图 7-13(a) 所示，可以等效为共模噪声源 U_{CM}，共模噪声源内阻抗 Z_{CM} 以及负载阻抗 Z_{load}。其中，负载上检测到的噪声电压 U_{load} 即为传导 EMI 噪声[4]。

$$U_{\mathrm{load}} = \frac{Z_{\mathrm{load}}}{Z_{\mathrm{CM}} + Z_{\mathrm{load}}} U_{\mathrm{CM}} \tag{7-4}$$

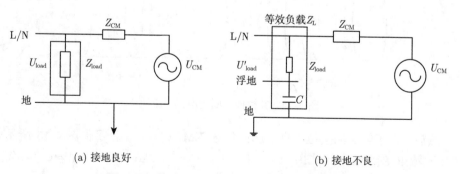

(a) 接地良好   (b) 接地不良

图 7-13 接地不良引起的传导电磁干扰原理图

当 PCB 电路接地不良时，浮地与地之间存在一个寄生电容 C，因此等效负载为 Z_{load} 与寄生电容 C 串联，即为 Z_{L}，如图 7-13(b) 所示。此时，传导 EMI 噪声

变为 U'_{load}。

$$U'_{\text{load}} = \frac{Z_{\text{L}}}{Z_{\text{CM}} + Z_{\text{L}}} U_{\text{CM}} = \frac{Z_{\text{load}} + \dfrac{1}{\text{j}\omega C}}{Z_{\text{CM}} + Z_{\text{load}} + \dfrac{1}{\text{j}\omega C}} U_{\text{CM}} \tag{7-5}$$

在共模噪声源 U_{CM}、共模噪声源内阻抗 Z_{CM} 以及负载阻抗 Z_{load} 确定的条件下，U'_{load} 大于 U_{load}，其中，U_{load} 为 PCB 电路本身引起的传导 EMI 噪声，而其增量 ΔU_{load} 为因接地不良引起的传导 EMI 噪声。

$$\Delta U_{\text{load}} = U'_{\text{load}} - U_{\text{load}} \tag{7-6}$$

在实际应用中仅需加强 PCB 电路的接地系统即可有效抑制因接地不良引起的传导 EMI 噪声，然而，对于复杂电子系统而言，PCB 电路中存在某些芯片及其直流电源 (电压等级也不相同，如 5V，3.3V，1.8V，1.2V 等)。为了防止上述直流电源间的相互干扰，需要改进电源的接地系统来设计各芯片间的直流电源。

5. 电磁兼容整改措施

首先，为了改善因串扰问题而产生的传导 EMI 问题，设计了如图 7-14(b) 所示的串扰扼流圈。对于串扰而言，线缆相当于一个接收天线 (短直天线、电偶极子)，若按照图 7-14(a) 的方式绕制共模扼流圈，由于 2 个天线 (相线和中线) 的位置 (场点) 相同，其接收到射频电磁场幅值和相位均相同，从而大大加剧了串扰的影响。为了解决上述问题，设计了串扰扼流圈能够有效抑制其传导 EMI 噪声。

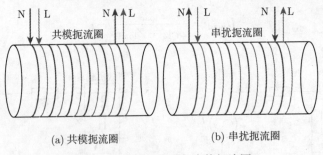

(a) 共模扼流圈　　　　　　　　(b) 串扰扼流圈

图 7-14　共模扼流圈与串扰扼流圈

然后，为了解决因接地不良引起的传导 EMI 问题，设计了如图 7-15 所示的 PCB 直流电源接地系统。图中 $U_1 = U_2$，$C_1 = C_2 = 22\mu\text{F}$，$C_3 = C_4 = C_5 = C_6 = 0.1\mu\text{F}$，$C_7 = 100\text{pF}$，$C_8 = 10\text{pF}$。

通过上述措施的采用，该设备的传导 EMI 问题得到了有效解决，经测量后，传导噪声显著降低，噪声抑制效果可达 37dBμV，符合 GB 9254 Class B 标准，如图 7-16 所示，相应超标频点的抑制结果见表 7-4。

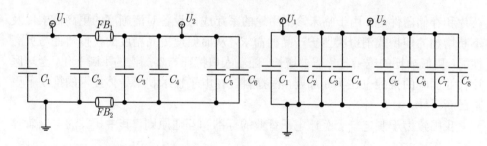

(a) PCB 直流电源接地不良　　　　　(b) 改进后的 PCB 直流电源接地系统

图 7-15　PCB 直流电源接地系统

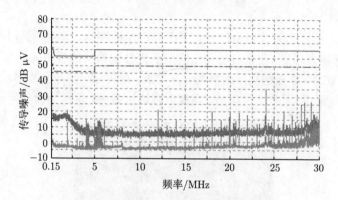

图 7-16　整改后电力集中器传导 EMI 噪声

表 7-4　电力集中器传导 EMI 噪声

频点/MHz	抑制前/dBμV	超标/dBμV	抑制后/dBμV	安全裕量/dBμV
12	51	1	20	30
18	52	2	15	35
24	60	10	35	15

在进行电源设计时,需要对外接工作电源以及芯片工作电源进行适当滤波处理,因为芯片工作电源很容易耦合高频噪声信号,并且在整个 PCB 板内传输,一旦经过较大的环路或者连接线便会得到很大的放大。

7.2　医疗电子行业产品传导干扰问题应对策略

7.2.1　行业背景及测试标准

化学、生物、电子技术在医疗行业的应用程度逐渐加深,技术融合更加广泛。以半导体器件为例,当前应用于医疗电子设备的半导体器件主要有模拟器件、逻辑芯片和存储器件等。由于临床诊治用途的医疗成像设备对清晰度的更高需求以及不断增加的便携式消费类监护产品的需求,从而促使更高精度的模拟器件与更高性能、更低功耗的逻辑芯片需求增长。随着人口特征与疾病谱的不断变化,全球医疗行业面临的挑战也在不断加剧,医疗科技在电子技术和半导体技术的推动下更是日新月异。

我国致力于制定一套医疗电子行业的标准和互通原则,其中相关的电磁兼容标准为 YY 0505—2012。

7.2.2　某型电子助视器的传导干扰问题应对策略

1. 问题描述

如图 7-17 所示为某公司生产的某型医疗电子助视器,其主要运用于矫正视力低于 0.3 的低视力患者 (包括各种先天性或后天性眼病所致视力障碍者,如老年性黄斑病变 (AMD)、糖尿病视网膜病变、青光眼、白内障、视神经萎缩、角膜病、早产儿视网膜病变、眼外伤、白化病、高度近视或远视等) 进行阅读与生活等。

图 7-17　某型电子助视器实物图

由于低视力患者的大部分生活学习依靠于它,因此如果其传导干扰超过标准限值,则不仅仅制约着其设备的工作特性,也影响着设备使用者的身体健康,因此它的传导干扰需要满足 YY 0505—2012 标准。为了检验其传导 EMI 噪声特性,利用江苏省电气装备电磁兼容工程实验室所拥有的德国 R&S 公司的人工电源网络 (ENV216) 和 EMI 接收机 ESL3 进行测试,其传导 EMI 测试结果如图 7-18 所示。根据 YY 0505—2012 标准限值和测试结果曲线对比,可得该电子助视器的传导发射严重超过标准限值。

2. 执行标准

在我国市场销售和使用的医疗电子设备均需要满足 YY 0505—2012 标准规定,显然,电子助视器是一种医疗电子设备,其传导发射需要满足 YY 0505—2012 标准规定。

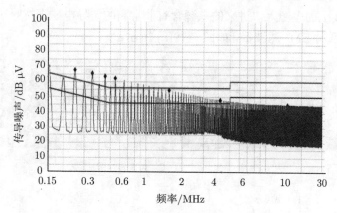

图 7-18 整改前电子助视器传导 EMI 噪声

3. 测试环境与测试条件

传导发射测试采用的是江苏省电气装备电磁兼容工程实验室的测量设备, 如图 7-3 所示, 测量设备采用的是德国 R&S 公司生产制造的人工电源网络 (ENV216)。测量接收机采用的是德国 R&S 公司生产制造的 ESL3。

4. 电磁兼容问题机理分析

根据图 7-18 测试结果分析可得, 在 0.15MHz, 0.25MHz, 0.35MHz, 0.45MHz, 0.55MHz, 0.65MHz, 0.75MHz, 0.85MHz 频点处的传导 EMI 噪声分别为 70.05dBμV, 67.80dBμV, 65.64dBμV, 63.78dBμV, 62.25dBμV, 61.23dBμV, 60.02dBμV, 59.05dBμV, 超过 GB 9254 Class B 标准限值 4.05dBμV, 6.04dBμV, 6.67dBμV, 6.90dBμV, 6.25dBμV, 5.23dBμV, 4.02dBμV, 3.05dBμV, 如表 7-5 所示, 最大超标频点为 0.45MHz, 超标 6.90dBμV。

表 7-5 电子助视器传导 EMI 噪声

频点/MHz	抑制前/dBμV	超标/dBμV	抑制后/dBμV	安全裕量/dBμV
0.15	70.05	4.05	52.20	13.80
0.25	67.80	6.04	52.66	9.10
0.35	65.64	6.67	46.64	12.33
0.45	63.78	6.90	48.16	8.72
0.55	62.25	6.25	52.11	3.89
0.65	61.23	5.23	46.28	9.72
0.75	60.02	4.02	44.32	11.68
0.85	59.05	3.05	43.86	12.14

分析助视器产生的传导 EMI 噪声, 发现存在如下问题。

(1) PCB 上的电源入口进来的电源含有非常高的传导电磁干扰噪声, 需要在该电源入口处添加 EMI 滤波器, 如图 7-19(a) 所示。

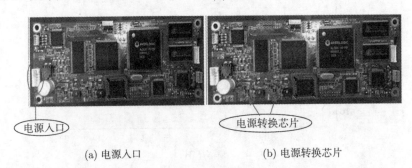

(a) 电源入口　　　　　　　　　　　(b) 电源转换芯片

图 7-19　PCB 板级分析实物图

LC 滤波器如图 7-20 所示, 其滤波特性在高频段非常优越。然而 LC 滤波器有一个谐频 [5,6]

$$f_r = \frac{1}{2\pi\sqrt{LC}} \tag{7-7}$$

在这个谐频上, 电源线中所传输的信号比没有滤波时还要大。为此必须注意, 将这个谐频降低到电路的通频带以下。在谐频时, 滤波器的增益量与阻尼系数成反比。

$$\xi = \frac{R}{2}\sqrt{\frac{C}{L}} \tag{7-8}$$

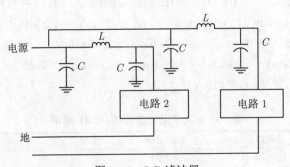

图 7-20　LC 滤波器

为了把谐振时的增益限制在 2dB 以下, 阻尼系数应大于 0.5。如需要提高阻尼, 可在电感器上串联电阻, 其中所用的电感线圈, 应在通过电路所需的最大直流电流时, 不致产生磁饱和现象。在每滤波节加上如图 7-20 所示的第二电容器, 可增强滤波作用, 防止从电路反馈到电源上的噪声, 这就使滤波器成为 π 型网络。

(2) PCB 中各个芯片的供电电源发现同样具有非常大的传导干扰噪声, 如图 7-19(b) 所示。根据谐频式与阻尼系数式, 可以在各电源转换芯片处加上如图 7-20 所示的 LC 滤波器。

5. 电磁兼容整改措施

首先, 为了抑制 PCB 电源入口处传导电磁干扰噪声超标的问题, 在电源入口处添加了如图 7-21 所示的 π 型滤波器, 图中 $L=1.5\mathrm{mH}$, $C_1=C_2=0.15\mu\mathrm{F}$。

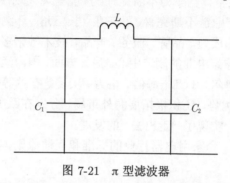

图 7-21　π 型滤波器

然后, 为了抑制给各个数字芯片供电的各电源转换芯片的传导干扰噪声, 在电源转换芯片的输入与输出端添加了如图 7-21 所示的 π 型滤波器, 其中, $L=1\mathrm{mH}$, $C_1=C_2=0.1\mu\mathrm{F}$。

通过上述措施的采用, 该设备的传导 EMI 问题得到了有效解决, 经测量后, 传导噪声显著降低, 噪声抑制效果可达 13.8dBμV, 符合 GB 9254 Class B 标准, 如图 7-22 所示, 相应超标频点的抑制结果见表 7-5。

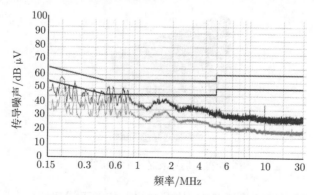

图 7-22　整改后电子助视器传导 EMI 噪声

在进行电源设计时, 需要对外接工作电源以及芯片工作电源进行适当滤波处理, 因为芯片工作电源很容易耦合高频噪声信号, 并且在整个 PCB 板内传输, 一旦经过较大的环路或者连接线便会得到很大的放大。

7.3　家用电器行业产品传导干扰问题应对策略

7.3.1　行业背景及测试标准

近年来，在我国市场经济的迅猛发展大潮中，家电行业的发展与增长也随之水涨船高：一方面，行业整体竞争力不断提升。产能呈现大规模化发展，上千万套的生产基地层出不穷；产业链不断完善，珠三角、长三角、环渤海湾三大产业基地不断发力，企业竞争日趋成熟，品牌、服务、产品、技术等诸多因素轮番上阵，短期内中国迅速成长为全球家电业的制造中心。另一方面，国内涌现出一大批具备国际竞争力的家电巨头，海尔、TCL、海信、格力、美菱、春兰等企业除了在国内市场树立了较有力的竞争优势，还积极拓展海外市场，分别在欧美等地开拓销售网络，并建立生产制造工厂，实现了"走出去"的发展。

我国致力于制定一套家用电器行业的标准和互通原则，其中相关的电磁兼容标准为 GB 9254。

7.3.2　某型液晶显示器的传导干扰问题应对策略

1. 问题描述

如图 7-23 所示为某公司生产的某型液晶显示器，为平面超薄的显示设备，由一定数量的彩色或黑白像素组成，放置于光源或者反射面前方，主要原理是以电流刺激液晶分子产生点、线、面配合背部灯管构成画面。液晶显示器功耗很低，因此备受家庭和工程师青睐，适用于使用电池的电子设备。

图 7-23　某型液晶显示器实物图

由于普通家庭的生活离不开它，因此如果其传导干扰超过标准限值，则不仅仅制约着其设备的工作特性，也影响着设备使用者的身体健康，因此它的传导干扰需要满足我国 GB 9254 Class B 标准。为了检验其传导 EMI 噪声特性，利用江苏省电气装备电磁兼容工程实验室所拥有的德国 R&S 公司的人工电源网络 (ENV216)

和 EMI 接收机 ESL3 进行测试,其传导 EMI 测试结果如图 7-24 所示。根据表 7-1
所示的 GB 9254 Class B 标准限值和测试结果曲线对比,可得该液晶显示器的传导
发射严重超过标准限值。

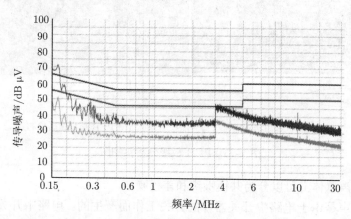

图 7-24　整改前液晶显示器传导 EMI 噪声

2. 执行标准

在我国市场销售和使用的信息技术设备范围的电子设备均需要满足中国国家
标准 GB 9254—2008《信息技术设备的无线电骚扰限值与测量方法》规定,显然,
液晶显示器是一种常规的电子商用设备,其传导发射需要满足 GB 9254 标准规定,
且需符合 B 类标准。

3. 测试环境与测试条件

传导发射测试采用的是江苏省电气装备电磁兼容工程实验室的测量设备,如图
7-3 所示,测量设备采用的是德国 R&S 公司生产制造的人工电源网络 (ENV216)。
测量接收机采用的是德国 R&S 公司生产制造的 ESL3。

采用的实验场地噪声电平低于 B 类标准限值 6dB 以上,满足测试环境要求。

4. 电磁兼容问题机理分析

根据图 7-24 测试结果分析可得,在整个 0.15~0.18MHz 频段的传导 EMI 噪
声严重超标,平均超过 GB 9254 Class B 标准限值 4dBμV 以上,最大超标频点为
0.175MHz,超标 7.02dBμV。

分析液晶显示器产生的传导 EMI 噪声,发现存在如下问题。

(1) 通过在电源线卡铁氧体磁环测试,发现液晶显示器的电源入口含有非常
高的传导电磁干扰噪声,故需要在该电源入口处添加 EMI 滤波器,如图 7-25(a)

所示。

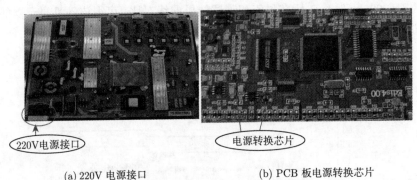

(a) 220V 电源接口　　　　　　　　(b) PCB 板电源转换芯片

图 7-25　PCB 板级分析实物图

传导噪声总体上可以分为共模噪声和差模噪声。

共模噪声是由于电路中开关器件的开关工作而产生的。电路中开关元器件的漏极以及与漏极相连的 PCB 导线的电位高频变化，形成位移电路。这些位移电路是产生共模干扰电流的直接因素。用"电路"的观点来解释就是有电流经寄生电容流入地线，形成共模干扰。对于散热器接地的系统，功率管与散热器间的寄生电容 C_m 以及 LISN 构成了共模干扰电流的通道。当共模电流平衡时，其流过 L 线、N 线的大小相等、方向相同，即图 7-26 中的 I_{CM}，而流过地线的共模电流则为 $2I_{CM}$。

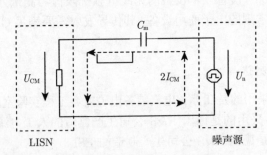

图 7-26　共模传导噪声原理图

图 7-27 为开关电源差模干扰等效电路。这是一个由 L_{boost} 和 C_{in} 组成的无源二端口网络，其电压增益 $|U_o/U_s|$ 可以反映网络的电压传输特性。就差模干扰而言，电压增益越低，则说明网络对噪声源的抑制作用越大，LISN 接收到的干扰信号也越小。

(2) 如图 7-25(b) 所示，液晶显示器的 PCB 直流电源转换芯片产生了很强的高频干扰噪声，所以可以通过直流 EMI 滤波器来抑制其传导干扰噪声。

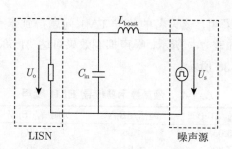

图 7-27　差模传导噪声原理图

5.电磁兼容整改措施

首先,为了抑制液晶显示器电源入口处传导电磁干扰噪声超标的问题,在电源入口处添加了如图 7-28 所示的近似的 π 型滤波器。L_1 和 L_2 采用色环电感,C_1,C_2,C_3 为陶瓷电容。具体参数如表 7-6 所示。

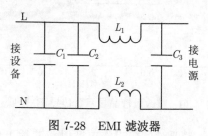

图 7-28　EMI 滤波器

表 7-6　EMI 滤波器元器件参数

元件	大小
L_1	100μH
L_2	100μH
C_1	0.684μF
C_2	0.684μF
C_3	0.684μF

然后,针对液晶显示器的 PCB 直流电源转换芯片产生很强的高频干扰噪声的问题,设计了一种直流 EMI 滤波器,如图 7-29 所示,滤波器为 T 型结构,其中 L_1 和 L_2 为 100 mH 的色环电感,C 为 0.684 μF 的陶瓷电容。

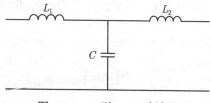

图 7-29　T 型 EMI 滤波器

　　通过上述措施的采用，该设备的传导 EMI 问题得到了有效解决，经测量后，传导噪声显著降低，如表 7-7 所示，噪声抑制效果可达 31.06dBμV，符合 GB 9254 Class B 标准，如图 7-30 所示。

表 7-7　液晶显示器传导 EMI 噪声

频点/MHz	抑制前/dBμV	超标/dBμV	抑制后/dBμV	安全裕量/dBμV
0.15	70.05	4.05	37.20	28.80
0.16	67.80	6.04	38.66	23.10
0.17	69.64	6.67	44.64	14.33

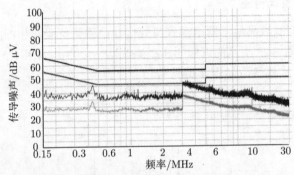

图 7-30　整改后液晶显示器传导 EMI 噪声

　　在进行电源设计时，需要对外接工作电源以及芯片工作电源进行适当滤波处理，以减小传导电磁干扰噪声。

参 考 文 献

[1] 任小永, 姚凯, 旷建军, 等. 损耗最小化输出滤波电感的设计. 中国电机工程学报, 2008, 28(27)：84-88.

[2] Lo Y K, Chiu H J, Song T H. A software-based CM and DM measurement system for conducted EMI. IEEE Transactions on Industrial Electronics, 2000, 47(4): 977-978.

[3] 伍家驹, 张朝燕, 任吉林, 等. 一种用于 PWM 逆变器的非对称 T 型滤波器的设计方法. 中国电机工程学报, 2005, 25 (14)：35-40.

[4] Zhao Y, Lu X Q, Dong Y H, et al. Study on impedance extraction methods applied in conductive EMI source modeling. Beijing: 2010 Asia-Pacific International Symposium on Electromagnetic Compatibility, 2010: 215-219.

[5] 孟进, 马伟明, 张磊, 等. 变换器传导电磁干扰集中等效模型参数估计方法. 电工技术学报, 2005, 20(6)：25-29.

[6] 孟进, 马伟明, 张磊, 等. 开关电源变换器传导干扰分析及建模方法. 中国电机工程学报, 2005, 25(5)：49-54.

第8章 辐射电磁干扰问题应对策略

8.1 智能电网行业产品辐射干扰问题应对策略

8.1.1 行业背景及测试标准

智能电网 (smart grid，intelligent grid)，是将传感测量、信息通信、计算机监控等技术与输配电基础设施高度集成的电网。通过对发输配电环节的监控、保护、优化调度，以及与分布式电源 (含储能装置)、智能用电设施等的连接和互动，实现对用户的高质量服务和电网发展的安全、清洁、高效、经济的目标。

我国致力于制定一套智能电网的标准和互通原则，其中包括相关的电磁兼容测试标准，具体标准为 GB 9254。

8.1.2 某型单相电表的辐射干扰问题应对策略

1. 问题描述

如图 8-1 所示为某公司生产的某型单相电表，其主要是采用现代传感器技术、电子技术和计算机技术一体化的电子计量装置，该单相电表除了具备传统电能表基本用电量的计量功能以外，为了适应智能电网和新能源的使用，它还具有用电信息存储功能、双向多种费率计量功能、用户端控制功能、多种数据传输模式的双向数据通信功能、防窃电功能等智能化的功能，智能电表代表着未来节能型智能电网最终用户智能化终端的发展方向。

图 8-1 某型单相电表实物图

由于单相电表的用途十分广泛，因此如果其辐射电磁干扰超过标准限值，则不仅仅制约着其设备的工作特性，也影响着设备的读取精度等，因此它的辐射电磁干扰需要满足我国 GB 9254 Class B 标准。为了检验其辐射 EMI 噪声特性，利用江苏省电气装备电磁兼容工程实验室的 3m 法电波暗室和德国 R&S 公司的 EMI 接收机 ESL3 进行测试，其辐射 EMI 测试结果如图 8-2 所示。根据表 8-1 所示的 GB 9254 Class B 标准限值和测试结果曲线对比，可得该单相电表的辐射发射严重超过标准限值。

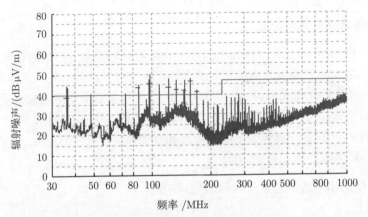

图 8-2   单相电表原始辐射 EMI 噪声

表 8-1   GB 9254 Class B 标准限值

频率范围/MHz	准峰值限值/(dBμV/m)
30~230	40
230~1000	47

注 1：在过渡频率 (230MHz) 处应采用较低的限值。

注 2：当发生干扰时，允许补充其他的规定。

2. 执行标准

在我国市场销售和使用的信息技术设备范围的电子设备均需要满足中国国家标准 GB 9254—2008《信息技术设备的无线电骚扰限值与测量方法》规定，信息技术设备条件如下：① 其主要功能为对数据和电信消息进行录入、存储、显示、检索、传递、处理、交换或控制 (或几种功能的组合)，该设备可以配置一个或多个通常用于信息传递的终端端口；② 额定电压不超过 600V。根据该条件，信息技术设备包括数据处理设备、办公设备、电子商用设备、电信设备等，显然，单相电表是一种常规的信息技术设备，其辐射发射需要满足 GB 9254 标准规定，且需符合 B 类标准。

3. 测试环境与测试条件

辐射发射测试采用的是江苏省电气装备电磁兼容工程实验室的预兼容 3m 法电波暗室,如图 8-3 所示,测量接收机采用的是德国 R&S 公司生产制造的 ESL3,该接收机测试频段为 9kHz~2.7GHz,具备 0.5dB 的电平精度,1dB 压缩点 +5dBm,射频输入抗脉冲功率高达 10mWs,平均噪声显示电平 (前置放大器打开)≤152dBm(1Hz),分辨率带宽 10Hz~10MHz(−3dB); 200Hz、9kHz、120kHz(−6dB)、1MHz(脉冲带宽)。

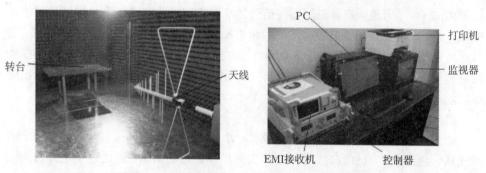

图 8-3 电磁兼容 3m 法电波暗室和测试仪器

根据标准要求,试验场地应做到能区分来自 EUT 的干扰和环境噪声。有关这方面的场地适用性,可通过测量环境噪声电平 (EUT 不工作) 予以确定,应保证噪声电平至少不低于标准限值 6dB。当环境噪声和源的干扰两者之合成结果不超过规定的限值时,则不必要求环境噪声电平比规定限值低 6dB。在这种情况下,可以认为源的发射满足规定限值的要求,而当环境噪声和源的干扰两者的合成结果超过规定的限值时,则不能判断 EUT 是否达到限值的要求,除非在超过限值所对应的每一个频率点上能表明同时满足下述两个条件: ① 环境噪声电平至少比源干扰加上环境噪声电平低 6dB; ② 环境噪声电平至少比规定的限值低 4.8dB。

4. 电磁兼容问题机理分析 [1-3]

根据图 8-2 测试结果分析可得,在 36.42MHz,85.08MHz,97.2MHz,121.56MHz,133.68MHz,145.92MHz,158.04MHz,170.16MHz 频点处的辐射 EMI 噪声分别为 43.1dBμV/m,43.4dBμV/m,49.2dBμV/m,43.8dBμV/m,42.4dBμV/m,42.1dBμV/m,46.5dBμV/m, 41.2dBμV/m, 超过 GB 9254 Class B 标准限值 3.1dBμV/m,3.4dBμV/m, 9.2dBμV/m, 3.8dBμV/m, 2.4dBμV/m, 2.1dBμV/m, 6.5dBμV/m,1.2dBμV/m,最大超标频点为 97.2MHz,超标 9.2dBμV/m。

利用书中方法分析单相电表产生的辐射 EMI 噪声,发现存在如下问题。

1) 单相电表 PCB 电路中存在差模 (DM) 辐射源

由麦克斯韦方程及磁偶极子模型辐射理论，针对差模辐射，假定差模辐射模型为一小环路电流并且考虑接地板全反射，同样取最大辐射场强方向，则磁偶极子 (即差模辐射) 场强在远场处的表达式可推导为

$$E_{\mathrm{DM}} = 2.63 \times 10^{-14} \frac{f^2 A I_{\mathrm{DM}}}{r} \tag{8-1}$$

式中，f 是信号频率，I_{DM} 是电路中的差模电流，A 为电路环路面积，r 为测试距离。

由式 (8-1) 可见，差模辐射场与信号频率平方、信号电流环路面积以及差模电流成正比，与测试距离成反比。不同的辐射噪声机理对应不同的噪声抑制方法，而且通常由于一些参数如信号工作频率、芯片额定驱动电流等是由电路设计时根据功能需要所选定，一般无法更改。因此主要通过减小信号电流环路面积等减弱差模辐射场。

2) 单相电表 PCB 电路中存在串扰

如图 8-4 所示，线缆 1 引起的电磁场 E 在空间中以空间位移电流 $\partial D / \partial t$ 的形式耦合至线缆 2，进而在线缆 2 中产生共模噪声电流 I_{CM}。通过近场电流探头测试可知，直流电源与 PCB 主电路之间的线缆，以及 PCB 电路与重力传感器之间的线缆存在串扰，产生线缆共模辐射，由麦克斯韦方程及电偶极子模型辐射理论，假定共模辐射模型为一个由电压源驱动的短波直偶极子天线，且取最大辐射场强方向，则电偶极子辐射 (即共模辐射) 场强在远场处的表达式可推导为

$$E_{\mathrm{CM}} = 12.6 \times 10^{-7} \frac{f L I_{\mathrm{CM}}}{r} \tag{8-2}$$

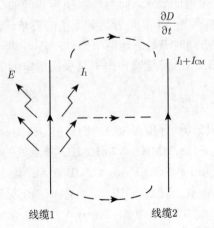

图 8-4　线缆串扰原理图

式中，f 是信号频率，I_{CM} 是电路中的共模电流，L 为辐射导线长度，r 为测试距离。

由式 (8-2) 可见，共模辐射场与信号频率、线缆长度以及共模电流成正比，与测试距离成反比。实际电路通常由于一些参数如信号工作频率、芯片额定驱动电流等是由电路设计时根据功能需要所选定，一般无法更改。因此主要通过减小辐射线缆长度、增加共模扼流圈、改善接地以降低接地点反射电位等措施减弱共模辐射场。

5. 电磁兼容整改措施

通过单相电表 PCB 电路图 8-5 发现，电路中存在一个主频为 11.56MHz 的晶振驱动单片机进行工作。因此，本书在单片机的 7 号脚、8 号脚、11 号脚、13 号脚、14 号脚、15 号脚并联滤波电容，抑制辐射噪声，使辐射噪声大大降低，如表 8-2 所示。

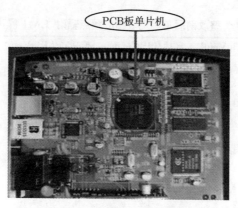

图 8-5 PCB 板电路分析

表 8-2 单相电表辐射电磁干扰噪声抑制策略 (针对单片机)

项目	7	8	11	13	14	15
电容/pF	10	22	82+471	22+68	22+68	22+22

针对 PCB 电路中串扰问题，将直流电源与 PCB 主电路之间的线缆，以及 PCB 电路与重力传感器之间的线缆改为双绞线，并在电路中串联电感，加强高频滤波。

为了抑制线缆导致的辐射超标问题，在直流电源与 PCB 主电路和 PCB 主电路与重力传感器之间的双绞线上增加铁氧体磁环，从而进一步抑制单相电表线缆辐射噪声。

通过上述措施的采用，该设备的辐射 EMI 问题得到了有效解决，经测量后，辐射噪声显著降低，符合 GB 9254 Class B 标准，如图 8-6 所示，相应超标频点的抑制结果见表 8-3。

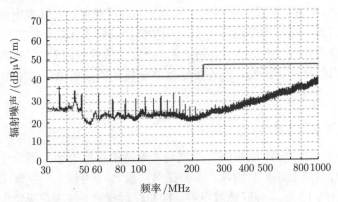

图 8-6　整改后单相电表辐射 EMI 噪声

表 8-3　整改前后单相电表相应频点辐射 EMI 噪声对比

频点/MHz	抑制前/(dBμV/m)	超标/(dBμV/m)	抑制后/(dBμV/m)	安全裕量/(dBμV/m)
36.42	43.1	3.1	33.7	6.3
85.08	43.4	3.4	26.5	13.5
97.2	49.2	9.2	26.5	13.5
121.56	43.8	3.8	27.3	12.7
133.68	42.4	2.4	25.8	14.2
145.92	42.1	2.1	27.6	12.4
158.04	46.5	6.5	25.4	14.6
170.16	41.2	1.2	30.1	9.9

8.2　医疗电子行业产品辐射干扰问题应对策略

8.2.1　行业背景及测试标准

　　医疗电子是医疗器械产业极其重要的组成部分，与人们的健康生活息息相关。医疗电子产品能够协助人们进行疾病的诊断和治疗，并起到疾病减缓和预防的作用。根据其技术和市场特点，医疗电子是以现代电子技术、半导体技术等为基础，同时将医学、机械、物理、生物医学、新器件、新材料等多学科交叉应用于医疗研究、临床诊断、治疗、生化分析、监护、康复保健等领域的设备及系统。

　　我国致力于制定一套医疗电子行业的标准和互通原则，其中相关的电磁兼容标准为 YY 0505—2012。

8.2.2 某型医疗电子助视器的辐射干扰问题应对策略

1. 问题描述

某公司生产的某型医疗电子助视器, 其主要运用于矫正视力低于 0.3 的低视力患者 (包括各种先天性或后天性眼病所致视力障碍者, 如老年性黄斑病变 (AMD)、糖尿病视网膜病变、青光眼、白内障、视神经萎缩、角膜病、早产儿视网膜病变、眼外伤、白化病、高度近视或远视等) 进行阅读与生活等。

由于低视力患者的大部分生活学习依靠于它, 因此如果其辐射电磁干扰超过标准限值, 则不仅仅制约着其设备的工作特性, 也影响着设备使用者的身体健康, 因此它的辐射电磁干扰需要满足我国 GB 9254 Class B 标准。为了检验其辐射 EMI 噪声特性, 利用江苏省电气装备电磁兼容工程实验室的 3m 法电波暗室和德国 R&S 公司的 EMI 接收机 ESL3 进行测试, 其辐射 EMI 测试结果如图 8-7 所示。根据表 8-4 所示的 GB 9254 Class B 标准限值和测试结果曲线对比, 可得该电子助视器的辐射发射严重超过标准限值。

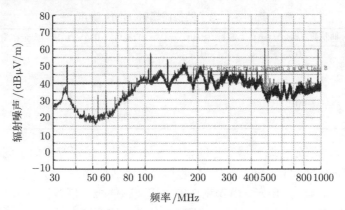

图 8-7 整改前电子助视器辐射 EMI 噪声

表 8-4 GB 9254 Class B 标准限值

频率范围/MHz	准峰值限值/(dBμV/m)
30~230	40
230~1000	47

注 1: 在过渡频率 (230MHz) 处应采用较低的限值。

注 2: 当发生干扰时, 允许补充其他的规定。

2. 执行标准

在我国市场销售和使用的信息技术设备范围的电子设备均需要满足中国国家

标准 GB 9254—2008《信息技术设备的无线电骚扰限值与测量方法》。根据该条件，显然电子助视器是一种常规的信息技术设备，其辐射发射需要满足 GB 9254 标准规定，且需符合 B 类标准。

3. 测试环境与测试条件

辐射发射测试采用的是江苏省电气装备电磁兼容工程实验室的 3m 法电波暗室，如图 8-3 所示。

4. 电磁兼容问题机理分析

根据图 8-7 测试结果分析可得，在 36MHz，108MHz，127MHz，480MHz，960MHz 频点处的辐射 EMI 噪声分别为 50.7dBμV/m，57.1dBμV/m，54.4dBμV/m，60.1dBμV/m，59.8dBμV/m，超过 GB 9254 Class B 标准限值 10.7dBμV/m，17.1dBμV/m，14.4dBμV/m，13.1dBμV/m，12.8dBμV/m，如表 8-5 所示，最大超标频点为 108MHz，超标 17.1dBμV/m。

表 8-5　电子助视器辐射 EMI 噪声

频点/MHz	抑制前/(dBμV/m)	超标/(dBμV/m)	抑制后/(dBμV/m)	安全裕量/(dBμV/m)
36	50.7	10.7	32.3	7.7
108	57.1	17.1	37.2	2.8
127	54.4	14.4	36.1	3.9
480	60.1	13.1	40.1	6.9
960	59.8	12.8	42.8	4.2

利用书中方法分析助视器产生的辐射 EMI 噪声，发现存在如下问题。

(1) PCB 上的 7113、260、FPGA 芯片等数字器件存在信号大环路问题，产生差模辐射，如图 8-8(a) 所示。由麦克斯韦方程及磁偶极子模型辐射理论，针对差模辐射，假定差模辐射模型为一小环路电流并且考虑接地板全反射，同样取最大辐射场强方向，则磁偶极子 (即差模辐射) 场强在远场处的表达式参见式 (8-1)。

(a) 信号环路

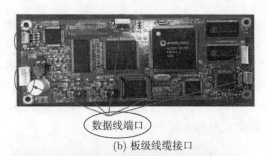

(b) 板级线缆接口

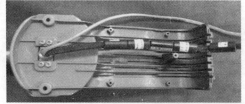

(c) 采用磁环处理的线缆

(d) 24MHz无源晶振

图 8-8 PCB 板级分析实物图

(2) 助视器外接显示终端时，VGA 和 USB 接口因通过线缆传输，产生线缆共模辐射，如图 8-8(b) 所示。由麦克斯韦方程及电偶极子模型辐射理论，假定共模辐射模型为一个由电压源驱动的短波直偶极子天线，且取最大辐射场强方向，则电偶极子辐射 (即共模辐射) 场强在远场处的表达式可参见式 (8-2)。

8.2.3 电磁兼容整改措施

首先，为了抑制由于线缆导致的辐射超标问题，在其内部 PCB 板级数据以及电源传输线缆之间采用如图 8-8(c) 所示的铁氧体磁环。

为抑制由于电源导致的差模环路辐射，在 PCB 板级电源采用 120pF，200pF，300pF，560pF 级电容并联进行多级滤波，以进行电源内高频噪声信号的抑制。

根据超标频点进行分析，图 8-8(d) 中的 24MHz 无源晶振是 36MHz，108MHz，480MHz，960MHz 等超标频点的倍频，因此是这些频点对应的辐射干扰源，故需要在保留工作主频 24MHz 信号频率的基础之上，对其他高频倍频噪声进行 EMI 滤波处理，故在其输出管脚并联 10MΩ 电阻使得信号上升沿更为平稳，在输出时钟端口采用 470Ω(100MHz) 贴片磁珠与 220pF 贴片电容进行 EMI 滤波。

通过上述措施的采用，该设备的辐射 EMI 问题得到了有效解决，经测量后，辐射噪声显著降低，噪声抑制效果可达 20dBμV/m，符合 GB 9254 Class B 标准，如图 8-9 所示，相应超标频点的抑制结果见表 8-5。

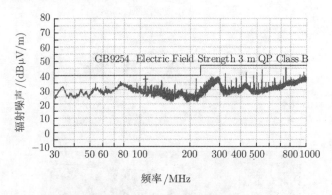

图 8-9　整改后电子助视器辐射 EMI 噪声

在进行 PCB 板级设计时，需要对于芯片工作电源进行适当滤波处理，因为芯片工作电源很容易耦合高频噪声信号，并且在整个 PCB 板内传输，一旦经过较大的环路或者连接线便会得到很大的放大。

其次，在晶振时钟的使用过程中，建议采用 10MΩ 大电阻进行并联，稳定信号，无论是有源还是无源晶振，都需在其时钟输出口采用 EMI 滤波器进行高频倍频信号的滤波预处理措施。

8.2.4　某型生物刺激反馈仪的辐射干扰问题应对策略

1. 问题描述

如图 8-10 所示为某公司生产的生物刺激反馈仪，生物刺激反馈仪全名为 MT 生物刺激反馈系统 (MyoTrac)，是新一代多功能的诊断和治疗设备。该系统有机结合了表面肌电分析、神经肌肉电刺激、肌电触发电刺激、生物反馈、失禁治疗等多种功能，提供高层次全方位的整合解决方案。

由于有大量患者诊断治疗时需要使用到该仪器，因此如果其辐射电磁干扰超过标准限值，则不仅仅制约其设备的工作特性，也影响着设备使用者的身体健康，因此它的辐射电磁干扰需要满足我国 GB 9254 Class B 标准，为了检验其辐射 EMI 噪声特性，采用江苏省电气装备电磁兼容工程实验室 3m 法电波暗室、德国罗德与施瓦茨 (R&S) 公司的 EMI 接收机 ESL3 进行测试，结果如图 8-11 所示。根据表

8-4 所示的 GB 9254 Class B 标准限值和测试结果曲线对比,可得该生物刺激反馈仪的辐射发射严重超过标准限值。

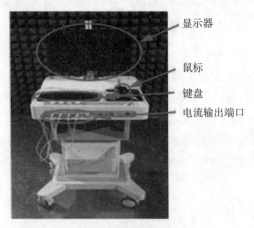

图 8-10　生物刺激反馈仪

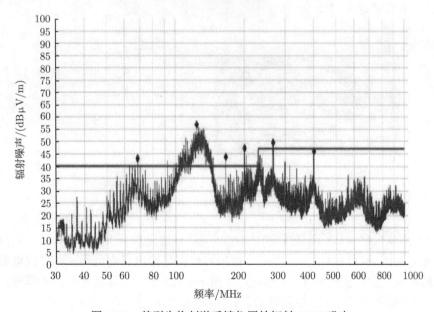

图 8-11　某型生物刺激反馈仪原始辐射 EMI 噪声

2. 执行标准

生物刺激反馈仪是一种常规的信息技术设备,其辐射发射需要满足 GB 9254 标准规定,且需符合 B 类标准。

3. 测试环境与测试条件

辐射发射测试采用的是江苏省电气装备电磁兼容工程实验室的预兼容 3m 法电波暗室，如图 8-3 所示。

4. 电磁兼容机理问题分析

根据测试结果分析，该设备的超标情况主要是单频点和频段辐射超标，根据辐射 EMI 噪声的生成机理，其单频点噪声主要由晶振和时钟信号导致，该设备辐射 EMI 噪声超标的主要原因包含晶振干扰、电源芯片辐射干扰。

(1) 高速数字 PCB 时钟晶振在工作过程中会产生较多射频共模辐射噪声信号。根据其工作原理可以得出如图 8-12(b) 的等效干扰模型电路。其空间辐射场强大小为

$$E \approx \frac{2V_0}{r} \sqrt{\frac{30}{Z_0}} \approx \frac{2V_0}{r} \sqrt{\frac{30 I_0}{V_0}} \approx \frac{2}{r} \sqrt{30 V_0 I_0} \tag{8-3}$$

式中，V_0 为时钟晶振主频信号幅值，I_0 为晶振输出电流，Z_0 为时钟晶振输出等效阻抗，r 为测试距离。

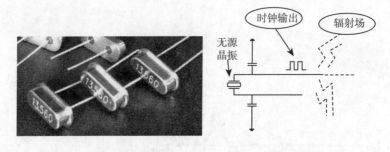

(a) 无源晶振实物图　　　　　　(b) 等效干扰模型电路

图 8-12　晶振干扰辐射模型

(2) 高速数字 PCB 因布线问题引起高频信号接地系统阻抗过大，用于隔离各级电源芯片间的铁氧体磁珠，因多点接地可能引起接地点电位不同，导致电源芯片接地不良，会产生辐射 EMI 噪声。如图 8-13(a) 所示，可以等效为共模噪声源 U_{CM}、共模噪声源内阻抗 Z_{CM} 以及负载阻抗 Z_{load}。

当电源芯片接地良好时，负载上的电压为

$$U_{load} = \frac{Z_{load}}{Z_{load} + Z_{CM}} U_{CM} \tag{8-4}$$

当电源芯片接地不良时，浮地与地之间存在一个寄生电容 C，因此等效负载为 Z_{load} 与寄生电容 C 串联，即为 Z_L，如图 8-13(b) 所示。此时，负载上的电压变为

U_load。

$$U'_\text{load} = \frac{Z_\text{L}}{Z_\text{CM} + Z_\text{L}} U_\text{CM} = \frac{Z_\text{load} + \dfrac{1}{\mathrm{j}\omega C}}{Z_\text{CM} + Z_\text{load} + \dfrac{1}{\mathrm{j}\omega C}} U_\text{CM} \tag{8-5}$$

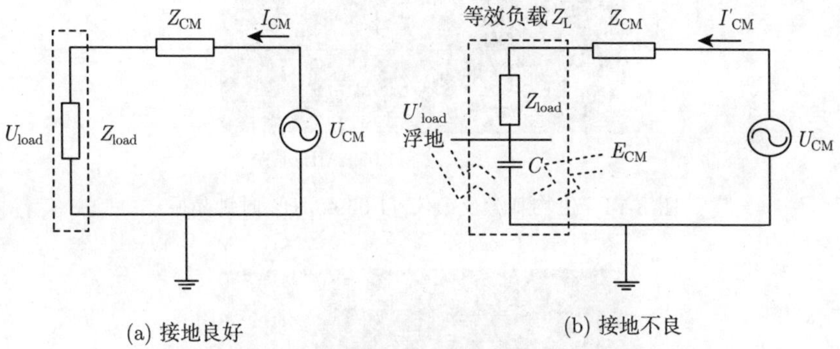

(a) 接地良好　　　　　　　　　　(b) 接地不良

图 8-13　电源芯片引起的辐射电磁干扰模型

可知, 增量 ΔU_load 为因接地不良引起的共模 EMI 噪声。

$$\Delta U_\text{load} = U'_\text{load} - U_\text{load} \tag{8-6}$$

此时, 共模辐射场强 E'_CM 远远大于接地良好时的场强 E_CM。

5. 电磁兼容整改措施

1) 时钟晶振干扰

该设备 PCB 板采用的晶振主频为 11.0592MHz, 如图 8-14 所示, 测试结果中的超标频点 66.355MHz, 121.65MHz, 165.92MHz, 199.88MHz 和 266.52MHz 等均与 11.0592MHz 呈现多倍频关系, 因此在主频信号的输出端口与核心芯片的 CLK 输出管脚采用贴片磁珠和贴片电容进行滤波处理, 其中贴片磁珠选用 470Ω(100MHz), 贴片电容选用 180pF, 68pF 并联。

2) 电源芯片干扰

测试结果在 100~150MHz 频段内的包络较大, 为典型的电源干扰信号导致, 因此在电源出口处加载两个并联电容进行滤波, 其容值为 1500pF 与 220pF, 且在电源线缆上加载磁环以增大其线缆阻抗, 衰减高频干扰噪声。如图 8-15 所示为生物刺激反馈仪 PCB 板电源芯片及滤波电容。

综合上述处理措施, 整改后的测试结果如图 8-16 所示, 能够较好通过电磁兼容标准 GB 9254 Class B 测试。超标单频点的抑制前后结果见表 8-6。

图 8-14   生物刺激反馈仪 11.0592MHz 时钟晶振

图 8-15   生物刺激反馈仪 PCB 板电源芯片及滤波电容

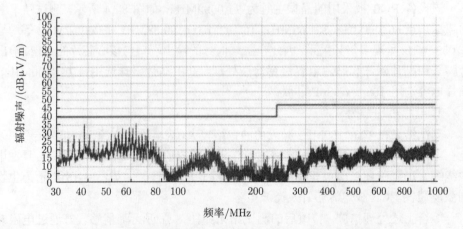

图 8-16   某型生物刺激反馈仪整改后辐射 EMI 测试结果

表 8-6　生物刺激反馈仪辐射 EMI 噪声

频点/MHz	抑制前/(dBμV/m)	超标/(dBμV/m)	抑制后/(dBμV/m)	安全裕量/(dBμV/m)
66.355	42.94	2.94	28.62	11.38
121.65	57.02	17.02	24.98	15.02
165.92	43.61	3.61	23.86	16.14
199.88	47.39	7.39	11.98	28.02
266.52	49.66	2.66	18.92	28.08

8.3　计量电子行业产品辐射干扰问题应对策略

8.3.1　行业背景及测试标准

近年来，由于政策支持力度的加大以及计量设备市场的复苏，中国计量设备投资环境大大改善，大量资本进入中国计量设备领域，海内外、多主体的联合投资成为计量设备投资的主流形式。多主体指国企、社会、民营、港台、海外等企业参与到计量设备行业投资中来。融资渠道方面，包括企业投资、广告投入、版权预售、金融贷款、风险投资、政府出资、个人投资、计量设备基金资助和其他形式的间接赞助等在内的多种形式，使计量设备资金的来源更加丰富。股票市场与计量设备企业成功对接之后，将大大提高中国计量设备企业的竞争力。长期制约中国计量设备领域的资金问题可以得到根本改观，今后中国计量设备领域的资金来源将更加充裕，计量设备行业发展空间将逐步扩大。

我国致力于制定一套计量设备行业的标准和互通原则，其中相关的电磁兼容标准为 GB 9254—2008。

8.3.2　某型商用刷卡机的辐射干扰问题应对策略

1. 问题描述

如图 8-17 所示为某公司生产的某型商用刷卡机，集成了电动阀、后备电池、水表和控制器，广泛应用于校园、企业、政府机关的开水房、澡堂、公寓等内部用水的场合，可以实现简单方便的安装以及对用水量控制，实现交易和结算的电子化、智能化，提高用户的管理效率和管理手段，是校园、企业一卡通的最主要组成部分。

由于这类商用刷卡机广泛应用于校园和企业内部，因此如果其辐射电磁干扰超过标准限值，则不仅仅制约着其设备的工作特性，也影响着使用者的身体健康，因此它的辐射电磁干扰需要满足我国 GB 9254 Class A 标准。为了检验其辐射 EMI 噪声特性，利用江苏省电气装备电磁兼容工程实验室的 3m 法电波暗室和德国 R&S 公司的 EMI 接收机 ESL3 进行测试，其辐射 EMI 测试结果如图 8-18 所示。根据表 8-1 所示的 GB 9254 Class A 标准限值和测试结果曲线对比，可得该商用刷卡机的辐射发射严重超过标准限值。

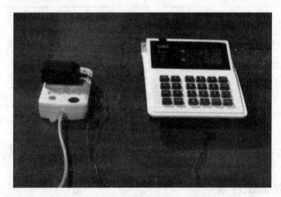

图 8-17   某型商用刷卡机实物图

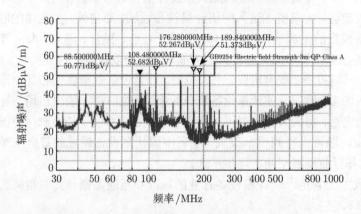

图 8-18   整改前某型商用刷卡机的辐射 EMI 噪声

2. 执行标准

商用刷卡机是一种常规的信息技术设备,其辐射发射需要满足 GB 9254 标准规定,且需符合 A 类标准。

3. 测试环境与条件

辐射发射测试采用的是江苏省电气装备电磁兼容工程实验室的预兼容 3m 法电波暗室,如图 8-3 所示。

4. 电磁兼容问题机理分析

根据图 8-18 测试结果分析可得,在 88.5MHz,108.48MHz,176.28MHz,189.84MHz 频点处辐射 EMI 噪声分别为 50.771dBμV/m, 52.682dBμV/m,

52.267dBμV/m, 51.373dBμV/m, 超过标准限值 (50dBμV/m)0.771dBμV/m, 2.682dBμV/m, 2.267dBμV/m, 1.373dBμV/m, 如表 8-7 所示, 其最大超标频点为 108.48MHz, 超标值为 2.68dBμV/m。

表 8-7 整改前某型商用刷卡机辐射 EMI 噪声

频点/MHz	抑制前/(dBμV/m)	超标/(dBμV/m)
88.5	50.771	0.771
108.48	52.682	2.682
176.28	52.267	2.267
189.84	51.373	1.373

利用书中方法分析商用刷卡机产生的辐射 EMI 噪声, 发现存在如下问题。

(1) 高速数字 PCB 板间、PCB 电路与其他系统间一般存在较长的传输线缆, 噪声电流通过传输线缆会产生较强的辐射干扰噪声。

数据线缆干扰噪声模型分为共模辐射干扰和差模辐射干扰两种类型, 以短直导线连接的情况下形成共模干扰噪声, 以环路形式连接的情况下形成差模干扰噪声。共模干扰如图 8-19(a) 所示, 根据其等效干扰模型可得其空间辐射场强大小, 即 [4]

$$E \approx \frac{2U_{CM}}{r} \sqrt{\frac{30}{Z_{CM}}} \tag{8-7}$$

式中, U_{CM} 为共模噪声源电压, Z_{CM} 为共模噪声源阻抗。

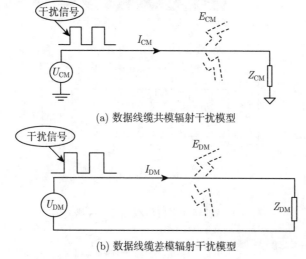

(a) 数据线缆共模辐射干扰模型

(b) 数据线缆差模辐射干扰模型

图 8-19 数据线缆辐射干扰模型

数据线缆差模干扰模型如图 8-19(b) 所示，根据其等效干扰模型可得其空间辐射场强大小，即

$$E \approx \frac{2U_{DM}}{r}\sqrt{\frac{30}{Z_{DM}}} \tag{8-8}$$

式中，U_{DM} 为差模噪声源电压，Z_{DM} 为差模噪声源阻抗。

(2) 该设备 PCB 板因布线问题引起高频信号接地系统阻抗过大，用于隔离各级电源芯片间的铁氧体磁珠，因多点接地可能引起接地点电位不同，导致电源芯片接地不良，会产生辐射 EMI 噪声。

5. 电磁兼容整改措施

1) 数据线缆干扰

根据对设备内部高速数字处理芯片进行分析，发现其功能为对 CPU 传送的高频信号进行编码，由于 CPU 与该芯片间的线缆长度较长，构成共模辐射，因此根据书中方法分析，在该高速数字芯片信号输入管脚对地之间并联电容，做高频滤波处理，减小共模辐射噪声。其整改措施如图 8-20 所示，其中 C_1=2200pF，C_2=120pF。

(a) 刷卡机高速数字芯片输入端数据线缆及滤波电容

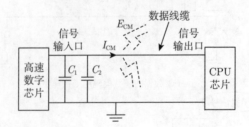

(b) 针对数据线缆整改措施原理图

图 8-20　针对刷卡机数据线缆整改措施图

2) 电源芯片干扰

测试结果在 60~100MHz 频段内的包络虽然没有超出标准限值，但其包络较大，为典型的电源干扰信号导致，因此在电源出口处加载两个并联电容进行滤波，

其容值为 2000pF 与 680pF，且在电源线缆上加载磁环以增大其线缆阻抗，衰减高频干扰噪声。如图 8-21 所示为刷卡机 PCB 板电源芯片及滤波电容。

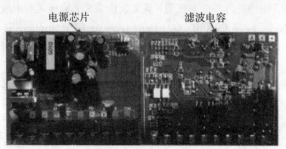

图 8-21 刷卡机 PCB 板电源芯片及滤波电容

综合上述处理措施，该设备的辐射 EMI 问题得到了有效解决，经测量后，辐射噪声显著降低，符合 GB 9254 Class A 标准，如图 8-22 所示，相应超标频点的抑制结果见表 8-8。

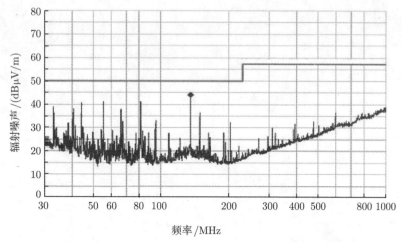

图 8-22 噪声抑制后，商务刷卡机 CS-KS 标准测试结果

表 8-8 整改前后某型商用刷卡机辐射 EMI 噪声对比

频点/MHz	抑制前/(dBμV/m)	超标/(dBμV/m)	抑制后/(dBμV/m)	安全裕量/(dBμV/m)
88.5	50.771	0.771	32.3	7.7
108.48	52.682	2.682	37.2	2.8
176.28	52.267	2.267	36.1	3.9
189.84	51.373	1.373	40.1	6.9

参 考 文 献

[1] 赵阳，See K Y. 电磁兼容基础与应用 (英文版). 北京：机械工业出版社，2006: 55-64.

[2] Zhao Y, See K Y, Li S J, et al. Current probe method applied in conductive electro-magnetic compatibility (EMC). Proceedings of International Conference on Microwave and Millimeter Wave Technology, 2008, 3: 1442-1445.

[3] 颜伟，赵阳，王恩荣，等. 复杂电子系统传导 EMI 噪声机理分析与处理. 中国电机工程学报，2012, 32(30): 156-162.

[4] 颜伟，赵阳，王恩荣，等. 射频识别系统电磁辐射干扰特征快速分析与抑制. 中国电机工程学报，2012, 32(9): 161-166.

第9章 静电放电抗扰度问题应对策略

9.1 医疗电子行业产品静电放电抗扰度问题应对策略

9.1.1 行业背景及测试标准

医疗电子是以现代电子技术、半导体技术等为基础,同时将医学机械、生物医学、新材料等多学科交错应用于医疗研究、临床诊断、治疗、深化分析、分析保健、康复等领域的设备及系统。现代电子技术、信息技术和计算机技术等多种技术紧密的融合,使得医疗电子科技也在日新月异地发展,同时化学、生物、电子技术在医疗行业的应用程度也在逐步加深,技术融合更加广泛。此外半导体技术、通信技术、网络技术,也为医疗电子产品向更为无线化、精确化方向发展,提供了强有力的技术支撑。

我国致力于制定一套医疗器械产品的标准和互通原则,其中包括相关的电磁兼容测试标准,具体标准为 YY 0505—2012。图 9-1~图 9-3 分别是静电放电的发生器电路、电流波形和试验台布置。直接放电时需要进行金属表面的接触放电和废金属表面的空气放电,间接放电时需要对垂直和水平耦合板进行接触放电。放电等级应按照安装条件和环境条件来选择。

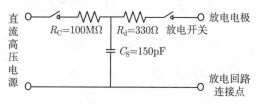

图 9-1 静电放电发生器电路简化图

静电放电 (ESD) 抗扰度指标如表 9-1 所示。

其中医用电气设备的 EMC 标准为:空气放电为 ±8kV,接触放电为 ±6kV。试验过程中设备是否符合要求应根据医疗设备抗扰度的符合性判据进行判定。静电放电抗扰度标准试验法为了试验医疗设备能否经受外界的静电放电干扰,通常使用静电发生器。静电发生器可产生上千伏至万伏的静电电压,能用来对试验设备模拟实际的静电放电。模拟静电放电分接触放电和空气放电,将静电发生器的放电电极直接接触设备的金属外壳部件进行放电称接触放电;将静电发生器的放电电极接近受试设备并由火花对受试设备放电,称空气放电;将静电发生器的放电电极通过垂直放置于离被测设备壳体面 10cm 处的 0.5m×0.5m 大小的金属板,向该金属板放电称为间接放电或称间接空气放电。

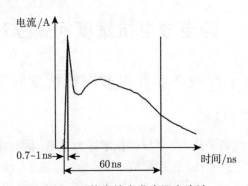

图 9-2   静电放电发生器电流波

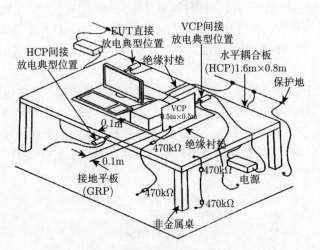

图 9-3   静电放电试验台布置

表 9-1   静电放电抗扰度指标

接触放电		空气放电	
等级	电压/kV	等级	电压/kV
1	2	1	2
2	4	2	4
3	6	3	8
4	8	4	15

具体实验方法如下:

(1) 放电间隔时间应为 1s,为了能够区分单次放电响应和多次放电响应,可能要求更长的放电间隔时间。

(2) 接触放电应施加于设备或系统的导电的可触及部件和耦合平台。

(3) 空气放电应施加于设备或系统的非导电的可触及部件和可触及部件中不可触及的导电部件。

(4) 对于内部电源供电或含有电气上与保护接电间隔的设备和系统,应以确保在各次放电实验之间不存在明显的电荷滞留的方法进行试验。在各次放电实验之间可通过两个串联的 470Ω 电阻暂时将设备或系统与地连接,使设备或系统的电位等于接地平板的电位。在实施放电试验期间,应断开该等电位的连接,并将其从设备或系统移走。

(5) 试验可在设备或系统的任何一种名义输入电压和频率的供电下进行。

试验结果的评价分为以下 4 个等级。

A:技术要求范围内的性能正常;

B:功能暂时降低或丧失,但可自行恢复性能;

C:功能暂时降低或丧失,要求操作人员干预或系统复位;

D:由于设备 (元器件) 或软件的损坏或数据的丧失,而造成不可恢复的功能降低或丧失。

一般根据产品标准、通用标准或制造协议,以 A 或 B 作为产品的合格标准,C 和 D 多数为不合格。

9.1.2 某型高频电刀的静电放电抗扰度问题应对策略

1. 问题描述

如图 9-4 所示,以某型高频电刀为实验对象。当 ESD 发生器按接触方式以 ±6kV 打击设备金属外壳时以及按非接触方式以 ±8kV 打击显示屏面板时,均会导致设备不正常工作。根据医疗器械标准 YY 0505—2012,该被测设备不符合要求。

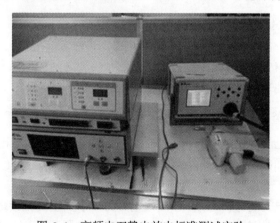

图 9-4 高频电刀静电放电标准测试实验

2. 执行标准

根据静电放电抗扰度试验国家标准 GB/T 17626.2—2006 规定，执行以下试验：空气放电、接触放电、间接放电 (即耦合板放电)。试验方法参照 9.1.1 节。

3. 测试环境与测试条件

试验在满足 GB/T 17626.2—2006 规定的实验室中进行，包括完整的设施、符合规定的气候条件及电磁环境。试验条件为：空气放电 ±8kV，接触放电 ±6kV。

4. 电磁兼容问题机理分析

就此静电放电问题，主要从以下两个方面进行理论分析 [1,2]。

1) 静电接地防护

ESD 是通过传导和辐射两种形式对被测设备产生干扰，因此需要采取措施，防止瞬时大电流与强电场产生的感应电动势对芯片主要管脚造成的影响。实际整改方案如图 9-5 所示，首先将金属外壳绝缘层刮掉，保证其良好接地，可以很好地将静电放电产生的电荷泄放至大地，减少电荷产生的瞬时大电流对内部设备的影响。

图 9-5　金属外壳有效接地实物图

2) 信号输出端口电压钳位防护

非接触放电 ±8kV 打击面板时数码管闪烁。

经分析，面板闪烁一般是控制芯片中的信号与地之间的电压不是额定电压，因此需要将信号与地之间的电压钳位在额定电压。

5. 电磁兼容整改措施

根据针对常见的静电放电防护方法的研究分析，就某型高频电刀的 ESD 问题，采取以下两个方面的防护方法。

1) 有效接地

经过对高频电刀的分析可知，该高频电刀为一个典型的无接地系统。静电放电需要快速有效的泄流途径，而无接地系统存在的问题就是没有这种快速有效的泄流途径, 因此需要为无接地系统创造一个供静电放电使用的特殊地, 简称为 ESD 地。如图 9-5 所示, 高频电刀有效接地。

2) 并联 TVS 管

TVS 的电路符号与普通稳压二极管相同。它的正向特性与普通二极管相同, 反向特性为典型的 PN 结雪崩器件。

如图 9-6 所示, 在瞬态峰值脉冲电流作用下, 流过 TVS 的电流, 由原来的反向漏电流 I_D 上升到 I_R 时, 其两极呈现的电压由额定反向关断电压 u_{WM} 上升到击穿电压 u_{BR}, TVS 被击穿。随着峰值脉冲电流的出现, 流过 TVS 的电流达到峰值脉冲电流 I_{PP}。在其两极的电压被钳位到预定的最大钳位电压以下。然后, 随着脉冲电流按指数衰减, TVS 两极的电压也不断下降, 最后恢复到起始状态。这就是 TVS 钳位电压保护电子元器件的整个过程。

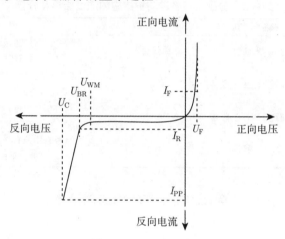

图 9-6 TVS 原理图

如图 9-7 所示, 在芯片的显示屏供电管脚 2 个 +5V 以及 2 个 +12V 分别对地并联双通 6V TVS 管与双通 20V TVS 管, 起电压钳位作用, 防止 ESD 对供电部分产生过高电压干扰。

为了具体分析两种防护措施各自的优劣性, 本实验分三阶段对高频电刀进行了测试: ① 只采取有效接地措施, 分别进行两种方式的静电放电测试; ② 只采取并联 TVS 管措施, 分别进行两种方式的静电放电测试; ③ 同时采取有效接地措施和并联 TVS 管措施, 分别进行两种方式的静电放电测试。

三阶段测试结果及分析如表 9-2 所示, 实验测试结果证明了本书静电放电防护方法的有效性和实用性。

经整改措施施加后, 该高频电刀抗静电干扰能力大幅度提升, 且符合医疗器械标准 YY 0505—2012。

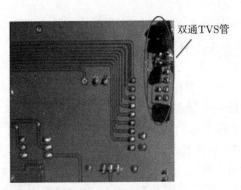

图 9-7　信号输出端口与地并联 TVS 管

表 9-2　分别采取各种防护措施的测试结果及分析

整改措施	接触式 (6kV)	空气式 (8kV)	机理分析
无	未通过	未通过	缺乏快速有效的静电泄流路径和 信号电压超过工作电压
有效接地	未通过 (耐压上限增加)	通过	增加的 ESD 地提供了快速有效的泄流路径， 但是信号与地之间电压没能控制
并联 TVS 管	未通过 (耐压上限增加)	通过	钳位信号电压，但是系统缺乏 快速有效的泄流路径
有效接地、 并联 TVS 管	通过	通过	系统有快速有效的泄流路径， 且使信号电压钳位

9.1.3　某型激光治疗仪的静电放电抗扰度问题应对策略

1. 问题描述

如图 9-8 所示为某公司生产的医疗激光治疗仪，根据测试结果分析，当 ESD 发生器按非接触方式 8kV 打击显示屏面板时，导致设备不正常工作；当以接触方式 6kV 打击激光发生器时，激光发生器不正常工作，如图 9-9 所示。根据医疗器械标准 YY 0505—2012，该被测设备不符合要求。

2. 执行标准

根据静电放电抗扰度试验国家标准 GB/T 17626.2—2006 规定，执行以下试验：空气放电 ±8kV，接触放电 ±6kV。

3. 测试环境与测试条件

试验在满足 GB/T 17626.2—2006 规定的实验室中进行，包括完整的设施、符合规定的气候条件及电磁环境。试验条件为：空气放电 ±8kV，接触放电 ±6kV。

图 9-8 激光治疗仪实物图

图 9-9 激光发生器

4. 电磁兼容问题机理分析

由于显示屏面板与显示模块电路板接触距离过近，ESD 产生的强电场易在显示板供电部分 (VCC) 产生感应电动势，对显示板整个供电模块产生电压干扰。实际整改方案如图 9-10 所示，该设备主要由单片机控制显示模块，再由显示模块输出信号给 2 路显示板。如图 9-11 所示，它的外壳为塑料材料，属于非金属绝缘体。当采用水平耦合板或者垂直耦合板进行放电试验时，电力集中器的塑料外壳会聚集大量同极性的放电电荷，属于金属导体的电路板支架连接着外壳和集中器内部的 PCB 电路板，聚集在外壳上的大量静电电荷通过该支架和空间电磁场耦合进入电子电路，产生静电放电，从而严重影响电路中敏感的电力电子器件的正常工作。

5. 电磁兼容整改措施

(1) 如图 9-10 所示为该激光治疗仪 PCB 电路利用 TVS 防护实物图。

① 在单片机供电管脚 (+5V) 对地并联 (双通 6V)TVS 管;

② 在两块显示模块供电管脚 (+5V) 对地并联 (双通 6V)TVS 管;

③ 在 2 路显示板供电部分 (+12V) 对地并联 (双通 20V)TVS 管, 从而防止整个显示模块的供电部分受到 ESD 的强电场影响。

单片机
供电管脚
并联
TVS管

显示模块
供电管脚
并联
TVS管

2路显示板供电管脚并联TVS管

图 9-10　PCB 电路中并联 TVS 实物图

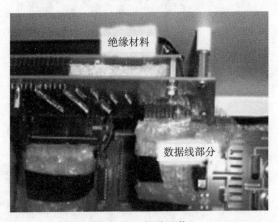

绝缘材料

数据线部分

图 9-11　电磁屏蔽

将 TVS 二极管并联信号及电源线上, 能防止微处理器或单片机因瞬间的脉冲, 如静电放电效应、交流电源的浪涌电流及开关电源的噪声所导致的失灵。静电放电效应能释放超过 10 000V、60A 以上的脉冲, 并能持续 10ms; 而一般的 TTL 器件, 遇到超过 30ms 的 10V 脉冲时, 便会导致损坏。利用 TVS 二极管, 可有效吸收会造成器件损坏的脉冲, 并能消除由总线之间开关所引起的干扰。将 TVS 二极管放置在信号线及接地间, 能避免数据及控制总线受到不必要的噪声影响。

(2) 如图 9-11 所示, 显示屏周围为敏感地带, 由液晶显示和控制电路两部分组成, 电路复杂, 逐一整改不可取。在间隙中填充绝缘材料, 提高放电介质强度。两板平行可视为电容器,电容定义为 $C = \varepsilon S/d$,其中 ε 为极板间介质的介电常数,S 为极板面积,d 为极板间的距离,电容电压为

$$U = \frac{Q}{C}$$

电荷相同的情况下,电容增大,两板之间的放电电压将变小,从而其抗电压能力提高。测试发现接触放电能力有所提高,位于显示部分上方的薄膜电路通过了空气放电 8kV 测试。将内壳与外壳绝缘,内壳不接地,如图 9-11 所示,使电荷积累在内壳表面,随着电荷的积累,内壳逐渐形成一个等位体,放电现象消失。

如表 9-3 所示,可以看出两种措施的效果。

表 9-3 分别采取各种防护措施的测试结果及分析

措施	接触式 (6kV)	空气式 (8kV)	理论分析
无	通过	通过	存在辐射性 ESD 问题,空间电磁场强较大,缺乏快速有效的电压钳位措施和对敏感器件的防护
并联 TVS 管	通过	未通过	信号电压有效钳位,但是敏感器件仍受空间强电磁场强的影响
电磁屏蔽	未通过	通过	敏感器件得到保护,但信号电压仍受瞬间脉冲的影响
并联 TVS 管、电磁屏蔽	通过	通过	系统电路中信号电压有效钳位,且敏感器件得到保护

经整改措施施加后,该激光治疗仪抗静电干扰能力大幅度提升,且符合医疗器械标准 YY 0505—2012。

9.2 智能电网行业产品静电放电抗扰度问题应对策略

9.2.1 行业背景及测试标准

智能电网是以包括各种发电设备、输配电网络、用电设备和储能设备的物理电网为基础,将现代先进的传感测量技术、网络技术、通信技术、计算机技术、自动化与智能控制技术等与物理电网高度集成而形成的新型电网。我国智能电网正处于全面发展阶段,产品日益丰富。对智能电网的产品进行抗扰性分析是保证其稳定运行的关键。

智能电网内部为半导体集成电路,电路中的多数器件对静电放电 ESD 极为敏感。此外,智能电网中电子设备大多安置于野外环境,易受到 ESD 影响。因此,ESD 抗扰度问题严重影响着电子设备的正常工作。试验等级选择见表 9-4。

表 9-4   试验等级选择

接触放电		空气放电		安装条件		环境条件
等级	电压/kV	等级	电压/kV	抗静电材料	合成材料	相对湿度/%RH
1	2	1	2	√	—	35
2	4	2	4	√	—	10
3	6	3	8	—	√	50
4	8	4	15	—	√	10
X	特殊	X	特殊	—	—	—

注："X" 是一个开放等级，必须在专用设备的规范中加以规定。

9.2.2   某型电力集中器的 ESD 抗扰度问题应对策略 [3,4]

1. 问题描述

如图 9-12 所示，以 DJGZ22-GY200 型电力集中器为实验对象。该产品不能通过间接放电即耦合板放电，会出现自动重启现象。显而易见，此产品的静电放电问题属于辐射性 ESD，其静电放电威胁主要通过空间电磁场的耦合导致系统运行异常。

图 9-12   DJGZ22-GY200 型电力集中器

2. 执行标准

根据静电放电抗扰度试验国家标准 GB/T 17626.2—2006 规定，执行以下试验：空气放电、接触放电、间接放电即耦合板放电。试验方法参照 9.1.1 节。

3. 测试环境与测试条件

试验在满足 GB/T 17626.2—2006 规定的实验室中进行，包括完整的设施、符合规定的气候条件及电磁环境。实验配置如图 9-13 所示。试验条件为：空气放电

15kV，接触放电 8kV，均是最高等级。耦合板放电试验方法测试时，放电电压为 8kV，试验过程中电力集中器会自动重启。

图 9-13　DJGZ22-GY200 型电力集中器静电测试布局

4. 电磁兼容问题机理分析

就此静电放电问题，主要从以下三个方面进行理论分析。

1) 非金属绝缘体外壳是否有效接地

电力电子设备根据外壳的导电性分为金属外壳和非金属绝缘体外壳。具有金属外壳的设备有一个非常显著的优点，它的金属外壳可以作为 ESD 电流的一个泄流路径，但同时它也促进了静电放电；对于非金属绝缘体外壳设备，它的优点是阻止了静电放电的发生，但是除非做到绝对的绝缘，否则通过接缝和隙缝静电放电就可能发生。DJGZ22-GY200 型电力集中器实物如图 9-13 所示，它的外壳为塑料材料，属于非金属绝缘体。当采用水平耦合板或者垂直耦合板进行放电试验时，电力集中器的塑料外壳会聚集大量同极性的放电电荷，属于金属导体的电路板支架连接着外壳和集中器内部的 PCB 电路板，聚集在外壳上的大量静电电荷通过该支架和空间电磁场耦合进入电子电路，产生静电放电，从而严重影响电路中敏感的电力电子器件的正常工作。这是具有非金属绝缘体外壳的电力电子设备的一种常见静电放电模型。

2) 无接地系统

对外无接地的电力电子系统被称为无接地系统，没有外部接地的电力电子产品，ESD 电流的泄流路径一般是通过产品具有最大电容部分的输入口到地，静电放电电流无法直接通过地线流出设备而消除静电放电电流的影响。DJGZ22-GY200 型电力集中器是两线工作方式，其工作供电只有中线和相线，内部不存在三线供电的地线，属于典型的无接地系统。由于它内部没有接地，所以静电放电时便不存在直接而快速的泄流途径，外壳上聚集的大量电荷会产生一定的冲击电流直接进入电子电路，经线路损耗和元器件损耗而最终被消耗掉。但是集成电路所采用的大部分元器件都是低压小电流工作模式，其耐压等级较低，因而对于大的冲击电流特别敏感，过大的电流会导致设备电路内部的一些敏感器件无法正常工作，甚至遭到损坏。静电放电对无接地系统的危害较大，主要因为无接地系统没有静电地，然而静电地是静电放电电流疏导的主要手段，放电电流得不到有效疏导将会严重影响电力电子器件，因而缺乏静电地的无接地系统是静电放电的重点防护对象。

3) 敏感电力电子器件

静电放电主要对电路中的敏感器件产生危害，从而威胁整个电力电子系统的正常工作。敏感器件一般指半导体器件，而静电放电对半导体的危害主要表现为三个方面：① 薄的氧化层被击穿；② 高密度泄漏电流造成器件烧熔；③ 高击穿电压造成器件功能性破坏。DJGZ22-GY200 型电力集中器的敏感器件主要集中在该系统的控制板上，当对其进行静电放电实验时，静电放电产生的耦合空间电磁场是敏感器件的主要危害源。本次试验虽未对控制板上的敏感器件造成毁灭性的破坏，但是在一定程度上使得敏感器件工作异常，表现为耦合放电测试时液晶屏显示消失并自恢复到启动状态，而液晶屏显示受控制电路控制，因此该现象为电力集中器的控制电路受静电放电影响所致。

5. 电磁兼容整改措施

根据针对常见的静电放电防护方法的研究分析，就某型电力集中器的 ESD 问题，采取以下两个方面的防护方法。

1) 系统有效接地

经过对电力集中器的分析可知，该电力集中器为一个典型的无接地系统。静电放电需要快速有效的泄流途径，而无接地系统存在的问题就是没有这种快速有效的泄流途径，因此需要为无接地系统创造一个供静电放电使用的特殊地，简称为 ESD 地。如图 9-14 所示，在设备内部侧边中心位置固定一个尺寸为 6cm×6cm 的静电膜，底部中心位置固定一个 15cm×15cm 的静电膜，并且将侧边和底部的静电膜用粗导线连接，通过该方法人为地为该电力集中器创造了一个 ESD 地。当进行静电放电耦合板方法试验时，静电外壳会产生大量的同极性电荷，由于 ESD 地的存在，外壳上聚集的大量电荷向属于导体的静电膜 (即 ESD 地) 转移，最终所有的电荷会聚集在创造的 ESD 地上；另外，侧边的静电膜与图 9-14 所示电路板支架相接，而支架与电路板的数字地线是相互导通的，因而 ESD 地也为电路板内的静电放电能量提供了一个泄流途径。最终外壳上的电荷和来自电路板内部的静电放电能量都通过 ESD 地和大地之间的分布电容消耗掉，具体泄流原理如图 9-15 所示，其中 C 为 ESD 地和大地之间的分布电容，由于该分布电容是静电放电阻力最小的泄流途径，因而静电放电能量最终会通过该电容进入大地，最后被消耗掉而不会影响设备的正常工作。该方案很好地解决了无接地系统的静电放电问题。

图 9-14 在设备内部制造 ESD 地

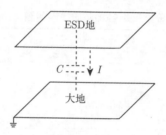

图 9-15 ESD 地与大地之间的分布电容泄流原理

2) 电磁屏蔽

电磁屏蔽是辐射性 ESD 防护最常用也较为有效的方法。经过对该电路集中器敏感器件的分析,其敏感器件主要集中在控制板上,因此应该主要对控制板采取 ESD 防护措施。如图 9-16 所示,对电力集中器的核心板 (即控制电路) 采取电磁屏蔽措施,具体实现方法是在控制电路四周加上静电防护膜。当控制电路被放置于静电防护膜所包围的空间内时,对于静电防护膜而言为一个等电位体,因而该等电位体的内部空间的电磁场大小为零,故也就不会存在电压差。由于该型电力集中器的 ESD 问题属于辐射性 ESD,因而通过采用电磁屏蔽实现的空间等电位体很好地保护了控制电路,使控制电路中的敏感器件避免受到空间辐射性静电放电的危害,保障了该系统的正常运行。

为了具体分析两种防护措施各自的优劣性,本实验分三阶段对 DJGZ22-GY200 型电力集中器进行了测试: ① 只采取创造 ESD 地措施,分别进行两种方式的静电放电测试; ② 只采取电磁屏蔽措施,分别进行两种方式的静电放电测试; ③ 同时采取创造 ESD 地措施和电磁屏蔽措施,分别进行两种方式的静电放电测试。

三阶段测试结果及分析如表 9-5 所示，实验测试结果证明了本书静电放电防护方法的有效性和实用性。

图 9-16　对核心板（即控制电路）进行电磁屏蔽

表 9-5　分别采取各种防护措施的测试结果及分析

采取的措施	测试结果			理论分析
	接触式（8kV）	空气式（15kV）	耦合板式（8kV）	
无	通过	通过	未通过	存在辐射性 ESD 问题，空间电磁场强较大，缺乏快速有效的静电泄流路径和对敏感器件的防护
增加 ESD 地	通过	通过	未通过（能承受的最大测试电压有一定增加）	增加的 ESD 地提供了快速有效的泄流路径，但是敏感器件仍受空间强电磁场强的影响
电磁屏蔽	通过	通过	未通过（能承受的最大测试电压有一定增加）	敏感器件得到保护，但是系统缺乏快速有效的泄流路径
增加 ESD 地、电磁屏蔽	通过	通过	通过	系统有快速有效的泄流路径，且敏感器件得到保护

9.3　轨道交通行业静电放电抗扰度问题应对策略

9.3.1　行业背景及测试标准

在城市轨道交通系统中，有着许多正常运营下所必需的设备和管线系统，这些设备有的在运营时会产生强烈的电磁干扰，如列车架空牵引接触网、可泄漏同轴电缆等。其中，低电平的弱电系统对电磁干扰比较敏感。如果这些设备受到电磁干扰影响而产生误动作的话，会给轨道交通的安全运行带来极为严重的后果。在轨道交通建设中，整个电磁兼容问题都是设计中必须考虑和解决的问题。

GB/T 24338《轨道交通　电磁兼容》规定了整个轨道系统对外界电磁发射的

限值及设备的电磁发射限值和抗扰度限值，并且两者需相互兼容。标准包含以下几个方面。

第 1 部分：总则；

第 2 部分：整个轨道系统对外界的发射；

第 3-1 部分：机车车辆 列车和整车；

第 3-2 部分：机车车辆设备；

第 4 部分：信号和通信设备的发射与抗扰度；

第 5 部分：地面供电装置和设备的发射与抗扰度。

对某个轨道交通设备的抗扰度测试需参照标准中相应部分执行。

9.3.2　某型车载辅助电源的 ESD 抗扰度问题应对策略 [5]

1. 问题描述

机车电源作为高度集成化的电子产品，在机车高速行驶时，易形成静电积累，一旦发生静电放电，对电源的危害较大。目前，对机车电源的 ESD 抗扰度研究，主要集中在电源主体的结构和防护设计上，忽略了电源控制端的保护。由于机车电源的电源主体和控制端处于不同的机箱中，电源控制端起到控制电源闭合和关断、传输数据的作用，一旦控制端受到 ESD 干扰，将严重影响电源的安全稳定。

本节将分析某型机车 180kV·A 机车辅助电源控制端的 ESD 抗扰度问题。对于金属外壳，在进行 6kV 电压放电时，出现 FPGA 死机、总线错位现象。当对前面板以太网口的金属外壳附近进行静电放电试验时，会出现较严重的放电现象，并且是经一侧的 PCB 放电。通过逐步递增的方法，该型号电源测试结果如表 9-6 所示。

表 9-6　分别设置不同电压时的接触放电测试结果

试验电压/kV	试验结果
2	通过
3	通过
4	通过
5	通过
6	未通过
7	未通过

同时，对塑料封口加载 8kV 空气放电电压时，出现计算机死机、通信停止的现象。

2. 执行标准

车载辅助电源的电磁兼容问题涉及 GB/T 24338 第 3-2 部分，该部分修改采用 IEC 62236-3-2《轨道交通电磁兼容第 3-2 部分：机车车辆设备》，与 IEC 62236-3-2

相比，主要技术差异为浪涌试验按 GB/T 17626.5 的要求进行。按规定，静电放电等级为 6 kV 接触放电，8kV 空气放电，静电放电试验参照 9.1.1 节中的 GB/T 17626.2 标准执行。

3. 测试环境与测试条件

该电源装置为台式设备，依据标准规定，实验设备包括一个 0.8m 高的木桌，并将木桌放在接地参考平面上，接地参考平面为一块厚度至少为 0.25mm 铜或铝的金属薄板，并将接地参考平面与保护接地系统相连接。桌面上放置面积为 1.6m×0.8m 的水平耦合板 (HCP)，并将被测设备和电缆与耦合板之间用一个厚度为 0.5mm 的绝缘衬垫隔离。

4. 电磁兼容问题机理分析

由 Wilson 偶极子模型可知，ESD 会产生较高的感应电压和感应电流，并会产生较强的电磁场。依据对该型机车辅助电源的现场检测发现，该电源内部 PCB 敏感电路易感应 ESD 形成的电磁场，形成放电火花；并且内部 PCB 上元器件易感应带电。因此，针对该 180kVA 静止辅助电源的 ESD 抗扰度问题，可以先建立 ESD 模型再寻找防护方法。以下为两种 ESD 模型。

1) 敏感电路 ESD 模型

机箱在 ESD 测试时会聚集大量电荷，形成电磁场，使 PCB 上敏感电路感应，造成静电泄放。由于 PCB 电路采用的多为低压小电流器件，耐压等级较低，ESD 形成的泄放电流会导致敏感器件无法正常工作，甚至损坏敏感器件，此为敏感电路 ESD 模型。

2) 敏感器件 ESD 模型

电路中的敏感器件多为半导体器件，由静电的干扰机理可知，ESD 会击穿半导体器件的氧化膜，高密度泄放电流会烧毁 PN 结，高击穿电压易破坏器件功能性，此为敏感器件 ESD 模型。

了解静电敏感元器件和静电放电容易发生的环节后，可以通过一定的方法措施，将静电放电控制在一定的范围内，使静电不足以对电子产品造成更大的危害。目前基本的防护方法有 4 种，包括静电泄漏与耗散、静电中和、静电屏蔽和环境增湿。根据国家标准，机车电源设备有其规定的空气湿度，因此无法用环境增湿来实现静电防护。此外，现有的静电中和材料如静电消除器，易随时间逐渐损耗，系统鲁棒性较低。据此，提出了基于 ESD 敏感电路和敏感器件的 ESD 防护方法。

PCB 上敏感电路可等效为短直天线和环形天线两种模型，如图 9-17、图 9-18 所示。由于天线能发射和接收电磁场，一旦 ESD 形成强烈的电磁辐射，必然会对 PCB 的敏感电路和器件形成干扰。为了降低天线接收到的电磁辐射，消除干扰源是最直接的方法,也可在天线与电路连接处串联磁珠。由于磁珠主要由软磁铁氧体材料组成,具有高体积电阻率特性,针对特定频段的 RF 噪声具有较高的阻抗,和天线串联可最大限度地降低电磁辐射对 PCB 的影响。此外,针对环形天线,也可在设计之初减小环路面积,降低其对电磁辐射的敏感度。

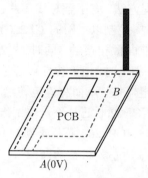

图 9-17 短直天线模型

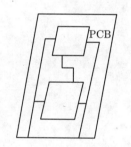

图 9-18 环形天线模型

敏感器件受 ESD 干扰主要缘于两方面:ESD 电流的直接冲击和与其有连接关系的器件上积累的静电荷的干扰。对此,可以在大地和输入电路之间接入瞬态保护抑制器,瞬态保护抑制器能减小并消除 PCB 走线中的 ESD 电流。此外,消除有连接关系的器件上积累的电荷,也能降低 ESD 对敏感器件的干扰。

5. 电磁兼容整改措施

针对上述现象,分别采取如下的整改措施。

1) 基于 FPGA 死机的 ESD 处理

由于重新启动电源后,FPGA 能正常工作,因此初步分析是由于连续对机箱进行 ESD 测试,使得 FPGA 芯片上积累了一定数量的电荷,造成 FPGA 死机。查看芯片的各个脚的连接情况,发现该芯片的模式脚和片选脚原先接 10kΩ 电阻接地。当用手拿着导线去接触这两个电阻与芯片相连的一端时,发现 FPGA 能够复位。

因此，选择在模式脚和片选脚处接入瞬态保护抑制器。再次试验证明，该方法能有效保证 FPGA 在 ESD 测试时正常工作。此外，在该 PCB 板中，模式脚和片选脚是不需要工作的，本着节约成本的原则，选择将模式脚和片选脚直接接地。

2) 基于总线错位的 ESD 处理

依据 FPGA 的 ESD 处理方法，先了解总线芯片各个脚的连接情况。在与总线芯片有连接关系的各元器件中，控制以太网的 CP2200 芯片是与以太网口的铝制外壳相连的，而铝制外壳又与前面板相接触，同时 CP2200 的复位脚接 1kΩ 电阻到地。当对机箱外壳和前面板打静电时，由于传导和辐射两方面的原因，使得 CP2200 芯片上积累了静电，成为带电器件，从而将静电传给了总线芯片，使得总线错位。由于在该 PCB 板中，以太网 CP2200 芯片不需要工作，因此将其复位脚所接的 1k 电阻去掉，使复位脚直接接地，CP2200 芯片不断地复位，之后再做测试，没有出现总线错位的现象。如图 9-19 所示为机箱的前面板。

图 9-19　机箱前面板

3) 基于 PCB 放电的 ESD 处理

装上前面板，当对以太网口附近进行 ESD 测试时，左侧 PCB 上产生强烈的放电现象。由上文可知以太网口的金属外壳与前面板有接触，并且该外壳有两个金属固定端，如图 9-20 所示。电荷在这两个端口上形成了球形电极模型，产生了较强的空间电磁辐射，耦合到一旁的 PCB 上，并在该 PCB 上找到了最佳泄放路径，形成电荷泄放。依据放电部位，找出敏感电路，并在该电路上焊接磁珠，并且该磁珠并未影响电路的正常工作。由于之前已经对以太网芯片做了复位处理，因此我们直接将其外壳去掉，再次进行 ESD 测试时，没有产生放电现象。

4) 基于计算机死机、通信停止的 ESD 处理

当在铆钉上合上塑料封口后，进行空气放电测试时，与电源逆变器部分相连的接收数据的计算机出现通信停止的现象。由于计算机与逆变器部分由数据线相连，

因此判断,在空气放电试验时,辐射电磁场通过空间耦合进数据线,形成传导电磁干扰,影响了计算机的正常工作,因此可采取两种方法。第一种方法对数据线进行屏蔽处理,使得空间辐射无法耦合进线缆中,但该方法成本较高,此处也没有必要。因此选择第二种方法,对铆钉做接地处理。由于铆钉具备一定的长度,且与机箱内部接地点距离较近,因此直接选用铜编织带将铆钉与接地点相连。铜编织带具有截面积大的特点,降低了铆钉与接地点之间的接地阻抗,放电过程中产生的电磁能量将优先通过该接地路径进入大地,避免了对机箱内部的干扰。接地处理后,再次进行 8kV 空气放电试验时,未出现计算机死机、通信中断的现象。

图 9-20   以太网口

参 考 文 献

[1] Caccavo G, Cerri G, Primiani V M. ESD field penetration into a populated metallic enclosure a hybrid time-domain approach. IEEE Transactions on Electromagnetic Compatibility, 2002, 44(1): 243-249.

[2] 薛纯, 王耀军. 静电放电危害及防护技术研究. 科技信息, 2010, (31): 76-77.

[3] 辛理科, 倪建平, 李劲, 等. 静电放电骚扰整改实例. 安全与电磁兼容, 2010, (2): 46-48.

[4] 居荣, 赵阳, 刘勇, 等. 智能电网电力集中器静电放电抗扰度机理及防护方法. 电力自动化设备, 2011, 31(12): 30-33.

[5] 窦爱玉, 张岳明, 颜伟, 等. 机车辅助电源控制端静电放电问题处理方法研究. 南京师范大学学报 (工程技术版), 2013, 13(1): 11-14.

第10章　其他电磁抗扰度问题应对策略

10.1　医疗电子行业产品其他电磁抗扰度问题应对策略

10.1.1　行业背景及测试标准

随着电气与电子器件工作频率及器件集成度的不断提高，电气装备电磁兼容问题日益突出。随着医疗行业电子、电力系统、电力电子等学科不断发展，大量高密度、高功率、高频率电子器件和电气装备产生的电磁干扰和电磁抗干扰问题亟待解决。电子部件在整个医疗行业中的比重越来越大，目前，绝大多数医疗设备的电子部件比例都很高，大量的电子设备被安置在一个极其紧凑的环境中，且设备类型差异很大，在设备启动或运行期间都会产生严重的电磁干扰，并通过空间辐射或导线耦合施加到其他系统，严重影响周围电子设备正常运行。此外，当电子系统受到干扰出现故障时，会对医疗设备造成误控制，其后果十分严重，从而在设计上对医疗电子零部件的可靠性和稳定性提出了很高的要求。因此，对医疗设备零部件所进行的电磁干扰和抗干扰的电磁兼容试验就显得尤为重要，而开展医疗设备电磁兼容技术研究的意义也十分重大。医疗类设备关于 EFT 抗扰度试验的相关标准大多都直接或间接引用 GB/T 17626.4 这一电磁兼容基础标准，并按其中的试验方法进行试验 [1]。

前面章节已经介绍过 EFT 测试试验的布局方法。GB/T 17626.4 标准同时也在附录中给出了一个试验等级选择指引。产品的试验等级按照最切合实际的安装和环境条件来选择。对具体的产品来说，EFT 试验等级选择往往已在相应的产品或产品簇标准中加以规定。试验等级如表 10-1 所示。

电快速脉冲群电磁抗干扰测试的详细标准如表 10-2~表 10-4 所示。

不同端口的试验应在正、负两种脉冲极性下分别进行测试，每种测试状态的试验持续时间不少于 1min。在试验过程中应密切监视被测设备的反应，并进行记录，并将该反应与合格判定准则进行比较，以判定被测样品是否合格。不同的产品或产品簇标准根据试验对象的特点，在产品测试方面有不同的规定。

针对医疗设备的电快速瞬变脉冲群抗干扰度试验，采取 +2000V，−1000V 标准，参考接地为一块厚度为 0.25mm 的金属板，尺寸为 1m×1m，参考接地板与保护地相连。受试产品放在接地板的绝缘支座上，并与之隔开，受试产品与周围导电结构隔开，距离至少 0.5m 以上。

表 10-1   EFT 试验等级

等级	开路输出试验电压，脉冲重复率			
	在电源端口和 PE 上		在 I/O(输出/输入)、信号、数据和控制端口上	
	电压峰值/kV	重复率/kHz	电压峰值/kV	重复率/kHz
1	0.5	5 和 100	0.25	5 和 100
2	1	5 和 100	0.5	5 和 100
3	2	5 和 100	1	5 和 100
4	4	5 和 100	2	5 和 100
X	特定	特定	特定	特定

注 1：X 是一个开放等级，对特定设备有特殊规定。

注 2：重复率习惯上是使用 5kHz，然而 100kHz 更接近于实际。产品技术委员会可针对特殊产品或产品类型确定其频率。

表 10-2   信号线盒控制线端 (接) 口

环境状况	试验规定	试验依据
电快速瞬变通用方式	电压峰值：0.5kV T1/Th：5/50ns 重复频率：5kHz	GB/T 17626.4

注：根据制造厂家的功能说明，仅适用于接口与总长度超过 3m 的电缆连接。

表 10-3   输入、输出直流电源端 (接) 口

环境状况	试验规定	试验依据
电快速瞬变通用方式	电压峰值：1kV T1/Th：5/50ns 重复频率：5kHz	GB/T 17626.4

注：不适用于电池供电且使用时不与电源连接的设备。

表 10-4   输入、输出交流电源端 (接) 口

环境状况	试验规定	试验依据
电快速瞬变通用方式	电压峰值：1kV T1/Th：5/50ns 重复频率：5kHz	GB/T 17626.4

注：交流电源接口的试验，应采用耦合/去耦网络。

近年来，随着高压敏感性电子技术在医用电气设备中的广泛应用和新通信技术，如个人通信系统和蜂窝电话等，在社会生活各领域迅速发展，医用电气设备不仅能自身发射电磁能，影响无线电广播通信业务和周围其他设备的工作，而且在它的使用环境内还会受到周围如通信设备发射的电磁能的干扰，造成对患者的伤害。

医用电气设备因它涉及公众的健康和安全，日益受到全国的关注。医用电磁兼容性不同于 GB 9706.1 所覆盖的其他方面的安全，这是因为所有的设备和系统在正常使用的环境里承受着不同严酷程度的电磁现象，并且规定了设备在它预期的环境中形成电磁兼容必须"满意运行"，这意味着与安全有关的传统的单一故障不适用于电磁兼容标准。医疗类设备关于雷击浪涌试验的相关标准大多都直接或间接引用 YY 0505—2012 这一医用电磁兼容基础标准，并按其中的试验方法进行试验。医疗设备雷击浪涌抗干扰度测试电压等级见表 10-5。

表 10-5　医疗设备雷击浪涌抗干扰度测试电压等级

等级	开路试验电压 (±10%)/kV
1	0.5
2	1.0
3	2.0
4	4.0
X	特定

注："X" 是开放等级，可在产品要求中规定。

10.1.2　某型高频电刀的 EFT 抗扰度问题应对策略

1. 问题描述

将该高频电刀进行 EFT 抗扰度试验，试验干扰电压为 −2000V 与 +2000V，从表 10-6 中分析可知，在施加电快速脉冲群后，该设备未通过 EFT 抗扰度测试。具体表现为显示屏闪屏，只有断电重启才能恢复正常。根据标准的要求分析，测试为不通过。

表 10-6　施加 EFT 后的结果

脉冲极性	电压幅值大小/V	电压频率/kHz	测试结果
正脉冲	2000	5	不通过
负脉冲	2000	5	不通过

2. 执行标准

试验按照 GB/T 17626.4 标准执行。根据产品要求测试等级为电源端 ±2000V，信号线接口 ±0.5kV。正极持续 1min，负极持续 1min。

3. 测试环境与测试条件

产品为台式设备，测试布局如图 10-1 所示，受试产品和试验设备放置在高度为 1m 的木质桌上，受试设备垫厚度 0.1m 绝缘垫，群脉冲发生器与受试设备连接线长 0.1m 以下，并垫绝缘垫。

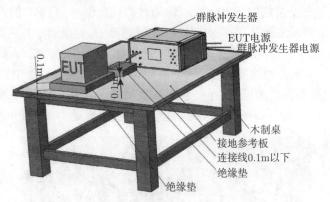

图 10-1　试验环境布局

4. 电磁兼容问题机理分析 [2]

试验测试结果发现，当测试电压达到 2kV 时，不能通过测试。具体表现为显示屏闪屏，断电重启后能正常启动，说明群脉冲的冲击并没有导致系统的损坏，只是由于电量积累的原因而暂时失去作用。对入口电源产生的电压干扰主要分为共模干扰和差模干扰，考虑采用滤波器进行滤波，减少干扰。

EFT 的频谱能量主要集中在 100MHz 以下，常规继电器触、接触器闭合或断开的瞬间产生的 EFT 干扰可以主要认为是电容、电感耦合的传导方式通过共模干扰 (即发生于保护装置电路中某点各导线和接地线或外壳之间的干扰) 和差模干扰 (即发生在电路各导线之间的干扰) 作用于供电电源端口、信号和控制端口，从而对保护装置产生严重影响。EFT 一般不会引起设备的损坏，但由于其干扰频谱分布较宽，会对设备正常工作产生影响。特别是接近 CPU 工作频率时，保护装置可能也会受到辐射干扰的影响。静电场的干扰也可能会干扰保护装置的正常运行。其干扰机理为 EFT 对线路中半导体结电容单向连续充电累积，引起电路乃至设备的误动作，因此，我们可以采取以下措施。

(1) 在 EFT 频率为 5kHz 干扰信号作用下，首先考虑采用隔离变压器。

(2) 根据截止频率式，选择参数 $L=15.6$mH 电感，$C = 0.1\mu$F 电容，根据 EFT 作用的机理而设计相应的 EFT 滤波器。

5. 电磁兼容整改措施

对 EFT 干扰的抑制可以采用如隔离、屏蔽、滤波、去耦、接地、限幅以及合理布线以减少杂散电容等措施。本书介绍滤波器、接地和电源耦合的隔离方法。

对于电快速瞬变脉冲群的抑制，设计常规滤波器是抑制群脉冲最有效的手段之一。滤波器常用于传导 EMI 噪声的滤除，根据通常设计传导 EMI 滤波器的经验，我们设计了一个常规的 EMI 滤波器。通过测试发现对于 EFT 的抑制效果不是很佳，可见 EFT 滤波器是有别于传统 EMI 滤波器的。由于 EFT 的频带极宽，且幅值较大，所以对滤波器的要求也不一样。结合相关理论，参考前人的设计，设计出了如图 10-2 所示的滤波器。通过调节对应的参数，发现电感和电容的取值影响很大。EFT 滤波器原理图见图 10-3。经过反复的试验发现，相线、中线取电感电容如表 10-7 所示，对抑制噪声信号较为理想，但是没有满足 GB/T 17626.4 要求。

图 10-2　EFT 滤波器实物图

　　加入滤波器后，通过群脉冲施加测量表明，称重控制器很容易就通过了 1kV 群脉冲的测量，并且再抬高电压到 2kV 时也能显示正常，表明滤波器的效果较为理想。通过采取整改措施后，按照标准的要求进行测试。称重控制器的 EFT 测试能够一次通过 2kV 的测试，结果如表 10-8 所示，显示出满足要求。

表 10-7　电源输入端 EFT 滤波器元器件参数

元件	大小
L	15.6mH
C	0.01μF

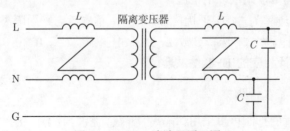

图 10-3　EFT 滤波器原理图

表 10-8　分别采取各种防护措施的测试结果及分析

采取的措施	测试结果	
	电压幅值、电压频率	测试结果
无		未通过
串联隔离变压器	2000V/5kHz	未通过 (能承受的最大测试电压有一定增加)
EFT 滤波器		未通过 (能承受的最大测试电压有一定增加)
串联隔离变压器、滤波器		通过

10.1.3　某型激光治疗仪的 EFT 抗扰度问题应对策略

1. 问题描述

将该激光治疗仪 (图 9-8)，进行 EFT 抗扰度试验，试验干扰电压为 −2000V 与 +2000V。

从表 10-9 中分析可知，在施加电快速脉冲群后，该设备未通过 EFT 抗扰度测试。具体表现为数码管闪烁，只有断电重启才能恢复正常。根据标准的要求分析，测试为不能通过。

表 10-9　施加 EFT 后的结果

脉冲极性	电压幅值大小/V	电压频率/kHz	测试结果
正脉冲	2000	5	未通过
负脉冲	2000	5	未通过

2. 执行标准

试验按照 GB/T 17626.4 标准执行。根据产品要求测试等级为电源端 ±2000V，信号线接口 ±0.5kV。正极持续 1min，负极持续 1min。

3. 测试环境与测试条件

同 10.1.2 节测试环境与测试条件。

4. 电磁兼容问题机理分析

试验测试结果发现，当测试电压达到 2kV 时，不能通过测试。具体表现为数码管闪烁，断电重启后能正常启动，说明电快速脉冲群的冲击并没有导致系统的损坏，只是由于静电在敏感器件上积累并达到一定程度，对入口电源产生了电压干扰，干扰主要分为共模干扰和差模干扰，考虑采用滤波器进行滤波，减少干扰。电滤波器是一种无源双向网络，它的一端是电源，一端是负载，电滤波器的原理就是一种阻抗适配器，电滤波器电源输入侧、输出侧与电源和负载的阻抗适配越大，对电磁干扰的衰减越有效。滤波器可以对电源中特定的频率或该频率以外的频率进行有效滤除，得到特定频率的电源信号，或者消除一个特定频率的电源信号。滤波器需要抑制的噪声可以分为共模噪声和差模噪声，根据该激光治疗仪的 EFT 作用机理分析，可知：

(1) PCB 板模拟地不接大地，噪声信号不能通过大地释放，故需另外将其接入大地。

(2) 根据截止频率式，选择参数 L=18.5mH 电感，$C = 0.1\mu F$ 电容，根据 EFT 作用的机理而设计相应的滤波器。

5. 电磁兼容整改措施

对 EFT 干扰的抑制可以采用如隔离、屏蔽、滤波、去耦、接地、限幅以及合理布线以减少杂散电容等措施。本书介绍滤波器和接地方法。

PCB 板模拟地不接大地，噪声信号流不进大地，故需另外将其接入大地。

对于电快速脉冲群的抑制，设计常规滤波器是抑制群脉冲最有效手段之一。滤波器常用于传导 EMI 噪声的滤除，常规的滤波器无法满足该医疗设备条件，根据该设备需求，结合前人的经验，设计出如图 10-4、图 10-5 所示滤波器，电源输入端 EMI 滤波器元器件参数如表 10-10 所示。

图 10-4   EFT 滤波器实物图

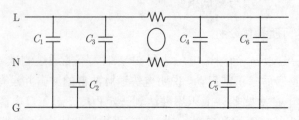

图 10-5   EFT 滤波器原理图

加入滤波器后，通过群脉冲施加测量表明，激光治疗仪很容易就通过了 1kV 群脉冲的测量，并且再抬高电压到 2kV 时也能显示正常，表明滤波器的效果较为理想。通过采取整改措施后，按照标准的要求进行测试。激光治疗仪的 EFT 测试能够一次通过 2kV 的测试，结果如表 10-11、表 10-12 所示，显示满足要求。

表 10-10 电源输入端 EFT 滤波器元器件参数

元件	大小
L	25mH
C_1	0.1μF
C_2	0.1μF
C_3	0.1μF
C_4	0.01μF
C_5	0.01μF
C_6	0.01μF

表 10-11 整改后测试结果

脉冲极性	电压幅值大小/V	电压频率/kHz	测试结果
正脉冲	2000	5	通过
负脉冲	2000	5	通过

表 10-12 分别采取各种防护措施的测试结果及分析

采取的措施	测试结果	
	电压幅值、电压频率	测试结果
无		未通过
增加 EFT 地	2000V/5kHz	未通过 (能承受的最大测试电压有一定增加)
滤波器		未通过 (能承受的最大测试电压有一定增加)
增加 EFT 地、滤波器		通过

10.1.4 某型高频电刀的浪涌 (冲击) 抗扰度问题应对策略

1. 问题描述

浪涌抗干扰度是对开关瞬态和雷击瞬态施加于系统或设备的电源线和数据线的一种模拟，雷击发生时，电源和通信线路会产生电流浪涌，浪涌通过电网传输，到达电子设备仍然有上千伏，对设备内部电子器件有很大损害。在对该高频电刀施加雷击浪涌时，即共模电压 2000V，差模电压 1000V 时，设备不能正常工作，具体表现为数码管闪烁，需断电重启后才能正常工作 (表 10-13)。

表 10-13 雷击浪涌电压测试结果

类型	电压幅值/kV	结果
共模干扰	2	未通过
差模干扰	1	未通过

2. 执行标准

试验按照 YY 0505—2012 标准执行。根据产品要求测试等级为电源端 ±1000V，信号线接口 ±0.5kV。正极持续 1min，负极持续 1min。

3. 测试环境与测试条件

在测试时，仅对电源线和交/直流转换器及电池充电器的交流输入线进行试验，但在试验时应连接上所有设备和系统的电缆；在每个电压电平和极性上，对每根电源线在以下的每个波形相角 0° 或 180°、90° 或 270° 上各施加浪涌 5 次；选择与被试端口相应的耦合网络。电源端口、无屏蔽通信线路端口、无屏蔽互连线路端口都有相应不同的耦合网络；浪涌冲击必须施加到线–线和线–地，进行线–地试验时，如没有其他规定，试验电压必须逐次地施加到每一线路和地之间，如图 10-6 所示。

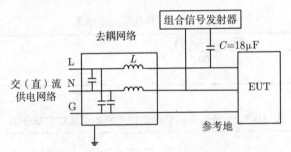

图 10-6 高频电刀浪涌测试原理图

4. 电磁兼容问题机理分析

当雷击浪涌电压达到一定等级后，电压过高、频带过宽的干扰作用在入口电源处，对入口电源产生影响。大量电流流进外部线路或接地电阻，产生干扰电压；地电流通过公共接地系统时，也会对其产生干扰。这些都会影响设备的精确性，严重的可能导致设备的损坏。为了控制入口电压的稳定性，防止干扰由入口电源进入设备内部，需要对入口电源电压进行限幅，因此，根据对问题的分析，采用适当的压敏电阻，对入口电压进行钳位，使入口电压恒定在某个值。压敏电阻又称"突波滤波器"，它的主要功能就是保护电子器件免受开关或雷击诱发的突波，反应时间短，漏电流小，无后续电流，高效处理突波能力，具有较强的保护能力。

5. 电磁兼容整改措施

对于医疗设备高频电刀的雷击浪涌抗干扰，可以通过电子电路、压敏电阻等方法抑制干扰，出于成本和效果的考虑，压敏电阻是最常采用的方法之一。压敏电阻是一种具有非线性伏安特性的电阻器件，主要用于在电路承受过压时进行电压钳位，吸收多余的电流以保护敏感器件。压敏电阻器的电阻体材料是半导体，所以它是半导体电阻器的一种。现在大量使用的"氧化锌"(ZnO) 压敏电阻器，它的主体材料由二价元素锌 (Zn) 和六价元素氧 (O) 所构成。所以从材料的角度来看，氧化锌压敏电阻器是一种"II-VI族氧化物半导体"。现采用 L, N, G 两两之间并联 560V 压敏电阻 R 的方式进行整改。当设备遭遇到来自模拟的间接雷或者开关电路造成的电压和电流浪涌时，压敏电阻具有良好的钳位作用，有效地阻止了干扰电压和电流的影响，通过试验，设备通过了共模 2000V 和差模 1000V 的干扰。高频电刀浪涌 (冲击) 整改实物图和原理图分别如图 10-7 和图 10-8 所示。

图 10-7　高频电刀浪涌 (冲击) 整改实物图

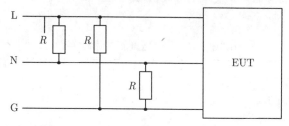

图 10-8　高频电刀浪涌 (冲击) 整改原理图

10.2　计量电子行业产品其他电磁抗扰度问题应对策略

10.2.1　行业背景及测试标准

前面章节已经介绍过 EFT 测试试验的布局方法。GB/T 17626.4 标准同时也给出了一个试验等级选择指引。计量电子产品的试验等级按照最切合实际的安装和环境条件来选择。对具体的产品来说，EFT 试验等级选择往往已在相应的产品或产品簇标准中加以规定。试验等级如表 10-14 所示。

电快速脉冲群电磁抗干扰测试的详细标准如表 10-15∼ 表 10-17 所示。

表 10-14　EFT 试验等级

等级	开路输出试验电压, 脉冲重复率			
	在电源端口和 PE 上		在 I/O(输出/输入)、信号、数据和控制端口上	
	电压峰值/kV	重复率/kHz	电压峰值/kV	重复率/kHz
1	0.5	5 和 100	0.25	5 和 100
2	1	5 和 100	0.5	5 和 100
3	2	5 和 100	1	5 和 100
4	4	5 和 100	2	5 和 100
X	特定	特定	特定	特定

注 1: X 是一个开放等级, 对特定设备有特殊规定。

注 2: 重复率习惯上是使用 5kHz, 然而 100kHz 更接近于实际。产品技术委员会可针对特殊产品或产品类型来确定其频率。

表 10-15　信号线盒控制线端 (接) 口

环境状况	试验规定	试验依据
电快速瞬变通用方式	电压峰值: 0.5kV T1/Th: 5/50ns 重复频率: 5kHz	GB/T 17626.4

注: 根据制造厂家的功能说明, 仅适用于接口与总长度超过 3m 的电缆连接。

表 10-16　输入、输出直流电源端 (接) 口

环境状况	试验规定	试验依据
电快速瞬变通用方式	电压峰值: 1kV T1/Th: 5/50ns 重复频率: 5kHz	GB/T 17626.4

注: 不适用于电池供电且使用时不与电源连接的皮带秤。

表 10-17　输入、输出交流电源端 (接) 口

环境状况	试验规定	试验依据
电快速瞬变通用方式	电压峰值: 1kV T1/Th: 5/50ns 重复频率: 5kHz	GB/T 17626.4

注: 交流电源接口的试验, 应采用耦合/去耦网络。

不同端口的试验应在正、负两种脉冲极性下分别进行测试, 每种测试状态的试验持续时间不少于 1min。在试验过程中应密切监视被测设备的反应, 并进行记录,

并将该反应与合格判定准则进行比较,以判定被测样品是否合格。计量类设备的相关标准已在上面表格中说明。这些标准关于 EFT 抗扰度试验大多都直接或间接引用 GB/T 17626.4 这一电磁兼容基础标准,并按其中的试验方法进行试验。

10.2.2 某型皮带秤的 EFT 抗扰度问题应对策略

1. 问题描述

从表 10-18 中分析可知,在施加电快速脉冲群后,该设备未通过 EFT 抗扰度测试。具体表现为显示停滞不动,只有断电重启才能恢复正常。根据标准的要求分析,测试为不通过。

表 10-18 施加 EFT 后的结果

脉冲极性	电压幅值大小/V	电压频率/kHz	测试结果
正脉冲	1000	5	未通过
负脉冲	1000	5	未通过

2. 执行标准

试验按照 GB/T 17626.4 标准执行。根据产品要求测试等级为电源端 ±1000V,信号线接口 ±0.5kV。正极持续 1min,负极持续 1min。

3. 测试环境与测试条件

产品为台式设备,测试布局如图 10-1 所示。

4. 电磁兼容问题机理分析

常用的器件如二极管、MOSFET、场效应管、晶体管等都是敏感器件。称重控制器内部包含由一系列常用电路的元器件组成的电路模块。当受到重复频率较高、波形上升时间短的成群脉冲冲击时,会损害局部元件的功能,进而影响整个系统的工作。称重控制器受到脉冲冲击后的影响表现为显示不正常。而断电再续电后能正常启动,说明群脉冲的冲击并没有导致系统的损坏,只是由于电量积累的原因而暂时失去作用。

EFT 的频谱能量主要集中在 100MHz 以下,常规继电器触、接触器闭合或断开的瞬间产生的 EFT 干扰可以主要认为是电容、电感耦合的传导方式通过共模干扰 (即发生于保护装置电路中某点各导线和接地线或外壳之间的干扰) 和差模干扰 (即发生在电路各导线之间的干扰) 作用于供电电源端口、信号和控制端口,从而对保护装置产生严重影响。EFT 一般不会引起设备的损坏,但由于其干扰频谱分布较宽,会对设备正常工作产生影响。特别是接近 CPU 工作频率时,保护装置可能也会受到辐射干扰的影响。静电场的干扰也可能会干扰保护装置的正常运行。其干扰机理为 EFT 对线路中半导体结电容单向连续充电累积, 引起电路乃至设备的误动作, 因此可以根据 EFT 作用的机理而设计相应的滤波器。

5. 电磁兼容整改措施

对 EFT 干扰的抑制可以采用如隔离、屏蔽、滤波、去耦、接地、限幅以及合理布线以减少杂散电容等措施。本书介绍滤波器、接地和电源耦合的隔离方法。

对于 EFT 的滤波抑制, 往往最简单的方式是加铁氧体磁环滤波器。铁氧体一般做成中空型, 导线穿过其中。当导线中的电流穿过铁氧体时, 低频电流可以几乎无衰减地通过, 但高频电流却会受到很大的损耗, 转变成热量散发, 所以铁氧体和穿过其中的导线即成为吸收式低通滤波器, 对于 EFT 能起到一定的抑制作用。

然而, 对于群脉冲的抑制, 往往单加铁氧体磁环滤波器还不够, 设计常规滤波器是抑制群脉冲最有效手段之一。滤波器常用于传导 EMI 噪声的滤除, 根据通常设计传导 EMI 滤波器的经验, 我们设计了一个常规的 EMI 滤波器。通过测试发现对于 EFT 的抑制效果不是很佳, 可见 EFT 滤波器是有别于传统 EMI 滤波器的。由于 EFT 的频带极宽, 且幅值较大, 所以对滤波器的要求也不一样。结合相关理论, 参考前人的设计, 设计出了如图 10-9 所示的滤波器。通过调节对应的参数, 发现电感和电容的取值影响很大。经过反复的实验发现, 相线、中线的电容值取 20nF 左右, 相线和地线、中线和地线的值取 5nF 左右, 同时共模扼流圈取 2mH 左右时对抑制噪声信号较为理想。

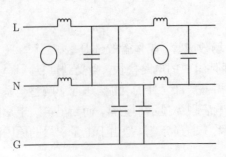

图 10-9　EFT 抑制滤波器

加入滤波器后, 通过群脉冲施加测量表明, 称重控制器很容易就通过了 1kV 群脉冲的测量, 并且再抬高电压到 2kV 时也能显示正常, 表明滤波器的效果较为理想。

通过采取整改措施后, 按照标准的要求进行测试。称重控制器的 EFT 测试能够一次通过 1.2kV 的测试, 结果如表 10-19 所示, 显示出满足要求。

表 10-19   案例第二次测试结果

脉冲极性	电压幅值大小/V	电压频率/kHz	测试结果
正脉冲	1200	5	通过
负脉冲	1200	5	通过

参 考 文 献

[1] Zhao Y，See K Y. Fundamental of Electromagnetic Compatibility and Application. Beijing: China Machine Press，2007: 31-32，86-91.

[2] 程利军, 邓慧琼. 微机保护抗电快速瞬变脉冲群干扰研究. 电力自动化设备, 2002, 22(6): 5-8.